普通高等教育印刷工程专业系列教材

印 刷 概 论

邢洁芳　李仁爱　苏钟　编著

中国轻工业出版社

图书在版编目（CIP）数据

印刷概论/邢洁芳，李仁爱，苏钟编著．--北京：
中国轻工业出版社，2024.8．--ISBN 978-7-5184-5008-4
Ⅰ．TS8
中国国家版本馆 CIP 数据核字第 2024B44R13 号

内 容 提 要

本书共分为八章，第一章为绪论，介绍了印刷行业概况和印刷工业发展史，第二章至第八章对印刷材料、图文信息处理、制版原理与工艺、印刷作业流程与设备、印后加工、印刷过程的清洁生产及智能印刷进行了系统、全面的介绍。本书紧跟时代发展，在阐述传统印刷基本原理的基础上，以介绍现代印刷新技术为主，如环保材料、直接制版、数字印刷等；同时增加了新的前沿热点内容，如绿色印刷、智能印刷等。

本书尽可能地反映印刷全局的概貌，同时又兼顾与印刷交叉学科之间的联系，可作为印刷、包装及造纸等轻工类本科专业入门教材，也可作为印刷和相关行业从业人员的参考书。

责任编辑：杜宇芳

策划编辑：杜宇芳　　　责任终审：李建华　　　封面设计：锋尚设计
版式设计：致诚图文　　　责任校对：朱　慧　朱燕春　　　责任监印：张　可

出版发行：中国轻工业出版社（北京鲁谷东街 5 号，邮编：100040）
印　　刷：三河市万龙印装有限公司
经　　销：各地新华书店
版　　次：2024 年 8 月第 1 版第 1 次印刷
开　　本：787×1092　1/16　印张：12.25
字　　数：283 千字
书　　号：ISBN 978-7-5184-5008-4　定价：49.80 元
邮购电话：010-85119873
发行电话：010-85119832　010-85119912
网　　址：http://www.chlip.com.cn
Email：club@chlip.com.cn
版权所有　侵权必究
如发现图书残缺请与我社邮购联系调换
211397J1X101ZBW

前　言

"活字印刷术"作为中国古代四大发明之一，在全世界得到了发扬光大。千百年来，印刷技术每向前进步一点点，知识传播大众化就更深入一点点，印刷术对人类文明的进步发挥着重要的推动作用。马克思在给恩格斯的信中提道："火药把骑士阶层炸得粉碎，指南针打开了世界市场并建立了殖民地，而印刷术则变成新教的工具，总的来说变成科学复兴的手段，变成对精神发展创造必要前提的最强大的杠杆。"[①]时间进入21世纪，信息数字化、融媒体、自媒体的发展改变了知识传播的方式。但是，印刷术仍然不可替代。科学技术突飞猛进，印刷术也在快速更新。原来印刷复制过程中的很多难点，现在可能用一部手机、一条信息就能够解决。当今印刷术越来越智能化，设备越来越精密，印刷速度越来越快，产品质量越来越好，印刷应用范围越来越广。与过去相比，人们除了关注印刷品品质之外，更加关注环境保护，关注印刷过程对环境的影响。

印刷工程技术具有综合性、应用性较强的特色，印刷概论则涵盖印刷工程和技术的方方面面。本书对印刷工程涉及的专业知识做了全面梳理，对陈旧知识点做了更新，增加了新的前沿热点内容。全书共分为八章：第一章主要介绍印刷行业概况和印刷工业发展史；第二章主要介绍印刷材料，包括承印材料、油墨及辅助材料；第三章主要介绍图文信息处理技术；第四章主要介绍各种制版原理与工艺；第五章主要介绍印刷作业流程与设备，包括柔性版印刷、平版印刷、凹版印刷、丝网印刷、数字印刷和特种印刷；第六章主要介绍印后加工，包括书刊装订技术、印刷品表面整饰、包装印刷印后加工等；第七章主要介绍印刷过程的清洁生产，包括废气、废液及固废处理；第八章主要介绍智能印刷的最新知识。本书第一章、第三章、第四章、第五章、第六章、第七章由邢洁芳和苏钟编写，第二章、第八章由邢洁芳和李仁爱编写，全书由邢洁芳进行统稿。

本教材作为"南京林业大学优质教材建设工程"项目之一，得到了领导及同人的高度重视和大力支持，同时获得了轻工与食品学院的资助；印刷包装研究生朱婉君、朱鸿娟和造纸梁希班谢敬涛同学在图片处理和资料整理方面花了大量心血；夏德莉对全文图片做了大量的修正处理；戴红旗对本书内容提出了宝贵意见。在此，编者向上述关心、支持本教材编写的单位和个人表示诚挚的谢意！

本教材注重处理历史和发展之间的关系，知识内容层层递进，尽可能地反映印刷全局的概貌，同时又兼顾与印刷交叉学科之间的联系。本书可作为印刷、包装及造纸等轻工类本科专业入门教材，也可作为印刷和相关行业从业人员的参考书。由于印刷业发展日新月异，加上编者水平有限、时间仓促等因素，书中难免有疏漏之处，恳请专家和读者批评指正。

编者

2024年4月

---

① 引自《马克思恩格斯文集（第八卷）》，人民出版社2009年出版。

目　　录

第一章　绪论 ... 1
第一节　印刷行业概况 ... 1
第二节　印刷工业发展史 ... 3
一、印刷术起源 ... 3
二、印刷工业化发展 ... 5
思考题 ... 10

第二章　印刷材料 ... 11
第一节　承印材料 ... 11
一、常用承印材料 ... 11
二、绿色印包新材料 ... 15
第二节　油墨 ... 18
一、油墨概述 ... 18
二、环保油墨 ... 19
第三节　辅助材料 ... 23
一、上光材料 ... 23
二、覆膜材料（预涂膜） ... 25
三、胶黏剂 ... 27
思考题 ... 28

第三章　图文信息处理 ... 30
第一节　文字复制技术 ... 30
一、手动照相排字机 ... 30
二、数字字模库 ... 30
三、文字复制的标准规范 ... 33
第二节　图像复制技术 ... 37
一、图像复制基本原理 ... 37
二、图像分色技术 ... 41
第三节　图形复制技术 ... 49
一、图形四色分色 ... 49
二、图形专色分色 ... 49
第四节　数字化组版、拼版和输出 ... 50
一、数字化印刷的文件格式 ... 50
二、编辑数字页面文件 ... 51
三、编辑数字版面文件 ... 52
四、版面 RIP 和加网 ... 53
五、陷印处理 ... 54
思考题 ... 55

第四章　制版原理与工艺 ··· 56
第一节　激光照排输出系统 ··· 56
一、激光照排机结构形式 ·· 56
二、激光照排胶片输出流程 ·· 57
第二节　凸版制版原理 ··· 58
一、凸版制版 ·· 58
二、柔版制版 ·· 60
三、直接制柔版技术 ·· 61
第三节　平版制版原理 ··· 65
一、平版制版 ·· 65
二、直接制平版技术 ·· 66
第四节　凹版制版原理 ··· 73
一、凹版制版 ·· 73
二、直接制凹版技术 ·· 76
第五节　孔版制版原理 ··· 79
一、孔版制版 ·· 79
二、计算机直接制丝网版 ·· 80
思考题 ··· 82

第五章　印刷作业流程与设备 ··· 83
第一节　柔性版印刷 ·· 83
一、柔性版印刷概述 ·· 83
二、柔性版印刷作业流程 ·· 84
三、柔性版印刷机上墨装置 ·· 85
四、柔性版印刷机 ·· 86
第二节　平版印刷 ·· 88
一、平版胶印基本原理 ··· 88
二、平版胶印作业流程 ··· 92
三、平版胶印机基本构成 ·· 94
四、机组式四色胶印机 ··· 98
五、无轴驱动卷筒纸胶印机 ··· 102
第三节　凹版印刷 ·· 105
一、凹版印刷原理 ·· 105
二、凹版印刷作业流程 ··· 105
三、凹版印刷机 ··· 107
第四节　丝网印刷 ·· 112
一、丝网印刷原理 ·· 112
二、丝网印刷作业流程 ··· 113
三、丝网印刷机 ··· 115
第五节　数字印刷 ·· 117
一、数字印刷概述 ·· 117
二、几种常见数字印刷机 ·· 118

  三、特殊数字印刷 ····· 122
 第六节 特种印刷 ····· 122
  一、立体印刷 ····· 123
  二、全息照相印刷 ····· 125
  三、电路板印制 ····· 128
  四、移印 ····· 129
  五、盲文印刷 ····· 131
  六、木刻水印 ····· 132
 思考题 ····· 133

第六章 印后加工 ····· 134
 第一节 书刊的装订技术 ····· 134
  一、平装书刊工艺及设备 ····· 134
  二、图书精装工艺和设备 ····· 141
  三、书刊的包装 ····· 145
 第二节 印刷品的表面整饰 ····· 146
  一、覆膜 ····· 146
  二、上光 ····· 147
  三、凹凸压印 ····· 147
  四、烫箔 ····· 147
  五、上蜡 ····· 148
 第三节 包装印刷印后加工 ····· 148
  一、包装材料复合 ····· 148
  二、模切 ····· 150
  三、裱卡 ····· 151
  四、容器加工 ····· 151
 第四节 数字印刷印后加工 ····· 153
  一、数字文印加工 ····· 153
  二、写真、UV 打印切割 ····· 154
 思考题 ····· 154

第七章 印刷过程的清洁生产 ····· 155
 第一节 VOCs 废气回收与处理 ····· 155
  一、印制过程 VOCs 废气排放源 ····· 155
  二、VOCs 废气收集与处理技术 ····· 156
  三、印制过程 VOCs 废气治理方案 ····· 162
 第二节 废液、废水的回收与处理 ····· 164
  一、印制过程废液、废水排放源 ····· 164
  二、废液、废水回收与处理技术 ····· 165
  三、印制过程废液、废水处理方案 ····· 168
 第三节 固废回收与处理 ····· 172
  一、废纸处理技术 ····· 173
  二、废塑处理技术 ····· 174
  三、废金属处理技术 ····· 175

  四、废玻璃处理技术 ·· 176
 思考题 ··· 176

第八章 智能印刷 ·· 177
 第一节 智能印刷现状分析 ·· 177
 第二节 印刷企业信息化升级 ·· 178
  一、专业印刷 ERP ·· 178
  二、MES 系统 ·· 178
  三、PLM 系统 ·· 180
  四、电商平台和报价系统 ·· 180
  五、OA 系统和小 AI 平台 ·· 181
 第三节 智能印刷工厂的构建 ·· 181
  一、技术支撑 ·· 181
  二、智能印刷工厂的集成 ·· 183
  三、企业业务能力重构 ·· 184
 思考题 ··· 185

参考文献 ·· 186

第一章 绪　　论

活字印刷术是我国古代四大发明之一，近千年来经过人们不断地学习、传播、改良和更新，印刷业不断发展壮大，逐渐形成了以柔版印刷、平版印刷、凹版印刷和丝网印刷四大传统印刷方式为主线，多种印刷产业形式并存的完整体系架构。

第一节　印刷行业概况

目前，我国共有各类印刷企业约 10 万家，从业人员约 300 万人。印刷产品用于影响国计民生的各大领域，涉及行业包括出版业、包装业、纸制品业、塑料业、电子业等，并初步形成以广东为中心的珠三角、以上海和苏浙为中心的长三角和以京津为中心的环渤海三大产业带，以此带动我国印刷业的发展。在国内，规模以上印刷企业有 5000 多家，却完成了 50% 以上的全国印刷业 GDP，说明印刷企业整合、集群、联动发展的重要性。

进入 21 世纪以来，我国印刷产业发展更加迅猛，印刷业总产值一直保持上升态势。最近 20 年的数据表明（图 1-1），在 2003 年至 2012 年这前 10 年期间，印刷业总产值从 0.23 万亿元增长到 0.95 万亿元，为高速发展阶段；后 10 年增至 2022 年的 1.42 万亿元，增长速度有所回稳。总体上，我国的印刷工业 GDP 增长率与国内总 GDP 增长率较为接近，说明印刷产业依赖于社会经济的发展，同时又服务于社会。从 2009 年开始，国内印刷总产值开始超过美国，表明中国早已步入了世界印刷大国行列。

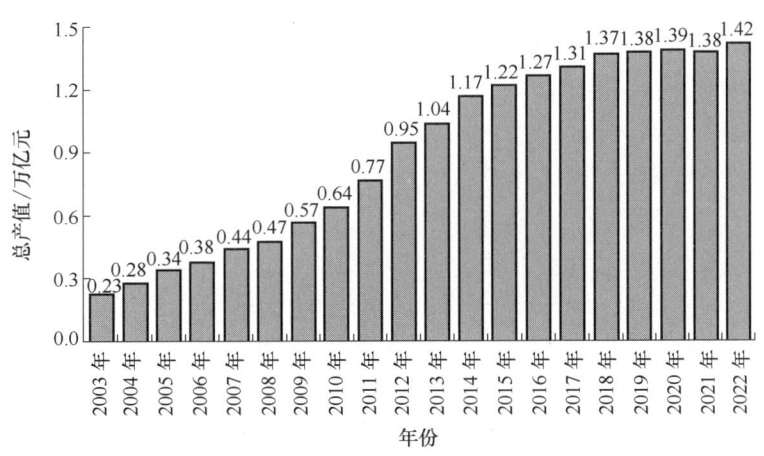

图 1-1　最近 20 年中国印刷工业总产值

随着各行各业的发展，印刷市场也随之应变。出版业作为文化产业是印刷技术应用最成熟的领域之一，近年来发展迅猛，2022 年我国出版行业市场规模达 220 亿元，为印刷业提供了良好的发展环境。纸制品包装是印刷包装业重要的组成部分，我国纸制品包装行业规模以上企业数量和队伍不断壮大，2022 年市场规模达到了 3315 亿元，发展态势稳健。塑料包装作为印刷包装业的大类，由于具备保护商品、便于流通、方便消费、促进销售、提升附加值等多重功能，加上人们消费水平日益提高，其产品已成为商品流通中不可或缺的组成部分，2022年我国塑料包装行业市场规模高达4830亿元。针对不同的应用领域及不同材料的印刷特性，印刷行业已发展成多种印刷方式并存的格局，以满足各方面的需求。中国印刷细分市场表明传统印刷仍为主流，其中以胶印为最，市场占有率约为55%，凹印、柔印、凸印的市场份额分别约为21%、9%、7%，数字印刷和网印各占4%左右，如图1-2所示。近年来，电子、信息、计算机芯片等行业的发展，对新型印刷技术提出了更高要求，精细化程度不断提高之后，此类领域的印刷占比将会有所提升。

科学技术的进步促进了印刷业的发展，也带动了印刷材料加工业、设备制造业的繁荣。近两年，纸张、油墨市场需求增长较快：2022年，国产纸及纸板年产量为1.37亿吨，油墨年产量为88万吨，包装物及出版物印刷品的新需求，要求科技人员不断加大力度研发新产品。自2012年起，我国印刷设备行业在引进国外先进技术的同时，加快了自主创新的步伐，国产印刷设备在国际市场上的影响力得到提升，出口量不断增加。2022年，我国印刷设备出口金额为18.73亿美元，进口金额为17.08亿美元，由贸易逆差转变成了贸易顺差。

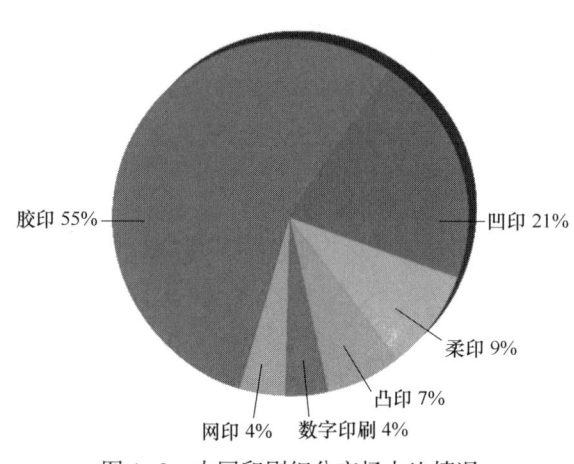

图1-2 中国印刷细分市场占比情况

尽管近年来我国印刷工业得到了快速发展，但是，印刷的核心技术、关键技术、前沿技术仍然有待于印刷科技人员的进一步探索，技术进步需要全体印刷同人的共同努力。根据国家"十四五"规划，未来印刷业将朝着数字智能、绿色和多技术融合方向发展。

随着数字网络技术的发展与成熟，印刷"智能化"成为可能。智能化印刷工厂主要通过构建智能化生产系统、网络化分布生产设施，实现印刷生产全过程的智能化。智能系统中各部分可自行优化组合，具备协调、重组及扩充特性，具备自我学习、自行维护能力，其本质是实现了人机交互。因此，智能印刷生产就是以智能工厂为核心，将多维度、多元素融合在一起，核心在于由"智能"来驱动印刷活动，有别于简单的生产自动化。"智能印刷"的实现需要全行业产业集中技术力量共同打造。

印刷工业的环境污染主要包括废气、废液排放和废弃物处理。目前，国内部分印刷企业采取了相应措施，取得了明显成效。对于"三废"治理，主要分为源头控制、过程管理和末端处理几种形式。全行业需要进一步加大环保材料的研发力度，在印刷生产中合理选择相应的环保材料，从源头上解决环保问题；通过改进生产工艺，配备回收、处理、循环等装置，优化和完善过程管控措施；对最终废弃物进行集中处理，彻底解决环境污染问题。

印刷市场除了服务于传统行业之外，在柔性电子、印刷电子等领域也得以融合发展。譬如柔性电子，它是将有机/无机材料电子器件通过印刷技术制作在柔性/可延性基板上的新兴电子技术；柔性电子灵活性大，材料能够在一定程度上适应不同的工作环境，满足设备的形变要求，而电子性能要求稳定，两者相互矛盾，又相互制约，给柔性电子的印制增添了难度。因此，科技人员需要寻求更先进的印刷技术，融合和满足新型电子信息及其他产业的技术需求，实现印刷工业技术的高质量发展。

第二节　印刷工业发展史

一、印刷术起源

印刷术的起源可以追溯到中国古代，特别是东汉、唐朝和宋朝。首先，基于复制文字和图像的目的，古人发明了拓石复制方法，然后雕版印刷术诞生，并得到了广泛应用，最终毕昇发明了活字印刷术，流传至今。

（一）文字信息记录演变

随着生产力的发展，人类发现仅靠语言交流很难将复杂的生产活动及事件长久记录下来。历经漫长的岁月，人类创造了文字，让永久记载成为可能，人类文明得以传承和发展。人们发现西安半坡遗址中的陶片上绘有图案和一组表示数的文字，据考证该陶片产于新石器时代，距今 5600~6080 年。到了殷商时代，创造出来的文字越来越多，并被刻在龟甲或兽骨上用以具体地记录和表达语言思想，形成了甲骨文。在此基础上，经过商周、战国时的金文，秦代的小篆，汉代的隶书，魏晋的楷书，逐步演化成当今的汉字。

随着文字的形成和演变，记载文字的手段也在不断变化。据考证，殷墟出土的甲骨片上残留的朱书与墨迹是用毛笔所写。经过蒙恬（约公元前 259~公元前 210 年）的改良，毛笔的形制逐渐固定，这时人类用竹简一类的载体记录信息。公元 2 世纪初，东汉的蔡伦改进了造纸术，制造出轻便柔软、韧性良好、制作方便的纸张，纸开始成为人类记录信息的新一代载体。

作为印刷历史起源的印章始于商代，印章俗称"戳子"，现称图章。早期的印章一般只刻某人的姓名或官衔，容纳的字少，据东晋葛洪所著《抱朴子》一书记载，也有容纳 120 个字的大印。大约在 4 世纪，人们发明了用纸在石碑上搨拓的方法。"拓石"复制的方法最初是从正写阴文取得正写文字，大约到了北魏时，又出现了从正写阳文取得正写文字的拓石复制方法。晋代砖瓦上出现了反写反刻的阳文字，使拓石方法进一步扩展到反写阳文获得正写文字。刻制印章和拓石方法的结合，促进了雕版印刷术的产生和发展。

（二）雕版印刷术的诞生

1000 多年前，中国人把刻制印章和从刻石上拓印文字两种方法结合起来，发明了雕版印刷术，木质雕刻版如图 1-3 所示。雕版印刷术推动了人类科学技术的存留和文化信息的传播，促进了人类文明进步。现存唐代《金刚经》，精美清晰，印有"咸通九年（公元 868 年）四月十五日"字样，是世界上最早的标有确切日期的雕版印刷品。

图 1-3　木质雕刻版

雕版印刷也称整版印刷，所用版材一般是梨木或枣木，版材要求厚薄适中，表面平滑，尺寸适用。刻书时先把正写文稿誊写到薄而透明的纸上，校对无误后，将文稿朝下贴在版材上，用刀将文字刻出来，成为印版。印版经校补后，在凸起的文字表面刷上墨，铺上纸，用毛刷轻轻刷，稍干后揭下，文字随之转印至纸张上。

根据历史学家邓广铭考证，雕版印刷术发明于唐朝，唐朝是中国历史上最发达的黄金时期，许多道士参与印刷术的研发与创新，并在唐朝中后期开始普遍使用。

宋代的雕版印刷术已经相当发达，推广范围日益扩大，从官方到民间、从京都到边远城镇均有刻书行业。官方刻书内容除儒家经典外，还涉及地理、医药、农业、天文算法等方面的经典，私人刻书内容范围更为广泛。宋代雕版印刷术的发展及其对世界范围内印刷技术的传播和影响主要体现在以下几个方面。

1. 字体

由楷书渐渐产生了一种适合于刻版的手写体，并演变为宋体。宋体作为印刷出版的第一种标准字体，一直沿用到现代印刷出版业。

2. 装帧

印刷装帧由卷轴发展到册页，册页装帧可以使每页在格式上保持统一，对折较为准确。公元10世纪后，册页装帧形式基本固定下来。

3. 彩色套印

彩色套印有套版和饾版两种形式。套版印刷是将同一版面分成几块同样大小的印版，每版各用一色，逐次叠印在同一纸张上。北宋初年，在四川流行的朱黑两色交子（中国古时的一种钞票）以及后来出现的青、蓝、红三色印制的钞票，采用的均为套印技术。现存最早的木刻套印本是公元1340年中兴路（今湖北江陵）资福寺无闻和尚刻印的《金刚般若波罗蜜经注解》。而饾版印刷始于明朝，它根据各种印色的需要，刻制几十、几百甚至千余块小木版，印刷时逐次套印上去，有如拼凑饾饤一般。饾版印刷是在套版印刷的基础之上发展起来的，其法是现代分色套印的鼻祖。

4. 版画印制

宋代版画在宗教画如《金刚经》的扉画、工程画如《营造法式》中的工程图、南宋杨甲编写的《六经图》中的《十五国风地理之图》、艺术画如南宋刻本《列女传》等中均有发现。

5. 蜡版印刷

蜡版印刷属于雕版印刷术的一种，只是雕刻基质不同。雕版一般在枣木或梨木上直接雕刻，蜡版则是在木板表面涂上一层蜡，在蜡上可以快速地刻出文字，供即时印刷，以获得公文传播的时效性。宋人何薳在《春渚纪闻》记有："初唱第而都人急于传报，以蜡版刻印。"宋绍圣元年，京城开封人为急于传报新科状元名单等不及雕刻木版，就用刻蜡代替。早期蜡版印刷术主要用于朝廷发表重要消息、命令。后人改进蜡版印刷术，把蜡涂在带孔的纸上，制成蜡纸，把文字或图像通过人工或者机器刻在蜡纸上进行印刷。这种快速复制方法在政府办公、企业宣传等方面一直沿用到20世纪90年代，之后才被色带打印机取代。

宋代，字体、册页装帧、套印等技术标准形成后，雕版印刷术得以广泛流行。

（三）活字印刷术的发明

雕版印刷术的发展导致印刷量大增，雕刻工作量繁重，刻出的字不能重复使用，错字、补字更不易，人们开始寻找新的印刷方式。11世纪，北宋庆历年间，毕昇（？—1051年）发明了胶泥活字印刷术，开始了活字印刷术的应用。制作活字印刷的原理是：预先用胶泥制成一个个的单字，用火烧烤使其坚硬，制好的活字按字韵排在木格里；根据要付印的文稿拣字并依次排在铁板上，铁板上已放一层掺和纸灰的松脂蜡，字排好后将铁板放在火上加热，待蜡稍熔化，用平板压平字面，铁板冷却后，胶泥活字便固着在铁板上，形成类似雕版的活字版；待印刷完毕后，用火烘烤铁板，使其松动取出活字，放回木格以备后用。与雕版印刷相比，胶泥活字既经济又方便。

宋代虽然发明了活字印刷术，但普遍使用的仍然是雕版印刷术。直到元代著名道家学者、农学家与机械学家王祯（1271—1368年）创造了木刻活字印刷术，提高了印刷质量和速度，至此活字印刷术才在中国广泛普及。王祯于1297—1298年请工匠刻木活字3万多个，用不到一个月的时间印了全书共6万余字的《旌德县志》600部。王祯还将文字按照音韵组合置于有小隔间的转轮排字盘以方便拣字（图1-4）。王祯还对排字技术做了改进，发明了转轮排字架，使排字时能以字就人，减轻了排字工的劳动量。尤其重要的是王祯将制造木刻活字方法及拣字、排字、印刷的全过程进行了

图1-4 王祯转轮排字盘

系统总结，写成《造活字印书法》一书，后者成为世界上最早讲述活字印刷术的专门文献。

朝鲜也曾仿照毕昇的泥活字印过一些书，并且在活字的材料上有所创造。1234年崔怡用铸字术印刷了《详定礼文》28本，这是世界上最早的金属活字印刷品。1450年前后，德国人创制了欧洲字母文字的活字，用来印刷书籍，比毕昇晚了400年。活字印刷术改变了原来只有修道士才能读书和接受较高教育的状况，为欧洲科学的突飞猛进及文艺复兴运动的出现提供了一个重要的物质条件。

二、印刷工业化发展

随着社会的进步及生活水平的不断提高，人们对印刷品的需求越来越大，要求越来越高，由此推动了印刷业的蓬勃发展。无论是凸版印刷、平版印刷、凹版印刷还是丝网印刷，历经工业化发展之后，它们均由早期的传统手工业发展成为当代的现代化印刷。

（一）凸版印刷

1. 活字印刷

印刷术发明以后，先经由朝鲜向日本传播。据记载，7世纪朝鲜派留学生来中国学习，回国时往往带走大批书籍和雕版。11世纪初，朝鲜按照中国官方《大藏经》，用雕版方法刊印《高丽大藏经》。754年，高僧鉴真东渡将雕版印刷术带到了日本，日本现存世界上最早的、有明确日期的木版印刷品是770年左右刊行的《无垢净光大陀罗尼经》。然后，印刷术传入越南及东南亚各国。越南最早的印刷品是按照中国雕版印刷术在1251—1258年间印的"户口帖子"。越南1855年印刷的《钦定大南会典事例》是用从中国买去

的木活字印成的。随着与东南亚各国的商业往来,文化交流日益增多,中国人在菲律宾、印度尼西亚、柬埔寨等国开创了印刷事业。再后来,通过丝绸之路,中国与伊朗、埃及等国进行经济文化交流,13世纪时中国的印刷术传入伊朗。由于伊朗是当时东西方往来的交通枢纽,欧洲人通过伊朗认识了中国印刷术,使得印刷术在欧洲很快地传播和发展起来。14世纪,欧洲已开始用木雕版印刷圣像、纸牌。

无论是毕昇泥活字印刷术,还是王祯创新的木刻活字印刷术,生产上仍然只能采用拓印方式,不能承受机械力。15世纪,受欧洲城市手工业化运动推动,替代手工生产的机械出现,同时冶金技术不断提高。德国人约翰内斯·谷登堡(1400—1468年)于1438年设计制造了活字印刷机,1447年设计出铸字盒和铜字模。使用时,把字盒和铜字模结合起来,采用铅、锡、锑为材料,浇铸出铅合金活字,铸出一批相同的字之后换掉字模,再铸下一个活字;将铅合金字按照书页排列成活字版(图1-5),其特点是活字可以被反复调用;印刷时使用油脂调制适合金属活字印刷的油墨,把活字版安装到平压平型木制印刷机上进行印刷。铅活字印刷机的出现,提高了生产力,提高了印刷质量和速度,很快由德国传播到意大利、法国、荷兰、比利时、波兰、西班牙、英国、瑞典、挪威、葡萄牙等欧洲各国,1539年传入墨西哥,1561年又传入印度果阿邦。至此,活字印刷术由手工业走上了机械工业化发展之路。

铅合金字　　　　　　　　　活字版

图1-5　活字与活字版

1807年铅活字印刷术开始传入中国,当时英国人马礼逊来中国传教,需要印制中文《圣经》,于是雇人自行铸造刻制汉字,于1819年首次印成了一部中文《新旧约圣经》,这是中国最早的汉字铅活字印刷书籍。1844年,美国基督教长老会在澳门开设花华圣经书房,1844—1845年书房迁入宁波,更名为美华书馆,书馆主持人姜别利始创电镀法铸汉字字模,并对汉字排字架进行了改革。通过抽样统计,他将汉字区分为常用字、备用字、罕用字三大类,并以《康熙字典》部首进行编排。

2. 凸版印刷

18世纪,西方机械化工业时代开始后,出现了机械能驱动的自动化机器。

约翰内斯·谷登堡使用的铸字法,直到1838年美国人布鲁斯制造活字铸字机以后才被替代。自动铸字机的出现使得铅活字在数量和质量上都得到了保障。自动铸字机由铅锅、浇口、上下字盒、字模、字模套、浇铸机构等组成。生产时,在铅锅里加入铅合金,通电加热到300℃,铅合金完全熔化。装好字模,启动机器,活塞和阀门工作,铅液注入上下字盒,浇口关闭,注水冷却,打开上字盒,推出铅字,上字盒复位;如此反复,连续工作,自动铸字机原理如图1-6所示。1886—1992年,西方设计制造的活字铸排机有莱诺和莫诺两种形式，莱诺把字母按字符排列铸成行，莫诺铸成字符（单字）。

1829年法国人杰诺发明了纸型，使用时将铅合金活字排列成印刷版面，将特制纸覆盖在活字版上，施压后形成带有凹形文字信息的纸型，使用时浇铸成带有凸形文字信息的整页铅版，上机后完成凸版印刷。用纸型浇铸铅字版，可重复浇铸十几次而不损坏。不用时可以将纸型保存起来，加印时可以重复使用；也可以把纸型弯成弧形，浇铸弧形铅字版，安装在圆压圆印刷机上进行印刷。

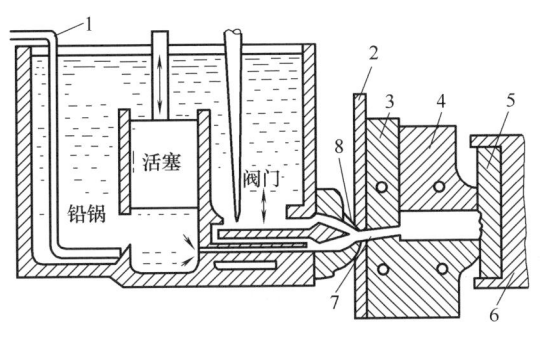

1—加热管　2—浇口板　3—上字盒　4—下字盒
5—字模　6—字模套　7—字尾　8—浇口
图1-6　自动铸字机原理

活字印刷机主要形式有平压平、圆压平和圆压圆（图1-7）。其中，圆压平又有一回转和停回转两种。

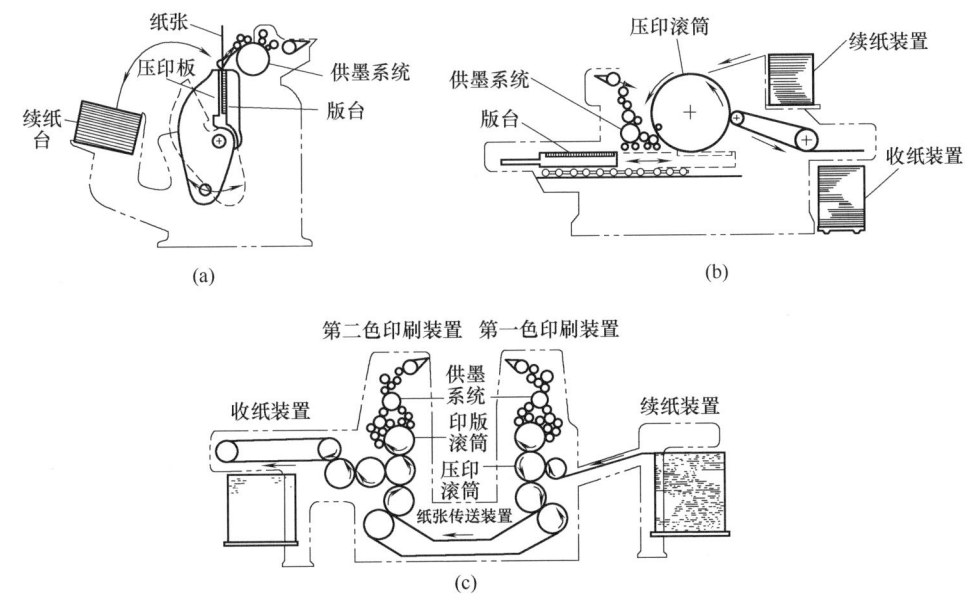

图1-7　活字印刷三种压印方式
（a）平压平印刷机　（b）圆压平印刷机　（c）圆压圆印刷机

1845年英国人制成了重铬酸盐和明胶组成的感光液，发明了用照相的方法制作铜锌版，铜锌版与铅字混排制成印版，直接上机印刷，或者压成纸型，再浇成印版上机印刷，开始出现图文并茂的凸版印刷品。19世纪40年代至50年代，法国和美国先后制造了连续纸（卷筒纸）轮转印刷机，凸版印刷达到顶峰。1949年以后，国内印刷业主要采用活字拼接铜锌版为主的凸版印刷生产形式，印刷设备以圆压平印刷机为主。1952年10月，精成协记机器厂试制出能每小时印刷4版宽报纸50000份的LB40型大型凸版轮转机。翌年3月，试制成功LB402型双组4版宽大型凸版轮转印刷机。

在西方机械化工业时代，凸版印刷术得到改进，生产力得以提高，能够印刷出更多、更便宜的书籍，科技、政治、文化得到普及，知识传播更便捷、更广泛，平民可以获得良好的教育，劳动技能水平大幅提高，提升了社会生活水平。这时人们开始重视生存质量，关注生存环境。凸版印刷污染因素与其他行业一样受到关注，活字印刷使用的铅、铬、酸等污染因素引起各国环保部门的重视。20 世纪 80 年代，我国对新闻出版的活字印刷技术进行升级改造，把平版胶印技术改造项目列入国家"七五"规划，从源头进行环保治理。我国的活字印刷术通过工业化时期的技术革新，到 20 世纪 90 年代已经被淘汰。但是，技术改进后，继承了活字印刷优点的橡胶凸版印刷（柔性版印刷，早期也称苯胺印刷）使用水性油墨印刷，污染环境的因素得到改善，在包装、装饰行业得到推广普及。

（二）平版印刷

1796 年阿罗斯·塞纳菲尔德（Alois Senefelder）发明石版印刷时，用油笔在石灰石板上反向绘制图纹，再用水将石板润湿，此时其他部分排斥油墨，而绘制图纹部分吸收油墨。这种在印版上使用两种不同性质的物质分别吸水和吸墨的印刷方式，就是延续到现在的平版印刷（平版胶印）的基本原理。1805 年，阿罗斯·塞纳菲尔德用金属平版印刷获得成功，并于 1826 年采用平版印刷工艺成功印刷第一张彩色印刷品。1852 年英国人塔尔博特（Fox Talbot）制成了由重铬酸盐与胶组成的感光液，用湿法照相获得图像底片。1882 年美国出现玻璃网屏加网的照相制版，用标准化加网复制半色调图像，印刷品质得到提高。1904 年卡斯帕·赫尔曼和艾拉·华盛顿·鲁贝设计了平版印刷三滚筒印刷机，在原来直接印刷的基础上增加了一个橡皮滚筒，印刷时图像经过橡皮滚筒二次转印完成印刷。由此，平版印刷又称为平版胶印。

自石版印刷发明以来，历经 100 多年的技术改进，1912 年印刷速度 8000 印张/h 的第一台轮转胶印设备 Universal 面世，平版胶印印刷机在技术上获得突破；1932 年拉德博伊尔公司推出了世界第一款四色单张纸高宝胶印机，平版胶印进入工业化生产时代。1986 年，高宝对开胶印机，Koebau-Rapida 104 机组式单张纸胶印机投放市场，以每小时 15000 张的速度，采用新型酒精润版，印刷出精美印刷品，并且能够做到 24h 生产不停机，促进了胶印工业化水平的提升。进入 21 世纪，每小时 18000 张的单张纸印刷机已经得到普及。

在 200 多年的时间里，平版胶印因有水参与印刷过程，在工业化生产中，生产损耗、产品稳定性、环境可控性等方面有很多不稳定因素。全球印刷适性（印刷工艺）组织开展研究工作，寻找平版胶印标准化问题，以提高胶印产品质量、降低生产损耗和提高生产稳定性。20 世纪 80 年代，金属铝薄板普及应用，可塑性好、亲水性好、不易氧化的铝版基替代了其他金属版基，树脂型预涂感光版（PS 版）实现明室储藏和运输。铝版基具有亲水性好、弱酸洁版等优点，在生产中，用非离子表面活性剂取代强酸、重金属粒子润版、洁版，pH 在 6.0 左右时润湿液就可持续用于印刷，基本消除了印刷品重金属残留。酒精润版液的发明对平版胶印发展产生过不可替代的作用，它使印刷过程的化学反应达到稳定，印刷品质量控制更加简便。但是，印刷品残留的润湿液添加剂异丙醇潜在的食品污染风险，以及醇类对大气污染产生的影响，又再次使平版胶印面临抉择。近 10 年，不同形式的无醇、少醇等添加剂用于平版胶印，在涂料纸（铜版纸）印刷、包装印刷方面得到推广，平版胶印生态效应将进一步得到改善。

（三）凹版印刷

雕刻凹版由版画艺术发展而来，最早可追溯到 15 世纪中叶，由意大利金银匠 M·菲尼圭拉于 1452 年发明。当初全是手工雕刻，后来有化学蚀刻，近代已尽量使用机械雕刻制版。版面由深浅和粗细不同的点和线组成。印刷品的线条略凸，光洁清晰，可防伪造，故多用于印刷钞票、邮票等有价证券。

17 世纪初，化学腐蚀法被用于凹印版的制作。具体做法是：先在铜皮表面涂一层耐酸性防腐蚀蜡层，然后用锐利的钢针在蜡层上描绘，经描绘线条的蜡层被破坏，使得下面的铜面外露，并在下一步的腐蚀过程中与酸性溶液接触，从而形成下凹的痕迹。1782 年发现重铬酸钾具有感光性；1839 年发明了照相技术，发现重铬酸钾曝光前后物理性能有所不同；1864 年使用了碳素纸转移法等；1878 年照相凹版技术诞生，于 1890 年在维也纳正式投入生产。照相凹版法采用照相制作底片，利用碳素纸作为中间体，从而彻底代替了手工雕刻，极大地提高了制版的质量和速度。但是，由于工艺特点的限制，当时的凹版印刷仍然只能印刷较低档次的印件，随后出现的布美兰制版法也未能从根本上提高凹印的质量。直到 1963 年电子雕刻凹版依靠网穴表面积和深度的同时变化来反映版面浓淡深浅的层次，制作了网线数为 175～200L/in 的印版，凹版印刷图像的阶调层次和色彩再现才得到提高。电子雕刻版在复制文字和精细图形时会出现锯齿边现象，应用仍然受到影响。

20 世纪 90 年代，计算机雕刻凹版出现，摆脱了网穴形状和角度受"每次 1 穴"方式的束缚，可以更自由地生成不同加网角度和开口形状的网穴，甚至可以进行调频加网的处理，最终实现调频加网凹版复制。一般的雕刻精度为 508dpi（每英寸扫描的像素点），在特殊雕刻领域可以达到 5080dpi 的超高分辨率，拓宽了凹版在防伪、证券等特殊领域的应用。复制单色或彩色照相稿与胶印或铜版凸印等相比，具有墨层厚、层次丰富、印刷质量好、废纸率低、印版耐印、能长久存放等优点，尤其在粗质纸、玻璃纸、塑料膜、金属箔上印刷效果好。但凹版制版时间长、费用高，所以只有质量要求高的彩色图片、画册、书刊插图、明信片、商标、包装装潢、有价证券、建筑装饰材料等适合采用凹印。而且印刷产品数量大，用凹印才较为划算。又因印小号文字质量不好，故以文字为主的书刊不宜用凹印。

近代凹版印刷的印版大多制作在圆滚筒表面，采用圆压圆的印刷方式。通常压印滚筒在上，印版滚筒在下。印版滚筒下部浸在油墨槽中，版面从槽中取得油墨（也有用墨泵喷墨或由浸在墨槽中的墨辊传墨给版面的）。墨槽上方设有薄钢片刮刀压在印版滚筒表面，刮除版面上无图文处的油墨（也有用逆向旋转的揩墨辊揩拭的）。留存于版面图文着墨孔穴（或线）内的油墨，在转到两滚筒相切处时转移到通过该处的纸、塑料薄膜、铝箔等承印物上，印出图文。

凹印油墨中含有大量挥发性有机溶剂，几乎占到凹印油墨成分的 50%，其中如二甲苯、甲苯、醋酸乙酯、丁酮等低沸点、高挥发性的溶剂含有的芳香烃既有毒又可燃，是污染环境的主要因素。另外凹印速度极高，必须使用挥发性极强的快干油墨，还需靠电力或红外线加热进行外部干燥（凹印有干燥工序）才能满足印刷要求。废气排放污染环境使凹印在所有印刷工艺的环保问题中尤为突出，纸质包装已经转向 UV（紫外线）胶印。众多印刷界权威人士认为，除非采取切实可行的措施来解决凹印严重的污染问题，提高凹印的环保性能，否则凹版印刷将失去市场竞争力，最终会被其他印刷技术所取代。

（四）丝网印刷

丝网印刷最早起源于中国，秦汉时期就出现了夹缬印花方法。东汉时期夹缬蜡染方法普遍流行开来，且印制水平有所提高。至隋唐年间，开始有人用绷有绢网的框子进行印花，即丝网印花，用于宫廷精美服饰的印制。到了宋代，人们在染料里加入淀粉类的胶粉，使其成为浆料进行丝网印刷，使得印品色彩更加绚丽。

盛唐文化的传播，将丝印工艺传到了日本、中东及欧洲。18世纪左右，欧洲使用模版和镂空版生产壁纸。1905年，英国萨姆埃鲁·希文研究使用了丝绸网的印刷方法，该方法由美国的琼·布鲁斯瓦斯进行了改进，实现了由一张丝网进行多色印刷的方法，并可用于招牌印制。由此，丝网印刷技术得以迅猛发展，并在商业印刷中获得推广。日本画家万石氏赴美留学归国后，将此技术带入日本，并发明了聚合制版法，后来完成了清漆纸雕刻制版法，这种方法又被传回美国。丝网印刷的照相制版法于1925年正式完成，它与现在的直接感光制版法完全相同。1940年前后，也就是第二次世界大战期间，因工业需要开始了印制电路板的研究，尤其是军工业对电路板的精度要求更为苛刻，照相制版技术得以迅速发展。1950年，网印开始在民用工业中获得广泛应用。

现代丝网印刷的发展仅有几十年时间，但凭借其自身固有的优势和特点，生产力已经得到了显著提高。丝网印刷机从手动网印机、1/4自动网印机、半自动网印机、3/4自动网印机，发展到全自动网印机，体现了丝网印刷的竞争力。在实际生产中往往是按需选型，多种机型组合加工，充分展示了丝网印刷的灵活性。

按照承印物的形状分类，丝网印刷机分为平面丝印机、曲面丝印机和圆网丝印机。不同形式的机型适合印制相应要求的产品。目前，丝网印品的细微层次并不逊色于柔版印刷，甚至新式轮转网印机在速度和质量上已经具备与小胶印机相竞争的潜力。

思 考 题

1. 印刷术的起源包括哪三方面内容？
2. 简述四大传统印刷的工业化发展之路。

第二章 印刷材料

印刷过程中涉及的材料主要包括承印材料、油墨、版材、润湿液、上光油、覆膜材料等，其中承印材料占印刷成本之最。印刷业务中除了有些是出版社来料加工之外，其他材料均为自行招标采购。为环保起见，绿色印包材料应该作为优选耗材引起业界重视，印刷包装产品从原材料选择、产品的制造使用到废弃，整个生命周期均应符合环境保护的要求。本章对常见绿色承印材料、油墨和辅助材料进行介绍。

第一节 承印材料

一、常用承印材料

承印材料主要包括纸与纸板、塑料、金属、玻璃与陶瓷、复合材料及木材等，见表2-1。

表2-1　　　　　　　　　　承印材料及产品分类

承印材料	产品类型
纸与纸板	书刊、报纸、招贴等，纸盒、纸箱、纸袋、纸杯、托盘、纸浆模塑制品
塑料	薄膜袋、编织袋、热收缩膜等
金属	镀锡铁(俗称马口铁)等制成的罐桶等，铝、铝箔制成的软包装等
玻璃与陶瓷	瓶、罐、坛、缸等
复合材料	纸、塑料薄膜、铝箔等组成的复合软包装材料
木材	木箱、木板等
其他	麻袋、布袋、草或竹制包装容器

(一) 纸与纸板

印刷用纸中有许多不同性能和特点的纸张，如新闻纸、凸版印刷纸、胶版印刷纸、胶版印刷涂料纸、字典纸、地图纸、海图纸、凹版印刷纸、周报纸、画报纸、白板纸、书面纸等。纸类承印材料的环保性包括无毒、无味、易于回收再利用、自然分解、不污染环境，以及生产原料来自可再生的木材及植物茎秆等。

一般纸张均可用于包装，但为了满足不同包装产品的需求，往往需要对原纸进行加工，制成各种特殊性能的包装纸，如玻璃纸、植物羊皮纸、铜版纸、油纸、蜡纸、瓦楞纸板、白纸板等。国际标准组织建议，将定量低于 $225g/m^2$ 的纸张称为纸，定量高于 $225g/m^2$ 的纸张称为纸板。纸和纸板作为包装材料应用最为广泛，即使在现代的工业产品包装中仍然占有非常重要的地位，如美国的纸制品约占所有包装材料的42%以上，日本约占49%，我国约占40%。以下简要介绍常用纸与纸板。

1. 新闻纸

新闻纸又称白报纸，是报刊及书籍的主要用纸。适用于报纸、期刊、课本、连环画等正文用纸。

新闻纸是以机械木浆（或其他化学浆）为原料生产的，含有大量的木质素和其他杂质，不宜长期存放。如果保存时间过长，纸张容易发黄变脆，抗水性能变差，不宜书写。印刷时所用的油墨黏度不宜过高，润版水量也不宜过大。

2. 胶版纸

胶版纸主要供平版（胶印）印刷机或其他印刷机印刷较高级彩色印刷品时使用，适于印制单色或多色的书刊封面、正文、插页、画报、地图、宣传画、彩色商标和各种包装制品。

胶版纸具有较高的强度和适印性能，有单面和双面之分，还有超级压光与普通压光两个等级。胶版纸是比较高级的书刊印刷纸，对白度、形稳性和表面强度有较高的要求，酸碱性也应接近中性或呈弱碱性，以免影响印刷。胶版纸伸缩性小，对油墨吸收均匀，平滑度好，质地紧密不透明，白度好，抗水性能强；印刷时采用氧化结膜干燥方式，油墨的黏度也不宜过高，否则会出现脱粉、拉毛现象；印刷时一般采用防脏剂、喷粉或夹衬纸等方式防止背面粘脏。胶版纸定量规格为 $50\sim180 g/m^2$。

3. 白纸板

白纸板由面层、芯层、底层组成。生产白纸板时面层和底层使用漂白浆，芯层使用机械浆、二次纤维纸浆或其他的一些未漂和半漂纸浆。一般面层的漂白浆要求有一定的施胶度和印刷适性。不同等级的白纸板在颜色、光泽度、抗张强度、耐破度等指标上都有所不同。白纸板分为双面白纸板和单面白纸板；双面白纸板底层原料与面层相同，用于高档商品包装；一般纸盒大多采用单面白纸板，如制作香烟、化妆品、药品、食品、文具等商品的外包装盒。白纸板定量为 $200\sim400 g/m^2$。

4. 瓦楞纸板

瓦楞纸板是一个多层的黏合体，由至少一层瓦楞芯纸和一层箱纸板（也叫箱板纸）黏合而成。瓦楞芯纸通常采用半化学木浆和废纸浆混合制成，定量为 $80\sim200 g/m^2$；瓦楞芯纸纤维组织均匀，纸幅厚薄一致，色泽黄亮，有一定的松厚度，较高的挺度、环压强度和吸水性，优良的贴合适应性。箱纸板通常采用硫酸盐木浆、废麻浆、棉秆浆、废纸浆、稻麦草浆为原料，定量一般为 $100\sim300 g/m^2$。箱纸板应有一定的抗压强度，纸面平整，坚韧耐破，抗撕裂，有良好的印刷性能。

瓦楞纸板常规楞型有 A、B、C、E 四种。不同的楞型具有相应的特点：A 楞弹性好，高度和间距大，减震性好，适合易碎及对冲击和碰撞要求高的产品；B 楞适合制作具有刚性且不要求有减震防护性能的产品包装，如罐头、小包装食品、小五金等；C 楞综合了A、B 两种楞型的特点，具有足够的刚性和减震性能；E 楞纸箱表面平整，刚性更好，适合高质量印刷，而且节省运输仓储空间。不同的内装物品通常需要配备不同层数及楞型的纸箱。三层瓦楞纸箱又称单瓦楞纸箱，其纸板结构由一张瓦楞芯纸两面各粘一张面纸组合而成，常用楞型有 A、B、C、E 瓦楞，主要用于包装质量较轻的内包装物。五层瓦楞纸箱又称双瓦楞纸箱，其纸板结构由面纸、里纸、芯纸和两张瓦楞芯纸黏合而成，楞型的组合通常采用 AB 型、AC 型、BC 型或 BE 型等，主要用于单件包装质量较轻且易破碎的内装物的包装。七层瓦楞纸箱又称三瓦楞纸箱，其纸板结构由面纸、瓦楞芯纸、芯纸、瓦楞芯纸、芯纸、瓦楞芯纸和里纸黏合而成，楞型组合通常采用 BAC 型，主要用于重型商品的包装。

5. 牛皮纸

牛皮纸是采用硫酸盐针叶木浆抄造的高级包装用纸，定量规格为 $80\sim120g/m^2$。牛皮纸具有高施胶度，因其坚韧结实似牛皮而得名。特征是具有较高的强度、弹性、耐磨性，结实，柔韧，防潮，抗水，它是包装纸中最结实的一种纸张，多用于包装工业产品，如水泥、化肥、化工原料等。

6. 羊皮纸

羊皮纸又称植物羊皮纸或硫酸纸，使用未施胶的高质量化学浆纸表面纤维胶化，即羊皮化后，经洗涤残酸后，再用甘油浸渍塑化形成质地坚韧的透明乳白色双面平滑纸张，由于采用硫酸处理而羊皮化，因此也称为硫酸纸。羊皮纸具有良好的防潮性、气密性、耐油性和机械性能，适于油性食品、冷冻食品、防氧化食品的防护要求，可以用于乳制品、油脂、鱼肉、糖果点心、茶叶等食品的包装。食品包装用羊皮纸定量为 $45g/m^2$、$60g/m^2$，工业品包装的标准定量为 $45g/m^2$、$60g/m^2$、$75g/m^2$，但应注意羊皮纸酸性对金属制品有腐蚀作用。

(二) **塑料**

塑料包装是现代商品包装的重要标志。它的出现大大地改变和调整了整个包装材料的结构和布局，塑料印刷令商品包装呈现出了一个崭新的面貌，使包装水平上了一个台阶。

由于塑料原材料来源丰富，价格低廉，合成工艺也较成熟，所以，塑料的种类很多，价格也较便宜，更重要的是它兼具多种优良的性能。随着高分子合成科学的发展及加工技术的提高，共聚、共混或改性赋予了材料更多的特色或特殊功能。在中国，塑料包装材料的使用占塑料产量的26%左右。其中主要的品种为：聚丙烯、聚乙烯、聚苯乙烯、乙烯-醋酸乙烯共聚物、聚酯等。

1. 聚丙烯

聚丙烯材料柔软、透明，易制成薄膜，经拉伸后强度提高，非常适宜包装食品，或与其他材料形成复合材料进行包装，多用于食品、医药包装。聚丙烯还可制成盒、杯、盘、瓶等容器，用于盛装、包装食品及其他商品，它还可以制成打包带、编织袋等。

2. 聚乙烯

聚乙烯分低密度聚乙烯和高密度聚乙烯。低密度聚乙烯可以制成薄膜或与其他材料复合，用于食品包装及其他商品包装，而高密度聚乙烯可以制成各种形状的容器，如盒、盘、瓶、杯、筒类，或做成重包装袋。聚乙烯塑料还可以制成软管，如牙膏皮、化妆品盒等。

3. 聚苯乙烯

由于结构因素，聚苯乙烯属于硬质塑料，很脆，可以制成各种形状容器，用于食品的包装、盛装；也可以经化学改性来提高抗冲击性能，或经拉伸来提高它的力学性能；再者，它还可以制成泡沫缓冲材料。

4. 乙烯-醋酸乙烯共聚物

乙烯-醋酸乙烯共聚物是一种较新的材料，多用于与其他材料共挤制成复合薄膜材料，或与其他材料共同进行密封，多用于食品包装。

5. 聚酯

多元醇与多元酸的缩聚产物称为聚酯。线形聚酯树脂可以制成纤维状或薄膜材料，特别是其薄膜材料如聚酯（聚对苯二甲酸乙二酯）及聚碳酸酯，由于具有耐热性，耐湿性好，机械强度大，耐油、耐酸、耐药品性好，气密性及透明度极佳等特点，这类薄膜被广泛用于食品包装。

(三) 金属

金属也是较常见的包装印刷材料，由于其自身的优良性质如强度高、阻隔性好、表面易镀层与印刷、防腐蚀性好等，加之其易于加工成型与回收处理，主要被用于食品、饮料、油剂和化妆品中喷雾剂的包装。其种类主要有钢材、铝材，成型材料是薄板和金属箔。前者属刚性材料，一般是直接制桶、制罐；后者为柔性材料，一般采取真空蒸镀的方法在其他材料上镀上一层金属膜，以提高包装的保护功能。

1. 镀锡铁（俗称马口铁）

为增强钢板的耐腐蚀性，往往要在钢板的表面施以镀层，马口铁就是其中之一，多用于各种食物、饮料、药品的包装。它是镀锡薄钢板，镀锡后钢板耐腐蚀性增加，延展性、加工性也进一步得到改善。高温处理导致钢板表面铁与锡发生了反应，形成了较薄的锡铁合金层，内层为钢层，外层为锡层。中间的锡铁合金层密度很高，抗腐性能很好。另外在锡层的表面还有一层较薄的氧化膜，具有较好的耐腐蚀性。在食品包装容器中，往往还要在容器的内壁，即与食物接触的那一面涂上涂层，烘干后再填装食品及其他内装物。涂层多采用环氧树脂、酚醛树脂及不饱和聚酯树脂等制成，特别是环氧树脂相关产品，不污染食物，对人体无害，具有良好的抗腐能力，能有效地防止食品中油剂、介质的变质，保护食品的质量。

2. 铝箔

铝箔是现代包装中最常用的材料，它质轻柔软、延展性好、易于加工，具有极高的防潮性、阻气性及全方位的阻隔功能。所以，铝箔作为包装材料是任何其他高分子材料和蒸镀薄膜无法比拟和替代的。

但是，铝箔使用最多的还是与其他材料如纸、塑料等复合在一起构成现代的复合包装材料。其实质就是在纸基或塑料膜基上镀铝层，这样的镀层薄而均匀，柔韧且阻隔性好，并且材料自身可回收降解。所以，此种镀铝膜复合包装材料在铝包装制品中脱颖而出，成为最经济、最有竞争力的包装材料。在真空镀铝纸生产过程中，原纸的性能也很关键，它会影响真空镀铝纸的质量。

(四) 玻璃

在包装工业中，玻璃主要用于制成玻璃瓶罐。玻璃的组成是决定玻璃物理化学性质和生产工艺的主要因素。所以，工业生产中经常借助调整玻璃的组成来改变玻璃的性质，使之适应生产工艺条件和满足制品的使用要求。

玻璃原料分为主要原料和辅助原料两大类。一般是用多种无机矿物（如石英砂、硼砂、硼酸、重晶石、碳酸钡、石灰石、长石、纯碱等）作为主要原料，另外加入少量辅助原料如澄清剂、助熔剂、乳浊剂、着色剂、脱色剂、氧化剂、还原剂等制成。

主要特性：

① 有较高的化学稳定性，除氢氟酸外其他酸都不能腐蚀玻璃，但玻璃抗碱性差。

② 对于所有气体或溶液，玻璃是完全不渗透的。因此玻璃经常用作气体的理想包装材料。

③ 热稳定性决定玻璃在温度急剧变化时抵抗破裂的能力。热稳定性与导热系数的平方根成正比，与热膨胀系数成反比。玻璃制品越厚、体积越大，热稳定性也越差。

④ 玻璃对光线的吸收能力随着化学组成和颜色而异。无色玻璃可透过各种颜色的光线。有色玻璃能透过同色光线而吸收其他颜色的光线。

二、绿色印包新材料

绿色印刷包装材料最重要的一个特征就是可降解，可降解材料有很多，其中已取得良好进展和应用价值的有光降解塑料、光/生物双降解塑料、水降解塑料等。这里主要介绍业内常见的几种可降解材料及新型材料。

（一）光降解塑料

光降解塑料即材料在光的作用下会发生降解。由于光降解塑料是在普通或改性的塑料中加入了特定的光敏剂，这类光敏剂在自然光照下能有效地吸收阳光中的紫外线，获得能量后呈激发状态，然后又将能量传递或转移给易激发的基团或化学键进行光化学反应，由此导致大分子的降解，不断形成易被微生物吞噬的小分子碎片，达到了降解的目的。

有些材料内也同时加入自氧化剂，它会与土壤中的金属盐反应生成过氧化物，这些过氧化物再作用于碳链骨架，使其分子链断链而降解成易被微生物吞噬的小分子化合物。此种材料的降解速度与其分子的化学链强弱及结构成分、基团性质有关，与加入光敏剂的种类、用量及其他配合剂有关。

（二）光/生物双降解塑料

光/生物双降解塑料是在光和生物双重作用下具有协同降解效果的塑料。这种塑料之所以能够双降解，关键在于它的整体材料中加有两种诱发剂，即在材料中掺混有生物降解剂淀粉，以及能诱发光化学反应的可控光降解的光敏剂，或被人称之为"定时器"的复配光敏剂及自动氧化剂等助降解剂。其中可控光降解的光敏剂在规定的诱导期之前，不会使塑料降解，具有理想的可控光分解曲线，在诱导期内力学性能保持在80%以上，达到使用期后，力学性能迅速下降。而且它还可以通过调整浓度比，使塑料定时分解成碎片，接着在自动氧化剂和微生物对淀粉的共同作用下，材料很快被分解。

（三）水降解塑料

水降解塑料通常是由聚乙烯醇与淀粉或聚乙烯醇与聚乙烯吡咯烷酮助剂等混合而成的，是目前重点开发的一类项目。废弃物的处理降解成本低，如水降解的包装薄膜、水溶性的发泡塑料、PVA（聚乙烯醇）湿法冷凝胶无纺布等。

降解过程中该种塑料先溶于水形成胶液渗入土壤中，增加土壤的凝结性、保水性和透气性，在土壤中PVA可被土壤中分离的细菌-单细胞属的菌株分解，但至少需要两种细菌的共生体系才可降解：一种是分解聚乙烯醇的活性菌；另一种是生产活性菌所需物质的菌。仲醇的氧化反应酶催化聚乙烯醇，然后水解酶切断被氧化的PVA主链，形成自由基链锁式降解，最终可降解为CO_2和H_2O。

水溶性包装膜具有一定的强度、热封性，表现状态类似一般的塑料薄膜，多用于食品包装和在水中使用的产品的包装，如农药、化肥、杀虫剂、水处理剂、种子等。其含水量会随环境温湿度的变化而变化直至平衡，而膜的溶解性则与厚度、温度有关，温度越高溶解速度越快。此膜可允许氨气与水透过，对氧气、氮气、氢气、二氧化碳有良好的阻隔性，在食品包装中起到保质、保鲜、保味的作用，也可以进行包装印刷。

（四）天然高分子型材料

1. 淀粉基绿色包装材料

近年来，改性淀粉的生物降解或可溶性的降解塑料已成为淀粉基材料研究开发的热点。淀粉基材料可用作油炸快餐食品的包装、一次性食品用袋和纸包装的外层膜等。淀粉基聚乙烯醇塑料是其中的典型代表，制备时，通过先糊化、后共混、再交联的薄膜制备工艺过程，能够获得高淀粉填充量的淀粉/聚乙烯醇完全生物降解塑料薄膜。因先糊化打破了淀粉颗粒的原有形态结构，促进了淀粉与聚乙烯醇的共混相容性，从而获得了优良的力学性能；耐水改性助剂尿素的使用，能够大幅度地降低材料的吸水率，同时提高材料的生物降解性和环境友好程度。淀粉-聚乙烯醇膜有中等的阻气性能，力学性能比合成多聚物的膜差一些，可在食品一次性用袋方面代替低密度聚乙烯包装。

2. 纤维素合成材料

纤维素是地球上最丰富的可再生资源，可以通过光合作用大量合成，而且具有价廉、可降解、不污染环境等优点。用纤维素可以合成各种生物降解材料。由于其大分子链上有许多羟基，具有较强的反应性能和相互作用性能，因此，这类材料加工工艺比较简单，成本低，加工过程无污染；能够被微生物完全降解。由于纤维素分子间有强氢键，取向度、结晶度高，不溶于一般溶剂，因此不能直接用来制作生物降解材料，必须对其改性。纤维素改性的方法主要有酯化、醚化及氧化成醛、酮、酸等。如日本四国工业技术试验所以天然聚合物多糖（如纤维素和纤维素衍生物）为原料制成半透明的塑料切片，其拉伸强度和弯曲性能与常用塑料相似；以交联淀粉、活性碳酸钙和纤维素为主要原料制成的生物降解片材，力学强度和耐热水性能好，可代替聚苯乙烯作快餐盒或其他包装材料，对降低环保成本、消除"白色污染"具有十分重要的使用价值。纤维素还可制成各种高吸附性纤维素材料，如高吸水性纤维材料、高吸附重金属材料、高吸附油脂材料等，可用于相应的新鲜食品和植物的包装及废水的处理等方面。

3. 蛋白质膜材料

用植物蛋白制得的膜尽管不是完全疏水的，但有较好的阻湿性能和阻氧性能，并可挤压成型。玉米醇溶蛋白已在商业上用于可食性包装及涂层，有较好的阻隔性、良好的保湿性及抗氧化性，也可作为药物的缓释剂使用；大豆分离蛋白膜可以减少葡萄干和干豌豆中的水分迁移。动物来源的蛋白用于制膜的主要有胶原蛋白、乳清蛋白和酪蛋白。胶原蛋白膜是应用较多的可食性蛋白膜，低湿度下阻氧性好，已作为香肠的肠衣广泛使用；乳清蛋白膜可减少氧气的透过，与乙酰化单甘油酯复合涂布于冷冻大马哈鱼与焙烤花生上可明显降低其氧化速度，也可以减少谷类早餐食品中的水分迁移；酪蛋白与脂质的复合膜可应用于新鲜蔬菜、干果、冻鱼的保藏，能够减少水分迁移和油脂氧化。

4. 微生物多聚物

微生物聚-β-羟基烷酸酯（PHAs）有极好的成膜和涂层性能，以此为原料制成的产品可与聚乙烯、聚丙烯、聚酯相媲美。这些产品熔点低、结晶度低、抗水性高，可在土壤中生物降解，可用普通的塑料加工工艺加工成型，其中以 BioPol 为典型代表。通过改变微生物菌种、碳源及碳源组成比率来调节羟基丁酸酯（HB）和羟基戊酸酯（HV）比率即可获得不同结构与性能的产品，聚羟基戊酸酯（PHV）赋予材料强度与刚性，聚羟基丁酸酯（PHB）使材料有弹性、韧性。这种材料与淀粉基材料相比，有较强的耐水性，但阻气性差一些，可用于瓶装饮料、牛奶纸包装涂层材料、快餐包装、餐用杯及一次性食品用袋中。目前因为从微生物体中提取多聚物成本很高而不能广泛使用，如果能通过扩大生产规模、改变工艺来降低成本，这将是一种很具潜力的多聚物。

5. 聚乳酸类材料

聚乳酸（PLA）是最重要的乳酸衍生品。聚乳酸类高分子材料具有无毒、无刺激性、强度高、生物相容性好、可塑性强、膜弹性好等优点。聚乳酸类高分子材料易被自然界中的多种微生物或动植物体内的酶分解代替，最终形成水和二氧化碳，不污染环境，因而被认为是最有前途的可生物降解高分子材料。用聚乳酸制成的生物降解塑料常用来生产透明食品包装、拉伸薄膜、发泡容器、塑料容器等，可广泛应用于食品包装业、农林牧渔业和卫生用品等方面。

（五）新型纸包装材料

1. 纳米石科纸

纳米石科纸不用木纤维制造，而是将纳米级石粉浆涂布到基材上，节约了木材资源。纳米石科纸的制作不是用浆去抄纸，整个生产工艺过程不用一滴水。因此在生产过程中没有废水、废气的排放；并且，纳米石科纸暴晒 3 个月后会风化成石粉，有利于环保，容易回收。与传统彩色喷墨打印纸用墨量相比，纳米石科纸更省墨。一般纳米石科纸 720dpi 画面与传统 1440dpi 画面清晰度相同，而精度越高用墨量越大。因此，在同等清晰度要求下，纳米石科纸能节约用墨量一半左右。目前，纳米石科纸主要应用于喷墨印刷、日历印刷、广告印刷等领域，纳米石科纸的亮面及雾面都有非常好的印刷效果。

2. 环保雪铜纸

环保雪铜纸采用无机矿粉（石头粉）为主要原材料，添加少量无毒树脂制成。在制造过程中完全不使用强酸、强碱、漂白剂和清水洗涤，更无废水、废气的排放，达到造纸工业的环保要求。环保雪铜纸使用后可在自然环境中裂化分解，也可经燃烧重新萃取矿粉循环使用，避免造成二次污染的问题。环保雪铜纸应用高科技专利涂布技术，适用于普通印刷机和油墨印刷，解析度高，干燥速度快，能取得优质的印刷效果。

环保雪铜纸适合胶印、丝网印刷、轮转印刷等多种印刷形式，其性价比高，适用于高档印刷、标签、包装、特殊纸行业。例如，在不干胶标签印刷中，由于雪铜纸具有防水、防油、防霉、防蛀、耐折、耐撕等特性，明显优于传统纸张。而在环保方面，雪铜纸易于降解，明显优于塑料薄膜。此外，雪铜纸还兼具木浆纸与合成纸的优异特性。因此，在不干胶标签市场日益增长的今天，它必将成为纸品市场又一亮丽的明珠，其市场前景非常广阔。

3. PP 合成纸

PP 合成纸是一种新型纸张，以石油副产品聚丙烯和天然石粉（碳酸钙）为主要原料，经压延加工而成。PP 合成纸用于儿童写字垫板及标签、手提袋、海报、日历、名片、书籍、样本等方面，在一次性饭盒等餐饮包装容器领域也得到应用。

PP 合成纸制造过程中采用高温溶解，不需要漂白处理，没有污水排出，利于环保。PP 合成纸具有无毒、耐折性、防水性及韧性、强度高、稳定性好、防虫咬、耐腐蚀、耐油等特性，燃烧产生的气体和残留物完全无毒。

(六) 绿色纳米包装材料

现阶段，纳米材料用于包装多是以纳米涂层、纳米镀层、纳米复合的形式出现，具体种类有纳米抗静电膜、纳米杀菌膜、纳米高阻隔涂层、纳米复合板材、纳米复合陶瓷等，这些材料主要用于食品包装、医药包装、医疗器械包装、防静电包装、隐身包装、防雷达包装等，大多为功能性包装。

1. 纳米涂层材料

纳米涂层通常是在以高聚物做基质的材料表面涂敷上一层纳米涂层而制得。如聚乙烯醇、聚乙烯、聚丙烯等包装膜，在它单独作为食品或鲜奶等包装使用时，对光、热、水分、气体的阻隔性很差，不能在确定的时间内对内装物起到保鲜、保质的作用。只有几层共挤出或几层压延的复合膜才能实现所期望的高阻隔性。而经纳米涂层涂布后的包装膜，无论是强度、理化性能还是阻隔性都得到提高，而且在价位上仅为几层共挤出膜或压延复合材料的1/2。相信在不久的将来，此种纳米涂布的高阻隔性膜将在食品包装及鲜奶包装膜的市场上占有更大的份额。

2. 纳米镀层材料

纳米镀层与纳米涂层有类似的性质和作用，但其加工方法不同。如HDPE（高密度聚乙烯）膜上镀TiO_2纳米材料，需要采用等离子体真空溅射-沉积法来完成。此方法制备的包装膜强度高、阻隔性好，并且具有抗菌性、自洁性。

3. 纳米复合材料

纳米复合材料是采用晶粒尺寸为1~100nm的晶体材料与其他包装基质材料复合制成的。因为纳米颗粒自身具有特殊的原子结构和理化特性，所以制成的纳米复合材料也具有此种特性。纳米复合材料大多用溶液-凝胶法制备，其制备加工工艺通常是先将金属无机盐或有机金属化合物在低温液相合成为溶液后，采用提拉法使溶液吸附在基底上，经凝胶化过程成为凝胶，凝胶经一定温度处理后即可得到纳米复合薄膜。

这种方法可用来改良韧性包装材料。将纳米颗粒如氧化铝和二氧化锆混合加入玻璃、陶瓷中，就可得到富有弹性的玻璃与陶瓷材料。

第二节 油 墨

一、油墨概述

油墨是用于印刷的重要材料，它通过印刷或喷绘将图案、文字表现在承印物上。印刷油墨由颜料、连结料和辅助剂三大成分组成，它们均匀地混合并经反复轧制而呈现为一种黏性胶状流体，用于书刊、包装装潢、建筑装饰及电子线路板材等领域的各种印刷。

油墨具有一定的流动性，并且满足各种印刷过程所要求的性质，能够在印品上迅速干燥，干燥后的墨膜具有相应的各种耐水、耐酸、耐碱、耐光、耐擦、耐磨等耐抗性。油墨成分中的液体成分主要为连结料，固体成分为色料（颜料或染料），以及各种助剂。对油墨来说，颜色、身骨（通常将稀稠度、流动性等油墨的流变性质称为油墨的身骨）和干燥性能是油墨最重要的三个性质。

油墨的色相主要取决于颜料，颜料以微粒状态均匀地分布在连结料中，颜料颗粒能够吸收、反射光线，有色材料通常都是因颜料的反射和透射作用呈现出一定的色彩。印刷油墨中使用的有色材料通常都是颜料，也有一些使用染料。颜料和染料都是颗粒状极细的有色物质。颜料一般不溶于水，也不溶于连结料。颜料的种类和制造过程不同，其表面性质如极性、酸性、碱性也不同。油墨的相对密度、透明度、耐光性、对化学药品的耐抗性等都与颜料有关。

连结料起分散色料和辅助料的媒介作用，它是由少量天然树脂、合成树脂、纤维素、橡胶衍生物等溶于干性油或溶剂中制得的。连结料有一定的流动性，使油墨在印刷后形成均匀的薄层，干燥后形成有一定强度的膜层，并对颜料起保护作用，使其难以脱落。连结料对油墨的传递性、亮度、固着速度等印刷适性和印刷效果有很大影响，要根据不同的包装材料和印刷要求随时调整连结料的组成与配比。因此，选择合适的连结料是保证印刷良好的关键因素之一。

助剂主要包括填充剂、稀释剂、防结皮剂、增滑剂、防反印剂、分散剂、湿润剂、干燥剂、稳定剂等。

二、环保油墨

环保油墨是指由纯天然材料组成，流动性好、干燥性适宜、附着力好、色泽鲜艳、透明度良好的油墨。选择无毒、低毒或不直接产生污染物质的材料作为油墨的组分是制造"绿色"油墨的关键。油墨所用树脂可以选择合成树脂，也可以选择天然树脂，但必须是不直接污染环境的化合物，油墨连结料应向醇溶、水性聚合物体系方向发展。另外，塑料包装印刷油墨的颜料体系应向不含重金属颜料方向发展。

（一）水性油墨

水性油墨主要是以水和乙醇为溶剂制成的油墨，是一种新型绿色包装印刷材料。与其他印刷油墨相比，其最大的优点是不含挥发性有机溶剂，没有溶剂型油墨中某些有毒、有害物质在印刷品中残留，不会对包装商品造成污染。同时，水性油墨不仅可以降低由于静电和易燃溶剂引起的火灾危险和毒性，而且清洗印刷设备更方便，具有不易燃烧、色彩鲜艳、不腐蚀版材、附着力好、抗水性强等特点。水性油墨可广泛地应用于对卫生条件要求严格的包装印刷产品，特别适用于食品、饮料、药品等产品包装的印刷。

水性油墨是由高级颜料、水溶性树脂（如水基型丙烯酸树脂、水基马来酸松香树脂、聚乙烯醇、乳胶、羟丙基甲基纤维素等）、水（分散连结料）、助溶剂（乙醇、丙醇、异丙醇、乙二醇等），经物理化学过程混合研磨而制备的均匀浆状物质。水性油墨简称水墨（柔性版水性墨也称液体油墨）。

1. 颜料

由于水性油墨大多使用碱溶性树脂作为连结料，因此水性油墨大部分是碱性的，应选择耐碱性颜料。同时，包装材料需要色彩鲜艳、着色力强的颜料，如在高水平的柔性版印刷中使用高网线的网纹辊传输油墨，转移的油墨量较少，印刷品的墨层薄，因此更需要色彩鲜艳的颜料。另外，还应考虑颜料的易分散性问题，水性油墨的颜料要在已选定的树脂中易被分散，颜料分散的好坏决定着油墨的细度、黏度、稳定性、抗水性能等。影响颜料分散好坏的因素有很多，其中颜料的相对密度和颜料的组合特别重要。如果颜料的相对密度比较悬殊，相对密度小的颜料容易漂浮在上，如墨绿色水性油墨常以炭黑、酞菁蓝等颜料配合调色，容易产生浮色、发花、沉淀等现象；颜料的相对密度太大时，则容易沉淀结块而破坏油墨的稳定性。不同颜料的化学性质如相对密度、酸碱性、极性及结晶状况等均不相同，若采用多重颜料、填料，常因其物化性质差异较大出现颜料沉淀、浮色等现象，因此在制作水墨时选用的颜料、填料种类应尽量少一些。总之，为获得色彩艳丽的印迹，水性油墨必须选用化学稳定性良好、具有高强度着色力、在水中分散性较好的颜料。

生产中通常选用色泽鲜艳的有机颜料作为水性油墨的颜料，如金光红、酞菁蓝、联苯胺黄、永固黄等；另外，白色颜料选用钛白粉，黑色颜料选择高色素炭黑。需要指出的是，由于不同的印刷方式、不同的承印材料对油墨性能的要求是不同的，因而在颜料的选择上也不尽相同。表2-2是常用水性油墨颜料的主要商品牌号及特性。

表2-2　　　　　　　　　常用水性油墨颜料的主要商品牌号及特性

牌号	名称/结构类型	质量分数/%
Yellow H4G-PVP 2087	黄151/苯并咪唑酮类	90
Yellow HR-PVP 2011	黄83/联苯胺系双偶氮	80
Pink E-PVP 2088	红202/喹吖啶酮	85
Carime HF4C-PVP-2040	红158/苯并咪唑酮类	80
Red HF2B-PVP 2012	红208/苯并咪唑酮类	80
Violet-PVP 2089	P.V.25/二嗪类	80
Blue B2G-D	蓝15:3/CuPc	80

2. 连结料

水性油墨的连结料由水性树脂、水、胺类化合物及其他有机溶剂组成。

(1) 水性树脂。树脂在油墨中主要起连结料的作用，使颜料颗粒均匀分散，使油墨具有一定的流动性，并提供与承印物的黏附力，使油墨能在印刷后形成均匀的膜层。水性树脂是水性油墨最重要的组成部分，是影响水墨特别是高档水墨性能的重要因素，是水性油墨配制的关键，它对水性油墨的黏度、附着力、光泽、干燥性及印刷适应性都有很大的影响。

水性树脂的种类很多，可根据不同的场合和用途进行选择。水性油墨的连结料中通常同时含有水溶性树脂、胶态分散体（水溶胶）、乳液聚合物三类水性树脂，将这几种树脂混合使用，可弥补各自的缺点。其中，水溶性树脂用于调节油墨的黏度和流动性，稳定分散效果，赋予油墨墨膜固着颜料的性能；胶态分散体，其分子中具有极性基，通过调整pH及添加助溶剂，可使溶解性能和黏度改变；乳液聚合物可使墨膜富有弹性。三类水性树脂的性质见表2-3。

(2) 溶剂。溶剂不仅可作为油墨的载体，而且可以调整油墨黏度，增加流动性，方便印刷。水性油墨用溶剂的作用：溶解树脂，给予墨性；调节黏度，给予印刷适性；调节干燥速度。水性油墨的溶剂主要是纯净水和少量醇类，如水、丁醇、异丙醇等。纯净的水加入少量的醇可以提高油墨的稳定性、加快干燥速度、降低表面张力，异丙醇还起到减少发泡的作用。

表 2-3　　　　　　　　　　　　　　　三类水性树脂的性质

性质	水溶性树脂	胶态分散体(水溶胶)	乳液聚合物
外观及状态	透明、溶解型	半透明、分散型	半透明、分散型
粒径/μm	约 0.01	0.001~0.1	0.1 以上
相对分子质量	1 万~2 万	1.5 万~10 万	10 万以上
黏度	高	中	低
颜料分散性	优	良	差
分散稳定性	良	良	差
黏度调整	调节相对分子质量	添加水溶解剂、助溶剂	添加增黏剂、溶剂
光泽	优	中	较差
墨膜强度	优	良	优
使用难易	良好	良好	良好或差

3. 辅助剂

辅助剂对水墨性能的影响很大,是水墨不可缺少的重要组成部分,其作用是提高油墨体系内的稳定性,增加附着力,提高光泽的亮丽程度,调节油墨的 pH、干燥性等,从而确保获得平滑、均匀、连续的墨膜。辅助剂虽然在油墨的配方中占比很少,但它的加入最能表现出油墨的性能。同样,通过加入各种助剂可以改善水性墨的缺点,降低水性墨的表面张力,增加对塑料的润湿,还有助于溶解树脂,提高干燥速度。水性油墨中常用的助剂主要有:pH 稳定剂、慢干剂、消泡剂、冲淡剂、增稠剂、偶联剂、润湿分散剂等。

(二) 植物油墨及醇溶性油墨

石油系溶剂油墨含有对人体有害的芳香族化合物,绿色环保的植物油墨及对环境污染小的醇溶性油墨是传统石油系溶剂油墨的理想替代产品。

1. 植物油墨

植物油墨即植物油基油墨,使用植物油脂作为连结料。目前研发和应用的植物油墨连结料主要有碱炼大豆油、菜籽油、棉籽油、葵花籽油、红花籽油等。目前,大豆油墨是使用得最多的植物油墨,也是石油系溶剂油墨众多替代品中较为出色的一种新型环保油墨。

植物油墨的组成及特点:植物油墨主要是由纯天然植物色浆、天然植物油脂、水和一些助剂等原料配制而成,去除了普通油墨中的烃类树脂,降低了挥发性有机化合物的释放量。以菜籽油和葵花籽油改性醇酸树脂合成的热固型和快干型胶印油墨,以植物油衍生的脂肪酸甲酯代替了矿物油,这类产品中植物油或改性作为树脂,或作为溶剂有效地降低了 VOC 含量。大豆油墨作为使用最多的植物油墨,使用豆油溶解树脂制作连结料,将一般油墨中的部分石油类溶剂换成大豆油,其他颜料、树脂和普通油墨基本相同。

2. 醇溶性油墨

它以食用乙醇(酒精)为主要溶剂。以醇溶性聚酰胺和硝化纤维素混合做连结料生产的塑料包装的表印油墨,完全可以取代以甲苯与异丙醇做溶剂的表印油墨。以聚酯及聚氨酯做主体连结料的表印油墨已是欧美国家高档软包装印刷的主导油墨,可用于食品、药品、饮料、烟酒及与人体接触的日用品包装。不过,醇溶性油墨由于还要采用部分酯类溶剂,所以仍然会导致一定的溶剂残留,不能完全符合食品、医药等领域包装安全的要求。

(三) UV 油墨

紫外线干燥油墨,简称 UV 油墨,是在一定波长的紫外光(UV 光)照射下,发生交联聚合反应，能够瞬间固化成膜的、无溶剂排放的光固化型油墨。与油性油墨相比，它用丙烯酸系预聚合物、单体、光引发剂取代了油性油墨用的树脂，它不含溶剂，也不发生蒸发和渗透，污染几乎为零，无论在吸收和非吸收性材料上均能瞬间固化。

1. 组成

UV 油墨的组成包括颜料、填料、光聚合性预聚物、感光性单体（相当于溶剂）、光引发剂及各种助剂。

理想的 UV 油墨颜料应满足以下要求：选择对于紫外线光谱吸收率小的颜料，以保证油墨具有良好的固化速度；要有优良的分散性和足够的着色力；颜料拼混后不能在有效存放期内胶化；在紫外光下或固化反应时应不变色。由此，大多数有机颜料应用在紫外线固化油墨中。常用的 UV 油墨颜料有联苯胺黄、酞菁蓝、永久红、宝红、耐晒深红等；另外，黑色颜料有炭黑，白色颜料有钛白粉。

填料在 UV 油墨中可以改变油墨的流变性能，起到消光、增稠和防止颜料沉降的作用。同时，其价格低，可用来降低油墨的成本。常用的有碳酸钙、硫酸钡、二氧化硅等。

光固化型连结料主要是由光固化树脂或预聚合物、交联剂（单体交联剂或预聚物交联）、光引发剂（光敏剂）组成。UV 固化油墨连结料的选择原则是：色泽浅、透明性好、活性高、在紫外光照射下能瞬间干燥，成膜后光泽好，附着力牢，韧性和耐冲击性优良，酸值一般在 2.0 以下，与颜料的润湿性好。需要指出的是，UV 固化油墨的连结料大多采用两种或多种光固化树脂或预聚物、交联剂拼合。

2. 固化机理

UV 固化油墨是依靠紫外线的能量来干燥的。其固化过程为：①引发剂受紫外线照射被激发，形成自由基；②自由基与树脂连结料中的双键作用，形成长链自由基；③不断增长的长链进一步反应，形成聚合物固化。

UV 油墨与传统油墨的不同之处在于：传统油墨的成膜是物理作用，树脂已经是聚合体，溶剂将固体的聚合物溶解成液状的聚合物，使其便于印刷在承印物上，然后溶剂经挥发或被吸收，使液状的聚合物再恢复成原来的固态；UV 油墨是利用紫外线光波感光作用使油墨成膜和干燥，其机理是一种化学变化，即从单体到聚合体，是化学作用。

（四）EB 油墨

电子束固化油墨简称 EB 油墨，也是近年来发展起来的环保包装印刷油墨。EB 油墨安全、无有害挥发物，对环境、包装物没有污染，印刷品的气味比 UV 油墨小，能耗低，生产速度快，运行费用低，主要用于食品包装印刷。

1. 组成

EB 油墨是一种在高能电子束的照射下，能够迅速从液态变为固态的油墨，它的组成与一般油墨相似，主要由颜料、连结料、辅助剂等物质组成。

目前 EB 油墨主要用于食品包装印刷，对颜料的无毒性要求较为严格。此外，其还应遵循以下一些原则：在电子束的照射下，颜料应不发生颜色的变化；要具有优良的分散性和足够的着色力；颜料拼混后油墨不能在有效存放期内胶化；颜料合用时，每种颜料在油墨中的用量要准确。

EB 油墨连结料的主要组分是丙烯酸类树脂以及参与反应的活性单体，这类聚合物的通性是具有高度不饱和性。预聚物的性质决定了油墨固化后的物理特性，如耐磨性、附着力、弹性、硬度、耐化学性、耐溶剂性及颜料的色差等,由不同预聚物配成的油墨其表现的物理性质也不尽相同。EB 油墨中常用的预聚物有环氧丙烯酸树脂、聚酯丙烯酸树脂、丙烯酸聚氨酯、氯化聚酯丙烯酸树脂等。

EB 油墨连结料中使用了活性稀释剂单体,其作用是调节高黏度预聚物的黏度、调节油墨的黏着性、增强墨膜的强度、加快固化速度等,通常活性稀释剂可以分成单官能团、双官能团以及多官能团活性稀释剂三类。在实际生产中,EB 油墨一般使用多种单体的结合,来获得满意的固化速度、黏度、附着力、弹性、硬度、抗冲击强度、耐溶剂性等性能。

2. 固化机理

EB 也是一种辐射,它是一束经过加速的电子流,粒子能量远高于紫外光,可使空气电离,这种高能电子束又称为电辐射。电子束固化一般不需要光引发剂,可直接引发化学反应,物质的穿透力比紫外光大得多。

丙烯酸类的树脂具有高度的不饱和性,当它们受到高能电子束照射时,分子由基态变为激发态,不饱和双键被打开,产生游离基或离子。通过游离基的引发,发生链增长的聚合反应,使低聚物与单体分子间发生交联聚合,生成网状的聚合物,油墨迅速固化结膜。

在整个干燥过程中,电子辐射的作用好比一种特殊的引发剂,它的主要作用在于链的引发阶段,聚合一旦开始,各步骤的反应就与辐射无关,而是按照通常的聚合反应动力学规律进行。整个过程在电子束的照射下能够瞬间完成,大约在 1/200s 内就能完成固化。

第三节 辅助材料

一、上光材料

上光是在印刷品表面涂上一层无色透明的涂料,经流平、干燥、压光、固化后形成一种薄而匀的光亮层,起到增强表面平滑度、保护图文等作用的整饰工艺。这里主要介绍三类水性上光油及 UV 上光油。

(一) 水性上光油

一般来说,水性上光油主要分为三大类:传统水性上光油、现代新型水性上光油、催化型水性上光油。

1. 传统水性上光油

传统水性上光油的主剂是溶解在水中或者悬浮于水中的高分子聚合物,这种上光油由作为主剂的高分子聚合物、用于调整性能的添加剂、修正体系 pH 使之呈碱性的胺、溶剂(水)四种基本成分组成。这种体系中的聚合物都是高分子,是高黏度物质,从而限制了体系中高分子的含量,导致水的含量高达 50%~70%,这样往往达不到产品对光泽度的要求,而且也使干燥变得十分困难;同时,溶剂全部是水,水的表面张力比较大,因而上光油不容易流平铺展,使得传统的水性上光油上光效果不理想。同时,该体系为了能成为水溶性,需要加入酸或胺等附加成分,这些成分在干燥过程中会释放到空气中,成为一种附加的污染源。

2. 现代新型水性上光油

在传统的水性上光油中加入助剂(主要是表面活性剂),就形成了现代新型水性上光油。现代新型水性上光油主要由成膜物质、溶剂和各类添加剂组成。

成膜物质是上光油的主剂，通常为各类天然树脂或合成树脂。印刷品上光后膜层的品质及理化性能，如光泽度、耐折性、后加工适性等均与成膜物质的选择有关。用古巴树脂、松香树脂等天然树脂作为主剂的上光油，成膜的透明度差，时间久了易泛黄，若在高温、潮湿的气候条件下，还容易发生回黏现象；用合成树脂作为主剂的上光油，具有成膜性好、光泽度高、透明度高、耐磨、耐水、耐候、耐老化等一系列优良性能，而且适用性极强，挥发型、紫外固化型等不同类型的上光油均可用其作为主剂。目前，水性上光油的成膜物质是合成树脂，常用的有丙烯酸树脂乳液类、丁苯胶乳类或松香及顺丁烯二酸树脂等。

溶剂的主要作用是分散或溶解合成树脂及各类助剂，用来调整上光油的黏度和干燥性能。水性上光油的溶剂是水和少量辅助溶剂，与普通溶剂相比，水具有无色无味、无毒、来源广、价格低、挥发性几乎为零、流平性好等一系列优点。水是不燃的，这一优点有利于储存和运输，使用时接触也安全得多。

添加剂的加入是为了改善水性上光油的理化性能和涂布工艺适性。常用的添加剂有以下几种：

（1）助溶剂（共溶剂）。助溶剂的主要作用是使不相混溶的水与树脂变得能相互混溶，降低黏度。常用的共溶剂有醇类、乙二醇醚类、丙二醇醚类等有机物。

（2）成膜助剂。水性上光油干燥涉及较大颗粒之间的融合，需要加入成膜助剂。目前，较好的成膜助剂为醚醇类，如丙二醇醚、乙二醇丁醚等。

（3）杀菌剂和防霉剂。因水性上光油多应用于食品及药品的包装印刷，杀菌剂使制品具有内在抗菌性，目前多使用无机杀菌剂。另外，由于水性上光油与环境的相容性较好，但也增大了其他微生物进攻的机会，所以应加入防霉剂。

（4）表面活性剂。为了降低水性溶剂的表面张力，提高流平性，常常在水基涂料中添加表面活性剂。用于水性上光油的表面活性剂，一般是阴离子和水溶性非离子表面活性剂。

（5）流平剂。为了帮助膜层在干燥之间完成流平过程，可以在水性涂料中适当加入流平剂。

（6）浸润剂和分散剂。为了改善树脂分散性，防止黏脏和提高耐摩擦性，可以在水基涂料中加入浸润剂和分散剂。

（7）消泡剂。为了控制上光剂在涂布过程中出现的起泡现象，消除鱼眼、针孔等质量缺陷，可以使用消泡剂。

3. 催化型水性上光油

催化型水性上光油属于热固性涂料，这种上光油中的固体含量一般较高，水的含量为 20%~40%，同时含有游离甲醛，而甲醛是一种致癌物质，对人体健康有害。

使用催化型水性上光油进行上光的印刷品不能回收利用。但是，催化型水性上光油的上光亮度很高，可达 $100cd/m^2$，可以与辐射固化型（UV 固化）上光油相媲美，而且它的价格比辐射固化型上光油低很多。鉴于此，催化型水性上光油一般应用于对卫生要求不太高的印刷品上光，如扑克、挂历等。

从上述内容可知，现代水性上光油既符合卫生和环保的要求，也有较好的上光性能，因此它是印刷厂家的首选"绿色材料",应用也越来越广泛。

(二) UV 上光油

UV 上光近年来发展很快,是现在纸包装行业比较常用的一种整饰方式,尤其是在烟包装上。UV 上光同 UV 油墨一样,是一种辐射固化的方式,当上光油被高能辐射固化时,上光油变硬成膜。UV 上光油属于 UV 油墨的一种,具有 UV 油墨的特性。

UV 上光的基本原理是利用紫外线照射,引发瞬间的光化学反应,使印刷品表面形成具有网状化学结构的亮光涂层。与 UV 油墨一样,UV 上光油经过波长为 200~400nm 波段的紫外线照射后,其组分中的光引发剂吸收光能量,经激发产生游离基,引发聚合反应成膜。

1. UV 上光油的组成及特点

UV 上光油主要由辐射预聚物、稀释剂、光引发剂等化学成分组成。

预聚物是含有不饱和分子的化学体系。这些不饱和分子在交联之前必须稳定,互相不起反应,当处于某种条件时能与其他不饱和分子交联,由液态变成固态涂层。预聚物种类包括环氧丙烯酸酯、丙烯酸酯化的油、丙烯酸氨基甲酸酯、不饱和聚酯、聚酯丙烯酸酯、聚醚丙烯酸酯等。稀释剂也是含有不饱和分子的化学体系。它可调节黏度,同时又是成膜物质,可增进和改善固化涂层的性能,含量为 5%~10%。光引发剂是吸收辐射能后经过化学变化产生具有引发聚合能力的活性中间体分子。

与 UV 油墨一样,UV 上光油几乎不含溶剂,有机挥发物排放量少,且由于 UV 上光处理后的印刷品及裁切下来的纸边可以回收并重新造纸,提高了纸的利用率,解决了覆膜的纸基不便回收,造成环境污染的难题。但 UV 上光油中的光引发剂、稀释剂对人的皮肤有一定的刺激作用。经 UV 上光工艺处理后的印刷品,色彩明显较其他方法鲜活,光泽丰满润湿,光泽度很高,涂层滑爽耐磨,更具有耐药品性和耐化学性,能够用水和乙醇擦洗,防水防潮性好。UV 上光工艺是目前国内标签印刷行业中轮转型、半轮转型标签机对纸张或薄膜材料上光通常采用的方法。UV 上光工艺提高了印刷品表面的光亮程度,更为重要的是利用其强度和耐摩擦特性保护了油墨层,防止油墨划伤脱落。

另外,与纸塑复合相比,UV 上光不卷边、不打皱、不起泡、不粘连,产品脱机即能叠起堆放,节省场地和时间,有利于装订等后工序的作业。目前 UV 上光的主要缺点有:气味较重,对人体有刺激,不能与食品直接接触;对纸张和油墨的附着性较差,后加工适性差。

2. UV 上光油的应用

UV 上光固化干燥速度快,附着力强,防水雾,耐摩擦,光泽高,柔韧性好,具有较强的耐溶剂性能,不含苯、酮、酚等有害溶剂,成本低。所以,纸制品和金属上适合印刷上光。但其气味较浓,不适合食品包装类产品的印刷,同时上光后不利于烫印等后加工工序。常用的 UV 上光油有亮光和亚光两种,UV 亮光上光由于具有相当的光亮度,可以取代很多产品的覆膜工艺。UV 亚光上光最大的特点是降低产品的光泽度,且不会影响产品的包装成型质量(无水雾),适用于胶印生产用的各类纸张。

二、覆膜材料(预涂膜)

覆膜是将透明塑料薄膜通过热压覆贴到印刷品表面,形成 10~20μm 的薄膜,起到了提高印刷品质量和附加值的作用。覆膜产品表面更加平滑，光泽度较高；图文颜色更鲜艳，有立体感；耐撕裂性能、耐磨性能和耐折性能较高，有较好的防水、防污、耐化学腐蚀性能；便于运输，利于储存。覆膜市场及应用领域主要有出版物印刷品、各类包装产品、广告及数码快印等。

塑料薄膜的种类繁多，国内预涂膜常用的薄膜材料是聚丙烯（BOPP）、聚氯乙烯（PVC）、聚乙烯聚酯薄膜等，其中BOPP薄膜（15~20μm）柔韧、无毒性、透明度高，价格便宜，是覆膜工艺中较理想的复合材料，有亮光、亚光及消光三大品种。这些材料都有一个共同的特点，就是漂亮、透明、光泽好，而且价格便宜。国内预涂膜胶黏剂由热熔胶或有机高分子低温树脂组成。热熔胶的主要成分是主黏树脂、增黏剂和调节剂，而有机高分子低温树脂则是单一高分子低温共聚物。

1. 聚丙烯薄膜

聚丙烯薄膜按制法、性能和用途可分为吹塑薄膜（IPP）、不拉伸的T形机头平膜（CPP）和双向拉伸薄膜（BOPP）等。IPP和CPP透明性和光泽感接近玻璃纸，透氧率仅为高压聚乙烯薄膜的1/2，水蒸气透过困难，拉伸强度和刚性优异。将IPP和CPP双向拉伸后得到BOPP。与不拉伸薄膜相比，BOPP在纵、横向产生拉伸预应力，薄膜表面增大、变薄，透明度大幅度提高，具有优异的光泽感和极好的光学性能。同时，还大大提高了薄膜的力学性能。

2. 聚氯乙烯薄膜

聚氯乙烯薄膜由聚氯乙烯树脂与其他改性剂经过压延工艺或吹塑工艺制成，一般厚度为0.08~0.2mm，大于0.25mm的称PVC片材。聚氯乙烯薄膜大致可分为两类，一类是增塑PVC薄膜，又称软质PVC薄膜；另一类是未增塑PVC薄膜，又称硬质PVC薄膜。软质PVC薄膜一般用于地板、天花板及皮革的表层，但软质PVC薄膜中含有柔软剂，容易变脆，不易保存，所以其使用范围受到了局限。硬质PVC薄膜不含柔软剂，因此柔韧性好，易成型，不易脆，无毒无污染，保存时间长，因此具有很大的开发应用价值。PVC膜的本质是一种真空吸塑膜，用于各类面板的表层包装，所以又被称为装饰膜、附胶膜，应用于建材、包装、医药等诸多行业。

3. 聚乙烯薄膜

根据密度不同，聚乙烯薄膜有高密度、中密度和低密度三种。低密度聚乙烯薄膜密度为$0.910~0.925g/cm^3$，力学性能、气体渗透性不如高密度聚乙烯，但其透明度、柔软性、弹性则比高密度聚乙烯好，防潮且价格适当。中密度聚乙烯薄膜密度为$0.926~0.940g/cm^3$，用途与低密度聚乙烯相同。其特性是吹胀比小，纵横向强度较难达到均匀，纵向易撕裂，横向强度大，防潮性比高密度聚乙烯好。高密度聚乙烯薄膜密度为$0.941~0.965g/cm^3$，比低密度聚乙烯耐热性能好，硬度大，耐寒性好，透明度比低密度聚乙烯低，韧性及挺括性好。聚乙烯是惰性材料，很难黏合，所以必须经过表面处理才能用于覆膜。实际上，处理后的效果也不十分理想。

4. 聚酯薄膜

聚酯薄膜习惯上称为PET膜，用于覆膜的聚酯薄膜也是双向拉伸的PET，其特点是无色、高透明、高光泽、高强度、柔软、韧性大（是BOPP的5~10倍），不但在低温下收缩性很小，在高温下也很小，几何尺寸稳定，还具有耐湿、耐酸等特性。

三、胶 黏 剂

覆膜胶黏剂以溶剂型聚氨酯覆膜胶应用较广，特别是在软包装工业中发展比较成熟，聚氨酯复合用胶黏剂主要是乙酸乙酯溶剂型双组分型，它把助剂和树脂溶于有机溶剂里，制成黏度合适、均匀稳定的溶液。涂胶方便、干燥迅速、有利于工业化连续高速生产等优点使其得到广泛应用。这种胶黏剂的缺点是会排放大量溶剂；另外，在复合过程中总会有微量溶剂残留在基材之间，严重时包装内会产生异味，在一定程度上影响包装产品的卫生安全。为降低溶剂型聚氨酯覆膜胶的危害性，欧洲近年来提出了"绿色"溶剂的概念，即使用那些毒性不大，或可以生物分解的溶剂。

非有机溶剂化是开发以水代替有机溶剂的水分散型胶黏剂和无溶剂型单、双组分的反应型胶黏剂，且这些产品的应用以食品和药物包装为主，符合环保要求。在不同国家和不同应用领域，这两类非有机溶剂化技术的发展有所不同：在欧洲，聚氨酯水分散型和低毒溶剂型胶黏剂发展较快；而用于干式复合薄膜制造的无溶剂双组分液体聚氨酯胶黏剂在美国、日本发展较快。

1. 水性覆膜胶

水性聚氨酯胶黏剂是指聚氨酯溶于水或分散于水中而形成的胶黏剂，有人也称水性聚氨酯为水系聚氨酯或水基聚氨酯。水性覆膜胶是水性聚氨酯胶黏剂的一种，一般用于薄膜的贴合。

水性覆膜胶有如下特点：

(1) 复合强度大。水性胶黏剂的相对分子质量大，是聚氨酯胶黏剂的几十倍，它的黏结力主要是依靠范德瓦耳斯力，属于物理吸附，所以很小的上胶量就可以达到相当高的复合强度。例如与双组分聚氨酯胶黏剂相比，在镀铝膜的覆合过程中，涂布 $1.8g/m^2$ 的干胶量就可以达到双组分聚氨酯胶黏剂 $2.6g/m^2$ 干胶量的复合强度。

(2) 柔软、更适合镀铝膜的复合。单组分水性胶黏剂比双组分聚氨酯胶黏剂柔软，当它们完全凝固后聚氨酯胶黏剂非常刚硬，而水性胶黏剂则非常柔软。所以，水性胶黏剂的柔软特性和弹性更适合镀铝膜的复合，不容易导致镀铝膜转移。

(3) 不需要熟化，下机后即可分切。单组分水性胶黏剂复合不需要熟化，下机后就可以进行分切、制袋等后续工艺，这是因为水性胶黏剂的初黏强度尤其是剪切强度高，保证了产品在复合和分切过程中不会产生"隧道"、褶皱等问题。而且，使用水性胶黏剂复合的膜在放置 4h 后，强度能提高 50%。

(4) 胶层薄，透明性好。由于水性胶黏剂的上胶量小，且上胶时的浓度高于溶剂型胶黏剂，所以需要烘干和排出的水分也远少于溶剂型胶黏剂。水分完全烘干后，胶膜会变得非常透明，由于胶层较薄，复合的透明度也比溶剂型胶黏剂好。

(5) 环保。水性胶黏剂干燥后没有溶剂残余。目前许多企业使用水性胶黏剂来避免复合带来的残留溶剂问题。

(6) 水基型覆膜胶的缺点是耐水性差，黏合力比溶剂型覆膜胶低。

2. 无溶剂覆膜胶

无溶剂胶黏剂和溶剂型胶黏剂一样，都是聚氨酯系列。由于不含有机溶剂，无溶剂胶黏剂相对分子质量低，通常在 1 万以下，在常温下由于分子间氢键作用表现为非常黏稠的液体，黏度通常为几万甚至十几万毫帕秒，加热到60~100℃时氢键断裂，黏度大幅度降低，具有涂布性能。近年来世界各国都对此进行了深入研究，目前已开发出多种实用的无溶剂干覆胶黏剂，如单组分潮气固化型无溶剂胶黏剂和双组分聚氨酯无溶剂胶黏剂。

单组分潮气固化型无溶剂胶黏剂的化学结构是含有链长相对较短的异氰酸根端基的聚酯或聚醚，异氰酸根与基材或环境中的潮气发生化学反应，释放 CO_2 进行固化。其有着固化速度慢且涂布量不可过高等缺点，不能复合高性能的产品。

为了克服单组分胶黏剂的缺点，研究人员开发了双组分聚氨酯无溶剂胶黏剂，这类胶黏剂由聚氨酯预聚体组成，主剂一般为聚酯型聚氨酯预聚物（含有活泼基团—OH），固化剂为聚异氰酸酯预聚物（含有—NCO 基团），或"反向"体系，即主剂为聚异氰酸酯预聚物，固化剂为聚酯型聚氨酯预聚物。两者发生氨酯化反应，形成交联大分子以达到固化的目的，反应过程中无 CO_2 释放。虽然需要少量的水分催化氨酯化反应，但双组分聚氨酯无溶剂胶黏剂不像单组分胶黏剂那样需要大量潮气，其本身主剂和适当过量的固化剂可反应固化，且由于其黏度比单组分胶黏剂低，固化速度明显加快（40℃两天即可分切），且固化更为完全。双组分聚氨酯无溶剂胶黏剂根据初黏力及耐蒸煮性能，又可分为第二代和第三代双组分聚氨酯无溶剂胶黏剂，其中第三代聚氨酯无溶剂胶黏剂具有初黏力强、黏度低、耐蒸煮性能优良、对复合基材无限制等特点。目前为改善无溶剂胶黏剂固化时间长的不足，各国正在加紧开发新型无溶剂胶黏剂。

无溶剂复合的主要优点为100%的胶黏剂无溶剂残余，减少了对包装内物品尤其是食物、药品等的污染；不含有机溶剂，消除了复合基材易受溶剂和高温干燥而破坏的影响，使复合膜结构尺寸稳定性更好；胶黏剂消耗量少，用进口无溶剂双组分胶与国产溶剂型胶比较，无溶剂胶黏剂的消耗成本可降低30%；无须溶剂挥发干燥工序，设备运行能耗更低；运行速度更快，设备的速度可高达480m/min；减少了有机溶剂运输存放时的危险和硬件投资。无溶剂复合适用于所有的塑料薄膜、铝箔及纸张的复合，但不同厂家生产的薄膜、印刷油墨、界面水分均有一定的差别。

3. 低毒醇溶性覆膜胶

低毒和无毒溶剂的应用是对溶剂型聚氨酯覆膜胶的改进之一。醇溶型覆膜胶采用一般的干式复合机就可直接生产，适合目前国内大多数软包装厂的设备状况。目前国内普遍使用的酯溶性聚氨酯胶黏剂，其固化剂内含有较高的游离甲苯二异氰酸酯（TDI），对工人的健康有损害，而且这种复合材料时间一长可能发生水解，释放出致癌物质；而醇溶型聚氨酯胶黏剂对材料有很好的初黏性能，复合膜有良好的透明性，能够很好地反映所包装的内容。

思 考 题

1. 常用承印材料有哪些？它们分别用于哪些产品？
2. 简述白纸板的结构特点及应用情况。
3. 瓦楞纸板常规楞型有哪四种？不同的楞型具有哪些相应的特点？
4. 为什么塑料包装材料获得了广泛的应用？主要的塑料包装材料有哪些品种？
5. 金属包装材料有何特点，主要有哪两类？

6. 玻璃包装材料有何特性？
7. 水性油墨的组成有哪些，分别有何作用及特点？
8. UV 油墨的组成有哪些，分别有何作用及特点？
9. 水性上光油主要分为哪三大类？分别简述其特性。
10. 简述 UV 上光油的组成及作用、特点。UV 上光有何优缺点？

第三章　图文信息处理

图文信息处理包括对文字、图像和图形的处理与加工。本章首先介绍手动照排、照相分色等传统工艺，然后对数字印前文字信息处理、图像图形信息处理、组版和拼大版输出技术展开论述。

第一节　文字复制技术

印前文字信息处理是指依照用户提供的文字稿及对印品的要求，确定合适的字体、字号、行距、字距、版式要求等，并利用文字信息处理设备对文字稿依照版面设计的要求，组成规定版式的工艺过程。印前文字信息处理的主要内容是版面设计和排版。

一、手动照相排字机

早期平版印刷用字，由活字铅版排好版面，再用一种称为球振打样机的机器，将版面转移到硫酸纸获得；或者把打字机蜡纸换成硫酸纸获得；或者用手工操作的照排机获得。所以，平版印刷不能称为造字，无论哪种形式均已输出页面，似乎又回到雕版印刷时代。

手动照相排字机（简称手动照排机）使用光源照射透过字模板上的文字影像，成像于感光材料上，主要由光源、镜头系统、横向纵向传动机构、装载感光材料滚筒、快门、暗盒显示装置等组成（图3-1）。英文照排一块字模板可布置几种字体。汉字照排每次只能装有269个字的字模板，照排不同字体需要更换字模板，通常由18块（4842字）到35块（9415字）组成。照排输出文字可通过变换镜头倍率实现，可以照出7级~80级、20多种不同大小的文字（7级字：大小为$7mm×0.25mm=1.75mm^2$的方形字）。照排时移动字模框，把需要排版的字移到镜头处，进行照相。照完一个字显示装置就会显示，装载感光材料滚筒自动移动，准备下一个字照排，全部照排完成，取下感光片冲洗。

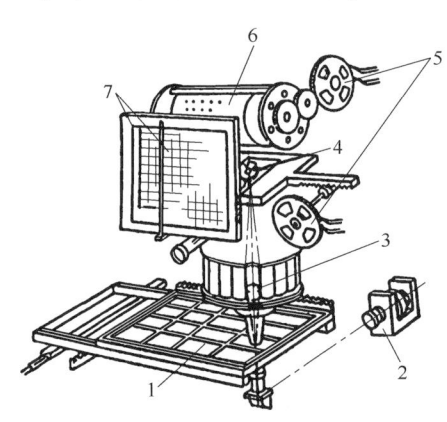

1—字模板　2—光源　3—镜头系统　4—快门
5—横向纵向传动机构　6—装载感光材料滚筒
7—暗盒显示装置
图3-1　手动照排机

二、数字字模库

1. 数字字模起源

1948年美国出现光学机械式照排机，用穿孔纸带记录排字内容，计算机管理字模板。其原理是通过键盘穿孔机，按照排版要求，把文字打在穿孔纸带上，再经计算机校改无误后，输入自动拍摄系统，在计算机控制下，从字模板上选出需要照排的字，通过光学系统，在感光材料上曝光成像，自动完成照排工作（图3-2）。1971年国内研制出中文照排用的光学自动照排机。这时西文照排已经普及阴极射线管照排机（CRT），为第三代照排机。

阴极射线管照排机可用栅格数字化字模库替代字模板（图3-3所示为点阵字），用于输入显示和照排输出。其工作原理如下：输入文字后，计算机会把文字栅格码存入储存器，当计算机控制阴极射线管照排机照排时，计算机读取储存器里的文字编成栅格码还原成文字，并在感光材料的排版位置上曝光文字。对于操作工来说，照排变成了简便的输入—较对—输出，将文字信息存入计算机，对着显示器做简单的编排，发送照排机就可以得到印刷需要的页面。

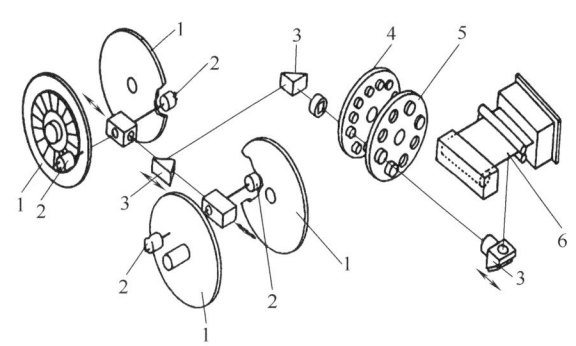

1—字模板　2—频闪灯光　3—棱镜　4—主镜头
5—变形镜头　6—感光材料
图3-2　光学机械式照排机原理

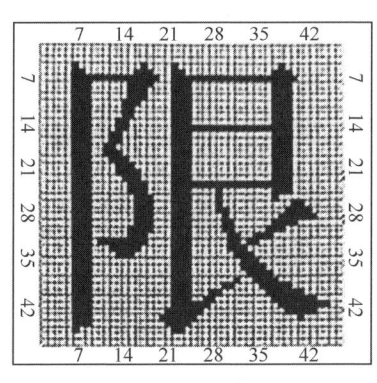

图3-3　点阵字

2. 汉字输入概述

前述文字信息复制过程，无论是模拟还是数字输入，字模库是文字信息复制核心，对于西文26个字母来说，字模数字化的信息量小，使用栅格点阵字模库存储的信息量也小。汉字就不一样了，据统计，还在使用的汉字多达4万多个，建立汉字字模库就有很大的困难。汉字字模数字化始于1974年汉字使用频率的统计，随后进行汉字编码、输入输出方式的研究。1981年国家标准总局颁布《（GB/T 2312—1980）信息交换用汉字编码字符集　基本集》。1974年以后，汉字编码方案先后出现400多种，经过大浪淘沙式的发展，今天常见的有五笔、拼音等输入方式。

3. 汉字数字字模编码

汉字数字字模编码采用点阵型和矢量型两种方式。点阵字模延用西文栅格点阵进行编码，栅格点阵记录各个字的字形，每一栅格点以一位（0或1）表示，有笔画经过的栅格点表示为1，无笔画经过的栅格点表示为0。一般计算机使用的数字汉字，采用32×32点阵，25L/mm左右，大字输出锯齿较明显，常用于文件等要求不高的场合，操作平台和应用软件都带着这种字库。而印刷复制通常需要40L/mm，字模存储量大增。

矢量字模最早出现在1975年由北大计算机研究所王选团队研发的激光照排系统，是以一连串有序的矢量折线取代文字笔画轮廓曲线的文字编码法，要点是"参数表示规则笔画，轮廓表示不规则笔画"。矢量字模选用汉字五号字（10.5p）为基本字模编码，将其分解为108×108点阵，对每个汉字用轮廓矢量逐笔进行描述，在文字复原时通过矢量长度进行缩放，得到不同字号。该法编码收录于国标 GB/T 2312—1980 中，共计 6763 个汉字，包括书宋体、报宋体、小标题宋、黑体、仿宋体、楷体、宋体等基本字模，信息存储量大大减少，约为 5MB，字模总体压缩与点阵相比在 500 倍左右，还实现了精密照字，得到高品质的复制文字。

1987 年 5 月 22 日，世界上第一张由国产激光照排系统整页输出的中文报纸诞生。1991 年微软公司和苹果公司联合推出图形曲线轮廓描述的 TureType 字模，结合了点阵字模与矢量字模的优点，字体可以任意放大、缩小、旋转和变形而不会影响输出质量，提供了真正的设备无关性输出。计算机进行汉字复原输出时，扫描字模库中对应的字和笔画，标记复原笔画点信息，输出时在标记范围内进行填充输出，如图 3-4 所示。

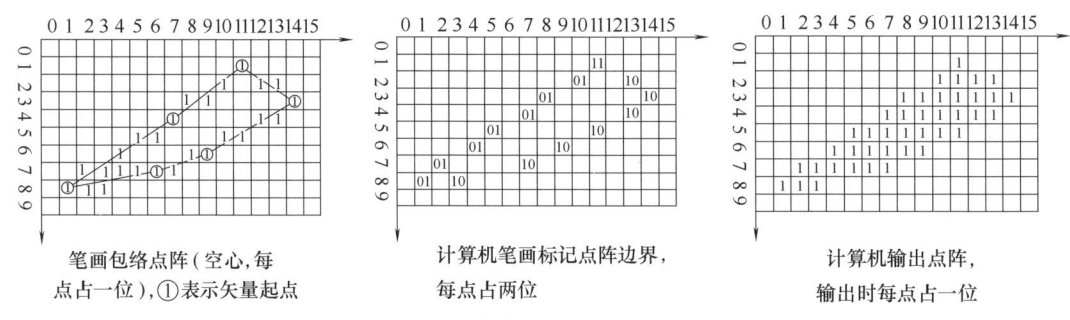

图 3-4　轮廓矢量字复原过程

4. 汉字编码标准概述

计算机只能处理"0""1"组合而成的数字，文字输入、输出时，计算机按需要到数字字模库中比较，选择显示和输出。同一种文字的输入输出方法可以有多种，但是字模库有一个就够了，因此必须用数字去代替汉字。GB/T 2312—1980 以两个字节构成一个汉字代码。一个字节两位数，一个汉字四位数，第一字节前两位数表示字符存储的区，第二字节后两位数表示字符存储的位置。比如"啊"字代码为 1601，表示该字在 16 区，01 位置，见表 3-1。编制数字字模时，按此标准保存。

表 3-1　　　　　　GB/T 2312—1980 的区位编码表（第 16 区）

	0	1	2	3	4	5	6	7	8	9
0		啊	阿	埃	挨	哎	唉	哀	皑	癌
1	蔼	矮	艾	碍	爱	隘	鞍	氨	安	俺
2	按	暗	岸	胺	案	肮	昂	盎	凹	敖
3	熬	翱	袄	傲	奥	懊	澳	芭	捌	扒
4	叭	吧	笆	八	疤	巴	拔	跋	靶	把
5	耙	坝	霸	罢	爸	白	柏	百	摆	佰
6	败	拜	稗	斑	班	搬	扳	般	颁	板
7	版	扮	拌	伴	瓣	半	办	绊	邦	帮
8	梆	榜	膀	绑	棒	磅	蚌	镑	傍	谤
9	苞	胞	包	褒	剥					

以下是1980年以来国家发布的汉字字符存储标准和规范，主要有：

（1）1980年：《（GB/T 2312—1980）信息交换用汉字编码字符集　基本集》。

（2）1990年：《（GB/T 12345—1990）信息交换用汉字编码字符集　辅助集》。

（3）1993年：《（GB 13000.1—1993）信息技术　通用多八位编码字符集（UCS）第1部分：体系结构与基本多文种平面》（已废止）。

（4）1995年：《汉字内码扩展规范（GBK）》1.0版。

（5）2000年：《（GB 18030—2000）信息技术　信息交换用汉字编码字符集　基本集的扩充》（已废止）。

为了实现世界上多种语言文字的统一表示、存储、处理、传输和交换，国际上相关组织也一直致力于多语言文字的统一编码技术研究。1984年，国际标准化组织ISO成立了专门的工作组，并于1993年公布了《（ISO/IEC 10646.1—1993）信息技术　通用多八位编码字符集（UCS）》，1991年成立的Unicode联盟于当年与ISO达成协议，采用同一编码字符集。

此外，我国台湾省还颁布了BIG5编码方案和TCA-CNS11643编码标准。

5. 汉字图文混排概述

20世纪90年代，世界计算机技术开始了突飞猛进的发展，王选团队直接选用世界上还未产业化的激光照排技术进行图文混排。1990年，团队开发出支持PostScript页面描述语言、采取软件RIP加高度并行的协处理芯片的激光照排流程软件，率先用激光照排实现了图文混排输出。1992年，团队采用自行研究制定的页面描述语言进行汉字出版和传送，开发出世界上最早的基于Windows的中文专业排版软件——维思1.0。1992年1月团队研发的彩色页面描述系统——北大方正彩色出版系统在《澳门日报》投入生产性使用，这是最早用激光照排输出四色印刷的彩色图文。

三、文字复制的标准规范

（一）汉字录入

快速发展的信息化时代，无论采用哪种方式传递信息，文字记录是必不可少的。将文字输入各式各样的数字设备的过程，称作文字录入。西文26个字母组成的文字，无论是存储、显示，还是输出，并不是复杂的事情。但是，字符组成文字如汉字、日文、朝鲜文等，数字化处理就复杂一些。

1. 常用的键盘输入法

汉字录入在《（GB/T 2312—1980）信息交换用汉字编码字符集　基本集》中有系统的说明，比如，输入键盘采用ASCⅡ标准小键盘，编码符合国标GB/T 2312—1980等。汉字录入最常用的键盘输入法有两类。

一类是以汉语拼音为基础的音码输入法。音码输入法的优点在于不需要特殊记忆，只要会拼音就可以输入汉字，符合国人的思维习惯。另一类是以王永民发明的"五笔字型"为基础的形码输入法，以汉字的字形（笔画、部首）作为输入依据。汉字是由许多相对独立的基本部分组成的，如"好"字是由"女"和"子"组成的，"助"字是由"且"和"力"组成的，这里的"女""子""且""力"在形码输入法中称为字根或字元。形码输入法是一种将字根（或字元）对应键盘上的某个单键，再由数个单键组合成汉字的输入方法。输入时依据"五笔字型"字根键位图(图3-5),每个字按拆分后的字根敲击相应的键,即可输入该字。

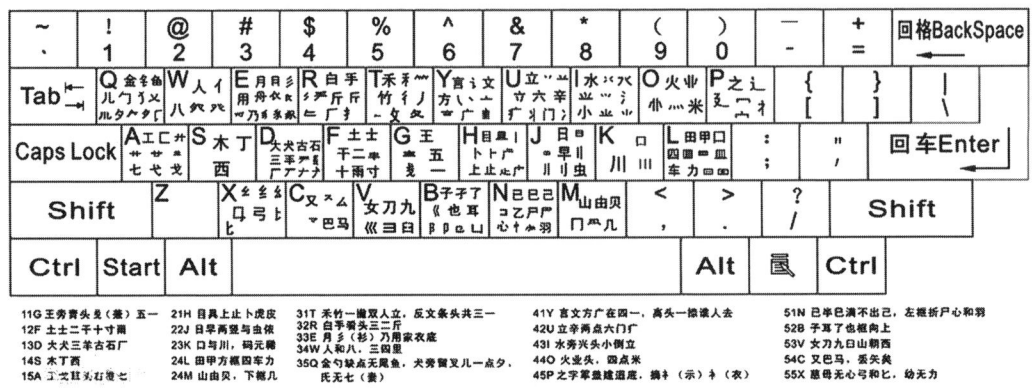

图3-5 "五笔字型"字根键位图

2. 非键盘输入法

随着技术进步,计算机运行速度提高,出现了非常成熟的非键盘输入法,如手写输入、语音识别输入和扫描识别输入。

(1)手写输入。手写输入指的是在某种输入软件的控制下,用触控笔或手指在电磁感应手写板、压感式手写板、触摸屏、触控板等上书写文字,通过输入软件识别系统把手写的各种字体转换为可识别的标准字体显示在屏幕上的技术。手写识别能够使用户按照最自然、最方便的输入方式进行文字输入,易学易用,可取代键盘或鼠标。手写识别分文字识别和模式识别两类,文字识别从识别过程来说分成脱机识别(off-line)和联机识别(on-line)两大类,从识别对象来说又分成手写体识别和印刷体识别两大类,人们常说的手写识别是指联机手写体识别。

(2)语音识别输入。语音识别输入法,顾名思义,是将声音通过话筒转换成文字的一种输入方法。语音识别输入也很普及,如果普通话口音不标准,只要用它提供的语音训练程序进行一段时间的训练,让它熟悉你的口音,也同样可以通过讲话来实现文字输入。

(3)扫描识别(OCR)输入。OCR即光学字符识别技术,先把要输入的文稿通过扫描转化为图形,然后,通过软件将图形上的字符转换成文字,常用于图书馆、报社等针对原稿图书、杂志、报纸等内容的电子化。OCR软件种类较多,一些软件识别完图形后,系统会把不能肯定的字符标记出来,方便用户修改。OCR技术解决的是手写或印刷的重新输入问题,需要设备带摄像头或扫描头,安装OCR软件。

(二)文字字体、大小及排版标准

1. 文字字体

字体是一种规范化的文字书写体式。不同的字体代表不同的风格,排版时酌情选用不同字体对印刷品的外观和质量有着重要的作用。

(1)汉字字体。图3-6所示为几种印刷中常用的汉字字体。

宋体:也称"老宋体",宋体的特点是字形方正,横平竖直,横细竖粗,棱角分明。宋体在各种书刊中常用于排正文。在宋体字的基础上通过适当的变化,又可演化出其他字体。如把宋体的横竖笔画变得粗细一致,且不露棱角,便可得到醒目、庄重的黑体。适当

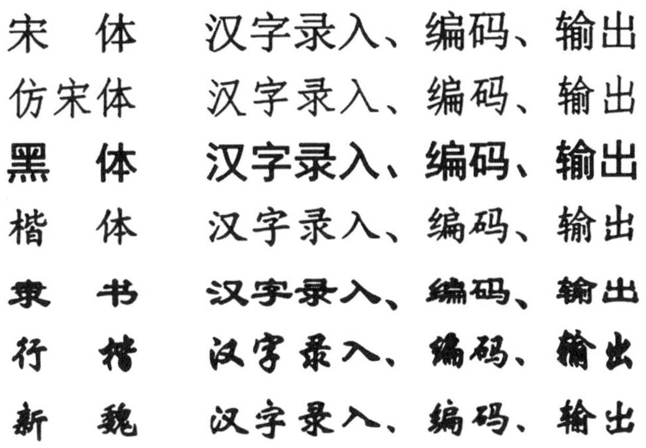

变化宋体的外形,又可得到长宋体、扁宋体、斜宋体或美术体等。由此可见,宋体是汉字字体中最重要、最典型的一种字体。

黑体:亦称"等线体""粗体字"。黑体的特征是字形端庄醒目,横平竖直,笔画等粗,均匀稳重。黑体字作适当变形,又可得扁黑体、长黑体、粗黑体和细黑体。书刊中常用黑体字作为标题或表示重点。

楷体:亦称"正书""真书""手写体"。其特征是笔形规范,结构稳定,柔和匀称,美观流畅。书刊中常用楷体字作为小标题或表示着重点,也常用于文件、通报、诗歌、按语、表格或注释的排版。

仿宋体:仿宋体的特点是宋体结构,楷书笔法,粗细一致,清秀挺拔。书刊中常用仿宋体字作为标题字、作者名或穿插在正文间的引文、献词,杂志中也用仿宋体排整段文章。

除以上几种文字外,还有隶书体、魏碑体、姚体、美术体等。其中,美术体又可分为装饰美术字、形象美术字、立体美术字等。

(2)外文字体。在印刷中常用的外文字母有拉丁文、俄文和希腊文字母。外文字体种类也较多,有白正体、白斜体、方头正体、花体、黑斜体、黑正体等(图3-7)。

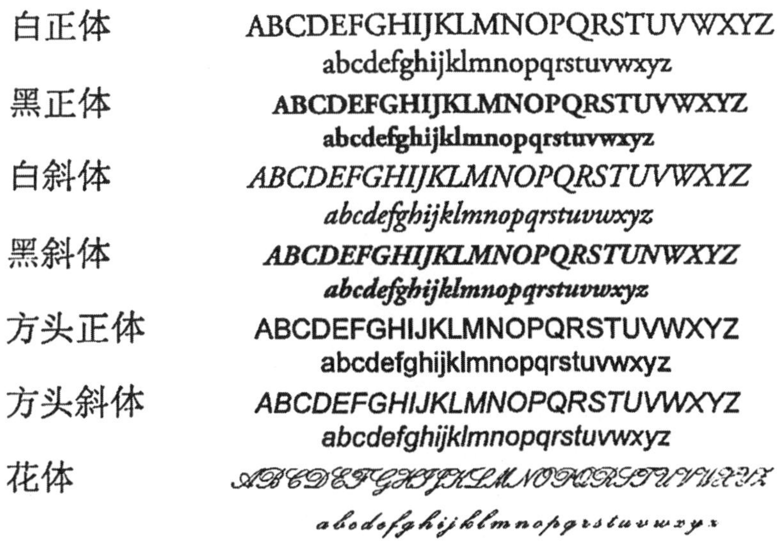

图3-6 常用汉字字体

图3-7 常用外文字体

2. 印刷文字的大小

文字排版时,要根据内容选用大小合适的文字进行组合。使用不同的排版方法,表示文字大小规格的单位是不同的。常用的计量文字大小的方法有号数制和点数制，国际上通用点数制，中国现在采用的是号数制为主、点数制为辅的混合制。

（1）号数制。汉字复制时，延用活字印刷的命名习惯，一般采用号数来定义文字。号数制用号数的大小表示文字尺寸的大小：号数越小，字体尺寸越大；反之，号数越大，字体尺寸越小。号数制分为三个系统，分别为 4 号字系统、5 号字系统和 6 号字系统。4 号字系统中包括 1 号字，1 号字大小是 4 号字大小的两倍。6 号字系统中包括 3 号字和 8 号字，3 号字的大小是 6 号字的两倍，8 号字的大小是 6 号字的 1/2。同样，5 号字系统中包括初号字、2 号字和 7 号字，它们与 5 号字成倍数关系。由此可见，同一系统中的不同字号的大小为倍数关系。

（2）点数制。点数制用"点"作为衡量文字尺寸大小的单位，"点"是英文"point"的意译，缩写为"P"，每点等于 1/72in，为 0.35146mm。点数与号数的换算参见表 3-2。

表 3-2　　　　　　　　　　　　号数与点数对照表

号数	点数	尺寸/mm	号数	点数	尺寸/mm
一	72	25.305	三号	16	5.623
大特号	63	22.143	四号	14	4.920
特号	54	18.979	小四号	12	4.218
初号	42	14.761	五号	10.5	3.690
小初号	36	12.653	小五号	9	3.163
大一号	31.5	11.071	六号	8	2.812
一号	28	9.841	小六号	6.875	2.416
二号	21	7.381	七号	5.25	1.845
小二号	18	6.326	八号	4.5	1.581

3. 版面设计与排版规格

排版之前，设计人员需进行版面设计，并绘制出所设计的版面格式。排版人员根据版面设计的要求进行操作。以书刊为例，设计内容主要包括：

（1）开本的大小。开本用于计量书或纸张的幅面大小，开本的计算方法是：先规定一张没有经过裁切的标准幅面纸为全开纸，把全开纸裁切成 1/2、1/4、1/8、1/16、1/32、1/64，分别称为对开、四开、八开、十六开、三十二开、六十四开，其中十六开、三十二开是最常用的开本形式。由于全开纸的大小不是固定不变的，所以开本大小也会略微有所变化。

（2）正文。正文是印刷内容的主要部分。正文排版应规定所用文字的字体和字号，横排还是竖排，版心在版面所占的面积大小和位置，以及字距、行距、段距等。

（3）标题。标题可以分为一级标题、二级标题、……标题设计应规定出不同等级标题的字体、字号、位置，与正文之间的距离等，设计时应注意，标题字号不能小于正文字号。

（4）书眉。篇幅较多的书籍，为了便于读者查阅，会在版心上端加印篇、章、节标题，或字典的部首、字头，或其他专供检索的条目等，这一类条目被称为书眉。书眉的文字一般用 6 号字，只排一行为佳。文字过长时可酌量删减，尽量避免转行。

除此，还应设计页码的字体、字号、位置等。

（5）文字排版中的禁排规定。在文字排版中要注意一些禁排规定。例如，每段开头要空两个字位；句号、逗号、分号、冒号、问号、感叹号、下引号、下括号等标点符号不能排在行首，同样上引号、上括号，以及文中的序码都不能排在行末；需占两个字位以上的符号如破折号（——）、省略号（……）、年份、化学分子式或单音节的外文单词等，应注意不能分排在上下两行。遇到上述情况必须进行调整，通过调整当前已排好的字间距以避免上述情况的发生。

第二节　图像复制技术

一、图像复制基本原理

在印刷之前，图像需要通过分色处理，制作出特定的单色印版，印刷机用不同颜色的特定墨进行叠加还原，获得客户需要的印刷品。图像分色经历照相制版、电子分色扫描制版和计算机软件分色制版等几个阶段，但是，其基本复制原理并没有改变。印刷复制遵守ICC（International Color Consortium）国际色彩协会制定的色彩管理系统CMS（Color Management System）。当色彩在扫描仪、数码相机、显示器、彩色打印机等计算机外设产品间转换时，可以通过这个色彩管理系统修正各机器在描述相同颜色时的差异，减少色彩转换可能产生的色差或失真。

要想将图像变成符合印刷要求的印刷用版，批量印刷复制出符合客户要求的印刷品，需要了解色彩学、图像分色、加网原理等基本技术。

（一）色彩的基本构成

1. 色光加色法和RGB颜色空间

可见光波长范围为380～780nm，不同的波长呈现为不同的颜色。色彩学研究发现，特定的红、绿、蓝（RGB）波长组合可以获得千变万化的颜色，而它们本身并不能由其他颜色混合得到，所以，称红、绿、蓝为色光三原色。为了统一色度方面的数据，国际照明委员会1931年规定三原色光的波长是：红色光R为700nm、绿色光G为546.1nm、蓝色光B为435.8nm，由此产生的其他颜色均可从颜色系统中获得。

由色彩学可知，两种以上的色光相混合，可使人的视觉神经产生另一种色觉效果，并且混合色的亮度增加，称为色光的加色法，也叫加色效应（图3-8）。

三原色光混合规律总结如下：

红光R+绿光G=黄光Y

绿光G+蓝光B=青光C

红光R+蓝光B=品红光M

红光R+绿光G+蓝光B=白光W

由上可知：

因为红光R+绿光G=黄光Y

红光R+绿光G+蓝光B=白光W

所以黄光Y+蓝光B=白光W

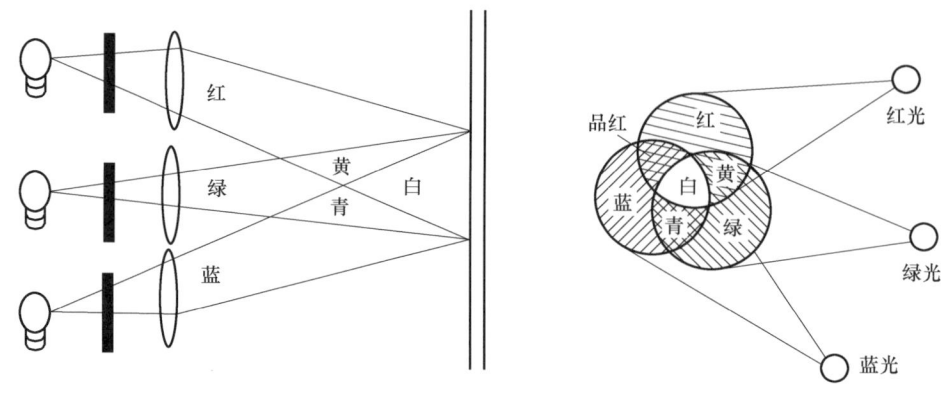

图 3-8 色光加色原理

同理，红光 R+青光 C=白光 W；绿光 G+品红光 M=白光 W

如果两种色光相加混合得到白光，则称这两种色光为互补色光。即黄光 Y 和蓝光 B、红光 R 和青光 C、绿光 G 和品红光 M 为三对互补色光。

由于任何其他色光都可以用不同比例的 RGB 三原色光混合而成，所以，可以用 RGB 三个分量表示色光。用 RGB 三个分量颜色表示法组合而成的颜色集称为 RGB 颜色空间。

2. 色料减色法和 CMY 颜色空间

不同比例的青、品红、黄（C、M、Y）色料可以混合成各式各样的色料颜色，而它们本身并不能由其他颜色的色料混合得到，故称青、品红、黄为色料三原色。常见的色彩颜色可由青、品红、黄原色油墨叠印而出。由前述可知白光是复合光，如果让白光通过某种色料，则色料吸收白光中的部分色光，透射或反射剩余部分的色光，并且亮度降低，称为色料减色法。色料的颜色由透过或反射的光决定，被吸收的是其补色光。如图 3-9 所示，白光通过黄染料后，蓝光被吸收，通过了黄光，即剩下红光和绿光；黄光再次通过品红染料，绿光又被吸收，最后只剩下红光。色料减色法的另一种简单表示方法类似于色光的相加，用等式表示。等式左边表示色料的混合，等式右边为最后的呈色，那么白光通过黄染料与品红染料则被表示为：黄 Y+品红 M=红 R，其规律如图 3-10 所示。

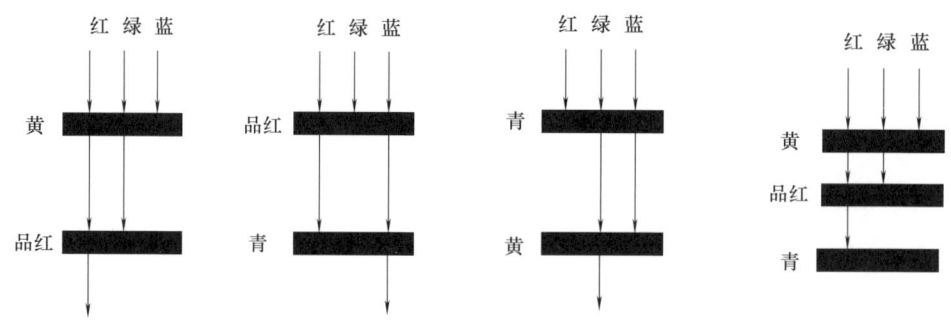

图 3-9 色料透射减色原理

三原色料混合规律总结如下：

青 C+品红 M=蓝 B

品红 M+黄 Y=红 R

黄 Y+青 C=绿 G

青 C+品红 M+黄 Y=黑 K

可见：

青 C+红 R=黑 K

品红 M+绿 G=黑 K

黄 Y+蓝 B=黑 K

如果两种色料混合成为黑色，则称这两种色料为互补色料。即色料青 C 和红 R、品红 M 和绿 G、黄 Y 和蓝 B 为三对互补色料。

由于任何其他颜色都可以用不同比例的 C、M、Y 三原色料混合而成，所以，可以用 C、M、Y 三个分量表示色料成分，用 C、M、Y 三个分量颜色表示法组合而成的颜色集称为 C、M、Y 颜色空间。

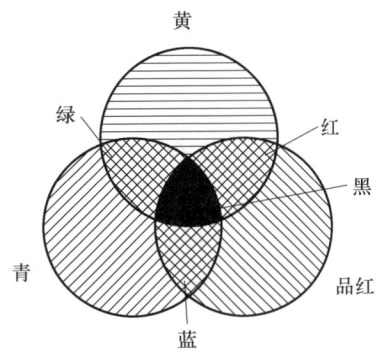

图 3-10　色料叠印减色规律

（二）色彩复制原理

1. RGB 颜色空间到 CMY 颜色空间的转换

无论是传统的照相制版技术，还是计算机软件图像处理技术，获取原图的信息都是用光照射原图，收集光反射或透射的色光信号。采集到的由 R、G、B 三原色表示的彩色原图信息必须转换为由 C、M、Y 表示的彩色图像信息，才能用印刷的方式输出，在色度学与印刷色彩中称之为 RGB 颜色空间到 CMY 颜色空间的转换。

照相制版利用照相机采集原图反射或透射的色光信号，使感光片曝光，获取图像信息，从而形成对应的影像。照相分色这一转换过程是通过滤色片来完成的。对应 RGB 分色滤色片，可以获得 CMY 分色阴片，通过同色光的感光成像原理，完成从 RGB 颜色空间到 CMY 颜色空间的转换。

数字化印刷图像信息获取是利用数字相机拍摄原图记录下来的图像信息，或者用扫描仪的感光器件记录原图反射或透射的色光信号，通过模/数转换器变成数字图像信号。RGB 颜色空间到 CMY 颜色空间的转换是利用算法或查找表的方法完成的，即每个颜色既可以用计算机软件内给出的数学公式完成从 RGB 颜色空间到 CMY 颜色空间的转换；也可以通过计算机软件给出的查找表，利用输入的 R、G、B 值查找出对应的 C、M、Y 值，最终输出以 C、M、Y 油墨值表示的印刷品。

2. RGB 彩色复制原理

印刷复制的原稿通过 RGB 滤镜获取图像的影像，经过中间数据交换，实现 RGB 向 CMY 颜色空间转换，最终获得分色版供印刷复制（图 3-11）。以红、绿、蓝、黄、品红、青、黑、白 8 色为例，其复制基本原理是：如果加蓝滤色片拍摄原图，则原图反射的蓝光透过 RGB 滤色镜，使感光片感光，经冲洗加工后获得密度。除蓝光以外的其他色光，即蓝光的补色光——黄光被滤色镜吸收，不会通过，在感光片上不感光，显影定影后相应的区域为透明。由于摄影获得的是阴片，印刷部分在其上应为透明部位，空白部分为有密度区域，由此可知，加蓝滤色镜获得的是黄分色阴片。同理，加绿滤色镜则可获得品红分色阴片，加红滤色镜可以获得青分色阴片。

若以原图蓝色部位的色彩复制为例，加蓝滤色镜分黄阴片时，蓝色部位反射的蓝光可

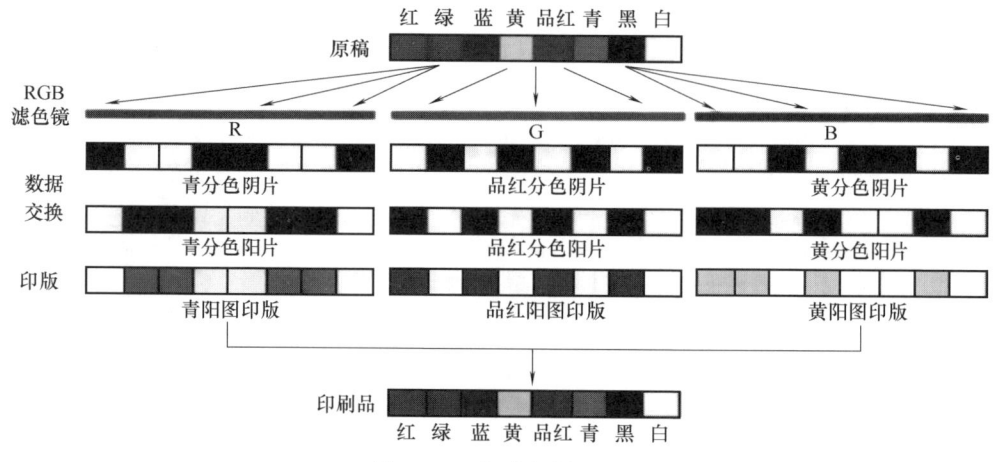

图 3-11 色彩复制原理

以通过滤色镜，使感光片相应部位感光。而加绿滤色镜分品红阴片或加红滤色镜分青阴片时，蓝光无法通过滤色镜，相应部位均为透明，将这三张阴片拷贝成阳片时，黄阳片上蓝色部位为透明，而品红阳片、青阳片上均为高密度区，用这样一套阳片制版印刷，印刷品上与原图蓝色部位相对应的区域为品红油墨、青油墨叠印而成的蓝色。根据色料减色法的原理可知，品红加青为蓝色。以此类推可知，原图上的各种色如红、绿、蓝、黄、品红、青、黑、白，经过分色，拷贝制版印刷后，依然可复现原色。通常把分色过程理解为色的分解过程，而叠印过程理解为色的合成过程，中间过程理解为色的传递过程，在传递过程完成 RGB 颜色空间到 CMY 颜色空间的转换。

（三）四色印刷原理

从色彩学理论来讲，用 CMY 色料三原色按不同的比例组合套印，不仅可以复制出千变万化的色彩，而且也能叠印出明暗不同的灰色和黑色。但是，在油墨生产中，CMY 油墨色达不到理想饱和度，导致 CMY 叠印的黑色不够深或有色偏。所以，在分色时把少量相同比例的 CMY 成分单独制作成黑版，再与其余 CMY 三色版叠印完成四色印刷，这种分色过程称为底色去除（UCR：under color removal），属于黑版工艺中的一种技术。具体底色去除的选择比例，视生产工艺的色彩管理而定，同时应考虑其对印品色饱和产生的影响（图 3-12）。

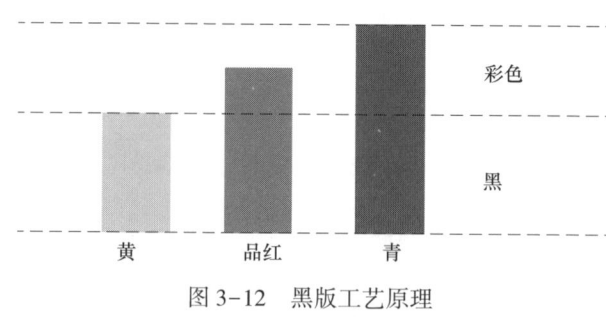

图 3-12 黑版工艺原理

因此，利用底色去除工艺不仅可以替代原本应该由 CMY 三色油墨叠印出的实地黑色，而且可以替代由部分 CMY 三色油墨叠印的灰色成分。将中间调甚至亮调的复合色彩中的灰色部分也部分或全部以黑墨替代，这种分色过程称为灰色成分替代（GCR：gray color replace）。黑版工艺一方面以黑墨取代相应的黄、品红、青彩墨，可减少纸上油墨层厚度，暗调部位够黑又够清晰，比较方便印刷；另一方面，黑墨较彩墨便宜，降低了油墨使用成本。

所以，在实际的印刷过程中，一般采用四色印刷方式进行，采集到的由 R、G、B 三原色表示的彩色原图必须转换分解为 C、M、Y、K 四种颜色，制作成 CMYK 四块印版，这四种油墨叠印之后形成印刷品的彩色画面，完成色彩的"分解"和"合成"两个过程。数字化流程的彩图复制工艺如图 3-13 所示。

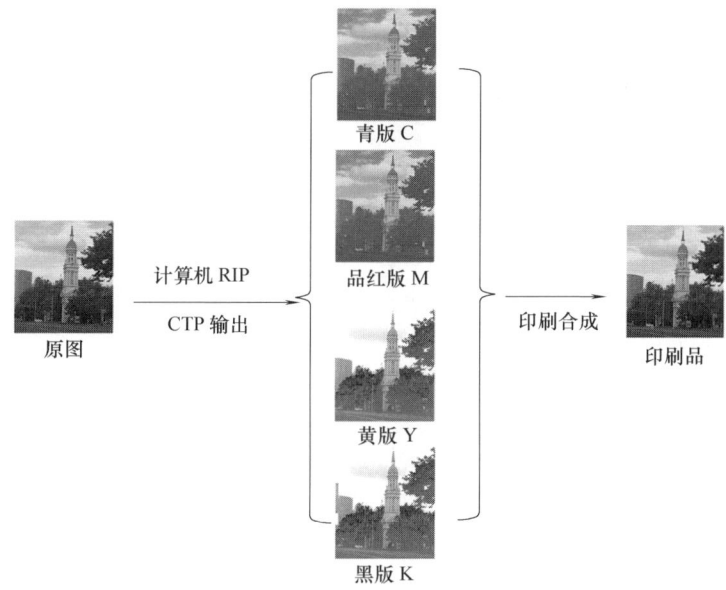

图 3-13　数字化流程的彩图复制工艺

二、图像分色技术

（一）图像分色

从雕版印刷到 21 世纪数字化印刷的 1000 多年时间里，印刷图像复制经历了从手工雕刻分色、照相分色、电子分色、CCD（电荷耦合器件）数字分色到数字原稿分色等几个阶段。

1. 照相分色

在前人手工雕刻分色基础之上，1845 年英国人制成了重铬酸盐和胶组成的感光液，发明了用照相的方法制作铜锌印刷版。这种照相技法是：先在玻璃板上均匀涂抹感光液，晾干；然后把涂有感光液的玻璃板放置到照相机成像箱中进行照相；照相完成后取下玻璃板进行显影、定影、烘干；最后从玻璃板上取下薄膜，获得照相的胶片，这种照相法史上称为湿法照相版。1882—1893 年美国人鲁伊斯发明了采用玻璃网屏加网的照相制版工艺，使用标准化加网方法复制半色调图像。1893 年美国人伍利阿姆利用三色分解制版，做出彩色印刷品。活字印刷时代，人们在胶片上加上网格，经过晒版、腐蚀制成铜锌版，与活字版拼在一起上印刷机使用。1908 年柯达公司生产了透明醋酸纤维基片的银盐感光片，照相制版采用这种预涂的感光片进行图像复制分色。照相分色是在照相机镜头前放上滤色片进行图像分色（图 3-14），得到红、绿、蓝三色胶片。照相分色工艺较为复杂，胶片质量修正依靠蒙版校正，红、绿、蓝三色胶片在拷贝机中多次加工，才获得较好的胶

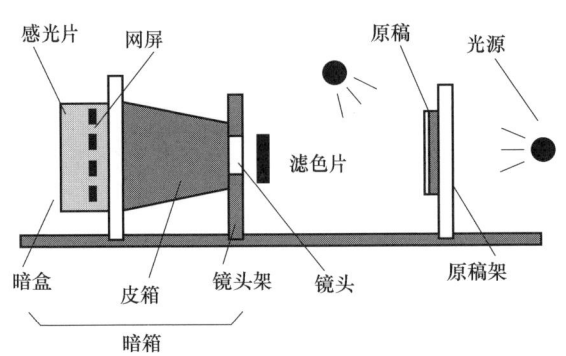

图 3-14 照相分色原理图

片。通过底色去除获得红、绿、蓝和黑四色胶片，经过晒版打样检查是否合格。也可在胶片上涂上色粉，把胶片叠加校样。

（1）单色连续调原稿的照相。在照相制版工艺过程中，单色连续调图像通过下列步骤完成照相制版工作。

① 制版相机的调焦。照相制版通过镜头成像获得底片。一般照相机原稿架和暗箱可以沿着导轨做前后运动，镜头和暗盒之间的距离也可以调节，在物距与像距精准调节之下，才能获得所需缩放倍率的清晰影像。

② 感光片的准备。在传统照相制版中使用的是高反差银盐感光材料，将选定并裁切好的感光材料置于承影装置合适的位置上，固定好。

③ 加网屏。把需要加网的网屏装入网屏架中。

④ 曝光。不同相机设定曝光时间的方式不同，常见的有用光圈调节进光量以控制曝光和设定曝光时间长短来控制曝光两种。

⑤ 感光片冲洗加工。银盐感光材料曝光之后形成了潜影，必须经过显影和定影处理才能获得可见影像。显影是利用配置好的显影液处理银盐感光材料的表面，将曝光生成的潜影还原成可见影像；定影是用酸性液体将曝光过程中未见光的卤化银处理去除，最终生成稳定的影像。

（2）彩色连续调原稿的照相。彩色连续调原稿要进行印刷复制，不仅需要将连续调变为网目调，而且需要进行分色，获得 C、M、Y、K 网目调分色底片。彩色连续调原稿的色分解是通过在摄影光路中加 R、G、B 滤色镜完成的。若分色、加网同时在照相过程完成，称为直接加网。亦可在照相时只完成色分解，获得连续调分色底片，再通过拷贝机完成加网，分色与加网分步进行的做法称为间接加网。彩色连续调照相每次使用不同的滤色镜，重复单色照相制版过程，获得每色胶片。黑版可以用底色去除最后获得，也可以在照相时轮流加入 R、G、B 滤色镜曝光，控制滤色镜曝光的时间长短获得。也可以在照相时加黄滤色镜一次曝光制作虚光蒙片，再与底色去除的 K 片合拼，以提高图像轮廓清晰度。

2. 电子分色

1950 年柯达公司研制出电子分色机。电子分色机是一种数字电信号模拟机，采用栅格模板进行图像复制，输出点阵像素。早期电子分色机分色出连续调胶片，再用拷贝机进行蒙版校样、加网等。20 世纪 70 年代，能即时存储、显示的电子分色机开始应用，用电子分色机的模拟电钮进行色彩校正、四色分色工作，输出加网的 CMYK 网目调分色底片。黑版采用虚光蒙片信号器增加图像轮廓部分清晰度。原稿架与感光材料架驱动滚筒用于安装原稿和感光材料，彩色计算机和层次修正计算机用于实时校正分色质量，光电发生器、光电发射器及两者的控制系统用于原稿分色和感光曝光操作。电子分色机原理如图 3-15 所示。

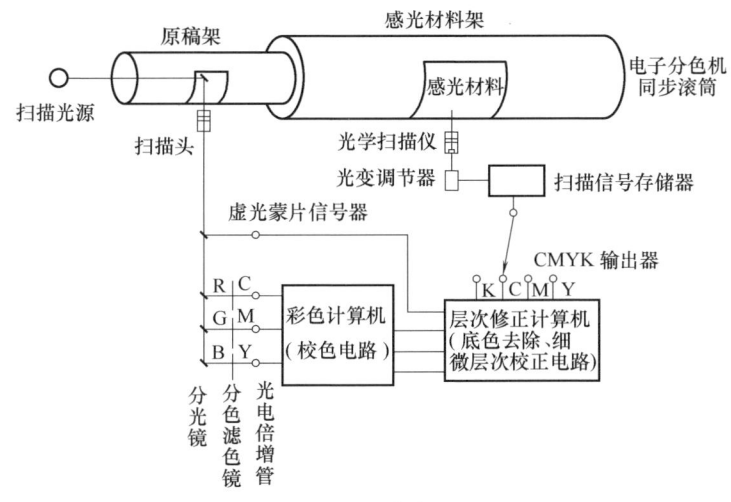

图 3-15 电子分色机原理

电子分色机的结构可分为扫描、记录、层次及色彩校正电路、控制缩放比例的比例计算机四大部分。扫描及记录两部分机械可以装在一个机架上，也可以分别装置。多数电子分色机采用前一种结构，扫描部分由扫描光源、原稿滚筒及扫描头组成。扫描光源多数用溴钨灯，由光源发出的光经过光学系统或光导纤维传导并聚焦成一个小的光点，射到包覆在原稿滚筒上的反射稿上，或射到贴附在原稿滚筒上的透射原稿背面。原稿滚筒以一定的速度旋转，扫描头在以一定的速度横向移动的同时接受由原稿透射或反射过来的光，并通过光学系统及光电倍增管将接收的光转换成红、绿、蓝 3 个颜色的电信号，就这样逐点扫描直到扫完原稿。电信号经过前置放大、彩色校正、层次校正、底色去除、细微层次强调等电路后输出。输出的信号进入控制缩放比例的比例计算机，使感光片上记录下来的图像尺寸符合出版物版式的要求。比例计算机电路主要包括：时钟信号产生电路、分频电路、模数转换电路、磁芯存储器或半导体存储器等。最后输出的仍是模拟电信号，用来控制记录头在感光片上曝光。通过协调数字计算机输出信号的速度，记录滚筒的转动速度及记录头横向移动速度，即可得到将原稿按预定比例缩小或放大的图像，接着比例计算机输出的模拟信号进入记录部分。记录部分由记录滚筒及记录头组成。记录滚筒以一定的速度转动，记录头同时也以一定的速度做横向移动。旧式记录头是一个辉光管，它的亮度随着由比例机构输送过来的电信号的强弱变化，在包覆于记录滚筒上的感光片上曝光。新型记录头的光源改用激光，多数电子分色机采用氩离子激光，有的用氦氖激光。如用接触网屏加网，则激光由电光调制器调制后在感光片上曝光，光的强弱取决于输入电光调制器的电信号的强弱。新型的激光记录头带有电子网点发生器，可以不用接触网屏而直接在感光片上曝光，并可根据不同印色的要求，形成不同角度的网点排列。

3. CCD 数字分色

（1）扫描仪结构。20 世纪 80 年代，随着计算机存储能力的提升，其数据存储方式开始应用于生产。1984 年扫描仪用于印刷生产，它由扫描头、控制电路和机械部件组成，是一种以电荷耦合器件（CCD）为主件的扫描仪（图 3-16）。该仪器采取逐行扫描的方法，得到的数字信号以点阵的形式保存，再使用文件编辑软件将它编辑成标准格式的文本储存在磁盘上。其基本原理是利用光感器件，将检测到的光信号转换成电信号，再将电信号通过模拟/数字（A/D）转换器转化为数字信号，传输到计算机进行存储。

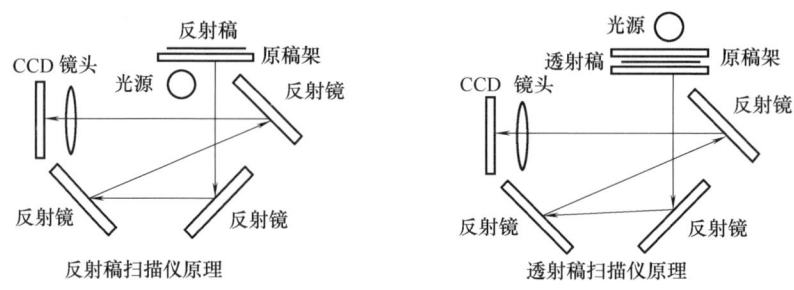

图 3-16　扫描仪原理图

光电转换部件是扫描仪的核心，其光电转换特性如光谱响应、光的稳定性、灵敏度、噪声等，影响图像信息传递正确性。目前应用的有两种光电转换扫描仪。其中一种扫描仪的主要部件是 CCD，与一般的半导体集成电路相似，它在一块硅单晶片上集成了成千上万个光电三极管，这些光电三极管分成三列，分别被红、绿、蓝的滤色镜罩住，从而实现彩色扫描分色。CCD 具有一定的景深，能扫描凹凸不平的物体，扫描的图像质量较高。另一种扫描仪的主要部件是接触式图像感应装置（CIS），它采用触点式感光元件（光敏传感器）进行感光，在扫描平台下 1~2mm 处，有 300~600 个红、绿、蓝三色发光二极管（LED）传感器紧紧排列在一起，产生白色光源，取代了 CCD 扫描仪中的 CCD 阵列、透镜、荧光管、冷阴极射线管等复杂机构，把 CCD 扫描仪的光、机、电一体变成 CIS 扫描仪的机、电一体。用 CIS 技术制作的扫描仪具有体积小、重量轻、生产成本低等优点。但 CIS 技术也有不足之处，主要是用 CIS 不能做成高分辨率的扫描仪，扫描速度也比较慢。

（2）CCD 数字分色的图像扫描参数设置。扫描仪的操作过程非常简单。首先，扫描仪要与事先安装了扫描软件的控制计算机正确连接。然后，将待扫描的原稿按照要求放置在扫描仪的原稿安放玻璃上，打开扫描软件如 Photoshop 图像处理软件等，进行扫描参数的设置，最后开始扫描。通常设置的扫描参数有：

① 扫描的色彩模式设置。根据需要获得的数字图像的色彩模式进行设置，如灰度图像、RGB 彩色图像、黑白线条图像等。

② 扫描分辨率的设置。扫描时选用的分辨率直接影响数字图像的质量，扫描仪的分辨率以每英寸扫描的像素点（dpi）表示。理论上讲，对于印刷输出的图像，一般应保证扫描图像的分辨率达到 300dpi 以上，而对于打印输出的图像，分辨率达到 150dpi 即能满足需求。

③ 预扫描。参数设置之后，即可对扫描图像进行预扫描，预扫描获得的图像即时显示在计算机显示屏上。预扫描使用低分辨率对图像进行快速扫描，通过预扫描图像可以准确地确定扫描区域范围，对预扫描的图像效果进行分析，还可以更正扫描参数的设置，以便后续正确地进行扫描。

④ 扫描及存储图像文件。正式扫描之后的图像显示在计算机的显示屏上，如果满意，可以选择合适的路径将其存储。

4. 数字原稿分色

目前，在通常情况下，除少量实物原稿还需要CCD扫描外，印刷厂客户多数采用数字原稿，或者用制图软件设计后直接输出数字原稿。数字原稿来源于各种作图软件、数码相机、手机、专业摄影师等的作品，输出图像的分辨率会千差万别。先要对数字原稿进行标准化处理（图3-17），采用图像处理软件Photoshop进入"图像大小"界面，调整分辨率选项，每件数字化原稿分辨率统一调整到印刷需要的300dpi以上；二次原稿须进入图像处理软件Photoshop菜单滤镜-模糊-表面模糊进行图像还原；分色前先找到图像处理软件Photoshop"颜色设置"选项的"自定CMYK"界面，优先定义黑色（K版）为基础分色，再对各参数进行设置。

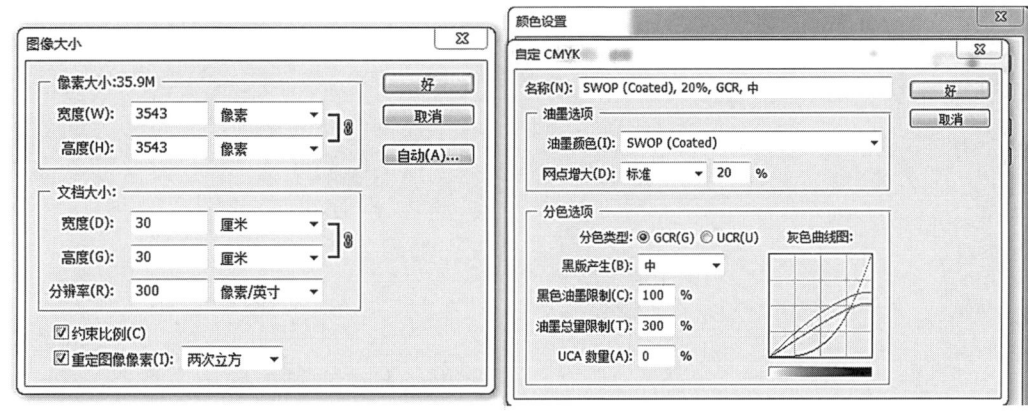

图3-17　图像图形标准化操作界面

（1）油墨选项。由于不同厂家生产的油墨颜色有所差别，在油墨选项的油墨颜色下拉菜单中，先要确定输出使用的油墨类型；网点增大选项用于设置上机印刷过程中由于印刷压力和油墨流动性而导致的网点增大百分率，以保证计算机显示屏上显示的图像与印刷后网点增大的效果一致，便于印刷技术人员根据印刷时的实际效果调节显示屏上的图像。

（2）分色选项。分色选项包括原稿从RGB原稿分色转换到用CMYK油墨网点面积率表示时，必须考虑的相关设置参数。先选定"分色类型"，该选项确定黑版产生的方式是"底色去除"还是"灰色成分替代"，目前常用的是"灰色成分替代"工艺，即不仅用黑墨替代暗调复合色彩中的灰色部分，而且将中间调甚至亮调的复合色彩中的灰色部分也部分或全部以黑墨替代，黑墨替代量大小可以在"黑版产生"的下拉菜单中选择。

"UCA"中文为"底色增益"，该选项的功能与"底色去除"相反，"底色去除"是用黑墨取代暗调复合色彩中的灰色部分，选择"灰色成分替代"后，在替代量较大时，会出现图像暗调部位的层次损失，此时，可用"底色增益"功能来还原暗调部位其中一部分灰色，仍然用三原色油墨表示，也常常采用"底色增益"对暗调色彩不丰富的原稿进行处理，增加层次感。

印刷最大反差是由白纸的白度和四色油墨以最大网点面积率叠印之后的黑度决定的，反差越大，印刷品可表现的阶调层次越多。但在实际印刷时，若四色油墨都以最大的网点面积率叠印，非但不会使叠印的颜色加深，反而会造成印刷过程中油墨无法及时干燥，甚至流淌，"黑色油墨限制"和"油墨总量限制"用于限定印刷过程中印刷品暗调部位的各色油墨最大的网点面积率，避免各色油墨都使用100%网点面积率叠印后，因纸面上油墨量过多造成印刷故障。"黑色油墨限制"通常选择85%左右，"总油墨量限定"选项用于确定四色网点之和的最大值，铜版纸胶印该值可为300%~340%，报纸印刷为260%以下。

（二）阶调复制

印刷中，图像的深浅变化被称为阶调的变化。图像上的信息是通过不同的亮度等级来传达的，这些不相同的亮度等级可以类比为音调的不同高度。在连续调图像上，明亮阶调称为亮调或高调，黑暗阶调称为暗调或低调，介于亮调和暗调之间的阶调为中间调。很显然，不同图像的亮调等级、暗调等级是不同的，所占画面的范围大小也是不同的。印刷品阶调的最低值是实地（网点面积率100%处）的测量值，阶调的最高值是白纸的测量值，两者之间的差距远远小于自然景观的明暗变化。因此，在图像印刷中，准确地再现出原稿阶调变化的特征和规律是非常重要的。阶调复制的状况可以用阶调复制曲线表示（图3-18），曲线的横坐标代表原稿的阶调变化，纵坐标是印刷品的阶调变化，通常为网点面积率。

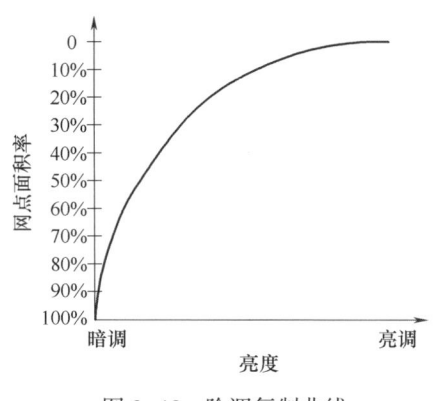

图3-18　阶调复制曲线

（三）加网处理

1. 图像特征

区别于人工设计绘制的图形，图像的深浅是连续变化的。对于印刷复制方式来说，如果要表示深浅连续变化的图像阶调，可以采用墨层的厚薄变化和单位面积内着墨面积率的变化两种方法。除凹版印刷外，其他印刷方式从印版转移至承印物上的油墨层厚薄是一致的，印刷后的印品上只有上墨（着墨）和不上墨（不着墨）两种可能，不可能利用墨层厚度变化来对应图像的深浅变化。因此，在图像印刷复制中，绝大多数情况下采用的方法是：通过加网方法改变图像单位面积内着墨面积率的大小，对应地表示图像的深浅等级（图3-19）。针对加网处理前后的图像特征，将图像分为连续调图像和网目调图像。

（1）连续调图像。连续调图像是指色调深浅连续变化的图像，绝大多数加网前的原稿图像都是连续调图像。在图像处理软件Photoshop中，数字图像的深浅变化对应地用0~255数值表示，0表示色调最深的部位，255表示色调最亮的部位。

（2）网目调图像。网目调图像也称为半色调图像，指加网处理之后的加网图像，它利用单位面积内着墨面积率的变化模拟图像深浅的连续变化。放大镜下的网目调图像是由一个个大小不同的网点群（或大小相同、密集程度不同的网点群）组成的，图像中网点大的部位（或网点密集部位）颜色深，为暗调；网点小的部位（或网点稀疏部位）颜色浅，为亮调。当网点小到在明视距离处人眼无法识别单个网点的状态

图3-19　加网与未加网图像

时，网目调图像的观察效果就跟连续调图像一样了。单位面积内的着墨面积率简称网点面积率或网点面积，其变化范围为 0~100%。不同的网点面积率对应连续调图像不同的深浅，0 为无油墨处，表示最亮处；100% 为油墨全覆盖处，也称为实地，表示最暗处。

2. 加网方法

按图像加网方法的不同，加网技术可以分为：调幅加网和调频加网。

（1）调幅加网。调幅加网技术中的每个网点都有固定的空间位置，若以网点中心坐标定位该网点的空间位置，网点的分布是等距的，单位长度（每英寸或每厘米）包含的网点数也是相等的。图像的深浅变化通过改变网点的大小来实现，网点分布在距离相同的位置上，但每个网点有不同的直径和面积（图 3-20）。调幅加网的可变参数主要有：加网角度、加网线数、网点面积率及网点形状等。

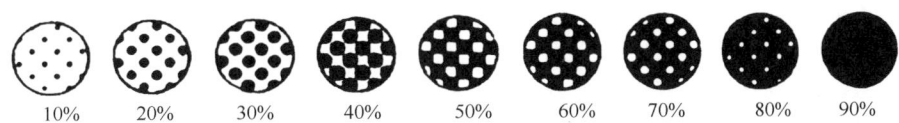

图 3-20 调幅网点

① 加网角度。网点的点阵排列是十字形的，用纵横两列中任一列与轴的夹角来表示加网角度。如果设定水平排列时为零度，按逆时针方向测得的角度就是该网线的加网角度。除了链形网点外，一般只在第一象限内，以网线与水平轴的夹角来表示加网角度（图 3-21）。

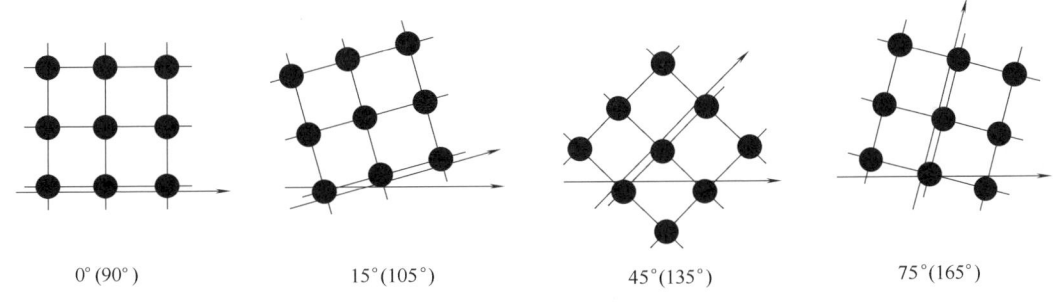

图 3-21 加网角度

两组及两组以上网点在不同的角度下相交会随角度差不同而呈现出不同的相交网纹，影响较大的、有损图像美感的相交网纹称为龟纹（图 3-22）。

为了避免印刷品上出现龟纹，两组网点的网线夹角必须大于 30°，多色印刷中一般采用的网线角度分配有：

单色：45°

双色：45°、75°

四色：Y 0°，M 15°，C 75°，K 45°

四色印刷时，由于要在 90°的范围内分配四组网线角度，因此不可能保证每两组网线角度之间的角度差都大于 30°，Y 色是叠印之后视觉影响最小的颜色，所以将它安排

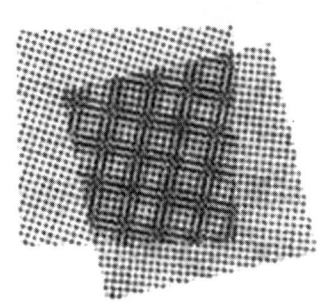

图 3-22 印刷网点叠印龟纹

在0°，与相邻的网线角度相差15°。

②加网线数。加网线数是指单位长度中包含的网点个数，通常用每英寸（或每厘米）包含的网点个数表示，加网线数的度量是沿加网角度方向进行的。加网线数反映了网点之间距离的大小。由于在网目调图像中，网点是表示图像深浅变化的最小单元，所以加网线数的变化实质意味着加网图像解像率的变化，意味着加网后图像的精细程度，加网线数越大，精细程度越高（图3-23）。但是，受实际印刷条件的影响，加网线数不可能无限增大，在精细印刷中，通常使用150~200L/in[①]的加网线数。

③网点面积率。网点面积率也称网点百分比，俗称网点大小，专指印刷品单位面积内着墨的面积率，常用口语表述为"几成点"。例如，单位面积内着墨面积率50%被称为"5成点"，着墨面积率为20%称为"2成点"；一般说的"暗调"指网点面积率为70%~90%，"中间调"指网点面积率为40%~60%，"亮调"网点面积率为10%~30%。

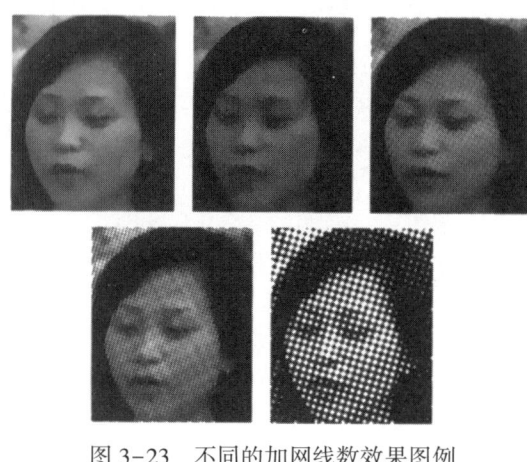

图3-23　不同的加网线数效果图例

④网点形状。网点形状是指单个网点的几何形状，常用的网点形状有方形、圆形、椭圆形、链形等。在印刷中，为了实现某种特殊的艺术效果或者弥补某种工艺缺陷，可以挑选或设计一些特殊形状的网点。

（2）调频加网。调频加网也称随机加网技术，通过调整单位面积内同样大小的"网点"出现的密集程度（即出现的频率）来改变单位面积的网点着墨面积率，从而体现原稿图像深浅的连续变化（图3-24）。不同于调幅加网技术，调频加网技术的网点分布是随机的，两组及两组以上网点叠印时不会产生龟纹，适合在高于四色以上的高保真、高质量彩色印刷中使用。

调幅加网(AM)

调频加网(FM)

图3-24　调幅和调频加网印品对照

---

① 1in=2.54cm

第三节　图形复制技术

数字图形（Graphics）原稿通常是由人工创作绘制或由计算机图形软件设计绘制生成，而不是从客观世界直接获取的。与连续调图像不同，图形由一个个相互独立的图形对象组合而成，而这些图形对象又是由点、线、面、体等几何元素和填充色、填充图案等构成的。

一、图形四色分色

数字图形可以由专门的设计人员利用图形处理软件（如 Illustrator、Freehand 等）设计绘制而成；也可以由其他绘图软件绘制后，存储成印刷软件可以接受的格式文件备用；还可以将手工绘制的图形原稿利用扫描仪扫描输入成数字图像文件，在图形处理软件中打开，矢量化之后形成图形文件。数字图形在设计时，一般采用专色定义色块，专色色域大于印刷四色色域，在转换过程中，有些专色是无法完全保真的，会丢失一些颜色信息。所以，印刷复制若采用四色印刷，在 RGB 与 CMYK 色域空间转换时，处理软件需要进行"专色转换成为四色"选择。

二、图形专色分色

专色印刷（spot color printing）的数字图形处理，设计时可使用专色颜色匹配系统 PANTONE、TOYO ColorFinder、RIC Color Guide 等，其中 PANTONE 系统涵盖面较广，既有印刷色的，也有专色的，专色印刷时需要做出选择。专色与四色混合时，专色图形旁边有其他颜色，就应考虑做出适当的陷印处理，防止露白问题的发生，故定义专色的，一般不使用叠印（Over print）方式而是采用让空（Keep away）方式。

专色颜色匹配系统在做分色处理时，除非专门设定将专色转换成 CMYK 四色来输出，否则，每一个使用的专色都将自动地被独立分成一个色版。同样道理，四色印刷颜色匹配系统中的颜色用于着色处理后，在进行分色输出时也将会自动按照颜色本身的 CMYK 配比数值分到四个印版上，而不会产生更多的色版。再则，要注意：在点阵线图环境内，所选用的颜色（如专色）使用到画布上后，会自动转换成与应用该颜色的数据文件相同的色彩模式（如 CMYK 四色模式）。所以在点阵绘图软件中，对于专色，必须刻意地增设或指定才行。比如，在 Photoshop 中增设和定义专色，可以有两种情形：若将专色作为一种色调应用于整个图像，需将图像转换为双色调模式，并在其中一个双色调印版上应用专色；若将专色用于图像的特定区域，则必须创建专色通道。而在矢量绘图环境里，若选用或定义一个专色，则该色一直会以专色的属性存在，除非专门将此专色属性改变或转换成印刷色。比如，在 Illustrator 中增设和定义的一个专色，即使被引用到其他 Illustrator 数据文件中，或将使用该专色的数据文件用其他矢量软件打开等，此专色的颜色属性都不会改变。

淡色（Tint）是专色印刷工艺实践中常用的术语，指各种专色经过加网颜色变浅的版本，其实质是专色颜色三属性中的彩度和明度发生了变化。加网后的版本相当于用该专色与白色混合，因为网点部位仍然是该专色，而网点之间是白纸的颜色。淡色印刷可以利用一块专色版印刷出一系列不同深浅的层次,如在地图印刷中常利用棕色加不同网点面积率的网线,得到深浅不同的棕色系列,用来表示不同高度的陆地地势。根据需要,专色也可以和专色叠印,加网后的两个系列的专色叠印可以获得的色彩层次更多。在实际印刷工艺中,根据需要,可以将原色印刷和专色印刷合成使用。首先,用原色印刷的工艺流程印刷出连续调图像原稿,再根据需要在该印品上进一步叠印印刷页面中的专色部分。这种方法,不仅可以利用专色油墨准确地重现超出原色印刷色域以外的颜色,而且色彩复制质量较高,可以复制出高质量的彩色印刷品,但是,需要的印版数量较多,往往是 5 色、6 色,甚至多达 10 色印刷。

第四节　数字化组版、拼版和输出

从数字化印刷发展历程来说,有 PS 数字版面和 PDF（portable document format）数字版面两种不同处理格式,形成了两条不同路径的数字化流程。一个数字化流程是从 PPF（印刷生产格式化）生产数字语言制定的 PS 数字版面文件、PS 文件数字版面 RIP、加网版面输出和保存加网版面数据 1-bit Tiff；另一个数字化流程是从 JDF（作业定义格式）生产数字语言制定的用多页面描述的 PDF 数字版面文件、PDF 文件构成的多版面自动 RIP、加网版面输出和保存加网版面数据 1-bit Tiff。

一、数字化印刷的文件格式

(一) PPF 格式和 PS 文件

1995 年海德堡研究开发出把 Tiff 文件包含的数据信息转换成印刷版面网点油墨量信息,推动制定了"印前（prepress）、印刷（press）、印后（post press）"PPF 标准,简称 CIP3。CIP3 代表"综合印前、印刷、印后的国际化协作",是 40 多个国际化公司的联合,包括了印前、印刷、印后制造商用户。PPF 通过在整个印刷业中制定一个标准来改进印刷生产和印刷生产自动化,使用 PS（PostScript）作为其主要语言,具有开放性、可延展性和普及性。PPF 定义了应用于技术性生产的统一的数据结构和与其相关的代码,版面油墨量采集不再限于用印版扫描,可以用 PS 文件 RIP 输出的 1-bit Tiff 在加网前直接转换。PPF 标准的基本内容是文件处理软件（组版软件）输出标准化 PS 文件,保存后经 RIP 处理输出 1-bit Tiff 加网信息。这样保障了印刷油墨数据、打样和印版加网的一致性。

PS 文件是基于描述像素图像、矢量图形、文字及这些对象之间关系的语言。它是由一个以 PostScript 语言所对应的 ASCII 字符（或者它的二进制形式）所构成的多页面描述文件,并以描述矢量图形为特长,但也可以容纳点阵图像。PS 格式是可以直接向打印设备输出的文件格式,其图形描述部分以打印设备（照排设备）的指定分辨率还原为光栅图像点阵,像素图像的输出分辨率则由图像固有的分辨率决定,而图像的网目调加网参数则要通过应用软件或输出软件设置。PS 格式是 PostScript 页面描述语言的"原始"格式,其最大特点是一个 PS 文件可以包含整章整节的许多页面。

(二) JDF 信息和 PDF 文件

以 PS 文件为核心的 PPF 数字化流程制定的是生产作业标准化,而多页面描述的 PDF

文件制定的 JDF（job definition format）数字化流程是一种语言，在印刷过程中，这种数字化流程可在计算机中执行。

JDF 是建立在 XML 语言基础上的工业标准，同时也是一种文件格式。它利用一张作业传票将标准描述信息和交换协议信息记录下来，针对从接单到定单再到最终发货整个工作流程，为客户提供一个灵活而全面的流程解决方案。在印刷生产信息传送中，海德堡印通、柯达印能捷和北大方正畅流等数字化印刷流程都是利用 JDF 构建的，其特征是自动处理和接收 PDF 文件为数据语言的页面和印刷格式，包括自动识别版面信息、自动识别页面数据、自动识别输出方式、自动栅格图像处理器（raster image processor, RIP）和自动进行设定加网算法等。

PDF 可移植文件格式是一种矢量化的文件，它定义了文件的文字、字型、格式、颜色、图形、图像、超文本链接、动态图像等信息，并保留了原文件的一些格式，如印刷专色、文字专色、版面层次等。PDF 文件可以在不同语言平台混排，同时，大多数应用软件编辑的文件都能输出 PDF 格式，并且在输出 PDF 格式时，Adobe PDF Print Engine（Adobe PDF 印刷引擎）输出驱动把版面包含的所有分辨率统一成印刷所需的分辨率。PDF 的特性决定了 RIP 解释的唯一性，并且包含了 RIP 所需的数字化矢量信息，处理速度比 PS 文件更快。

二、编辑数字页面文件

在数字化印刷生产过程中，印刷厂通过不同途径获得数字原稿，这些数字原稿经过印刷标准化处理，将按不同的印刷方式进行数字页面设计、图文混排，统称数字页面描述，满足客户需要，这一过程称为组版或文件处理。页面描述包括页面尺寸、出血、排版方向、图片类型和链接状态、颜色属性和专色，字体种类、属性，外部插件等。页面描述可以采用 PS 文件和 PDF 文件两种印刷文件传递格式。印刷、办公和日常输出用到的都是 PS 页面描述，打印输出时，看得见的往往只是结果。而 PDF 页面描述就不同了，它采用了多媒体的描述能力所形成的跨媒体语言，显示更为方便。WPS、Word、PageMaker、方正飞腾和 InDesign 等文件处理软件都很容易设计得到数字化印刷所需的页面描述文件，并且能够输出 PDF 页面描述文件。

文件处理软件（组版软件）的功能基本相同，先按印刷版面要求设置好页面参数（图 3-25），然后，把应用软件处理过的文字、图像、图形等对象导入页面之中。根据页面要求对这些对象进行旋转、位移、裁剪、放大或缩小等操作，定位到准确的位置上。文件处理软件除编辑外来文件外，还带有一些作图工具，操作时可以进行必要的图形制作；文本对象也可以直接在组版软件中输入，并按版式要求进行排版，与图像图形组合在一起。文件编排完后，进行页码、索引、书眉等页面对象编辑，保存输出 PDF 文档。

页面编辑软件除了接受外来文档、图像、图形进行编辑外，还可以用自带的工具进行特定编辑工作例如，直线、曲线、矩形、椭圆、多边形、螺旋线等作图工具；可设定文字的字符属性、段落属性，各种页面的编辑；轮廓、填充处理，有专色、渐变色、混合色、图案等颜色编辑；图形缩放、旋转、斜拉、畸变、镜像、切割等不失真、无限制的变换编辑；等等。

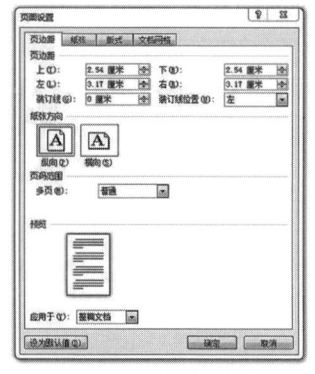 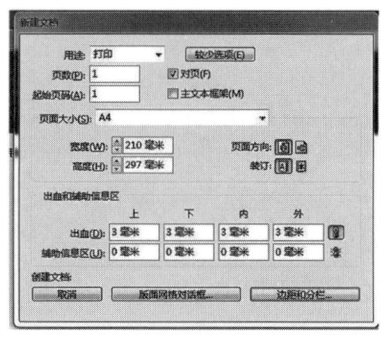

Word文件处理页面参数设置　　　　　InDesign文件处理页面参数设置

图 3-25　不同软件的页面参数设置

三、编辑数字版面文件

印刷厂把一个订单的页面文件准备好之后，需要按照印刷机尺寸和客户需求的成品格式把页面文件拼在一起，组成与印刷机幅面相同的版面，这一过程称为数字版面文件编辑（俗称拼大版或折手）。在数字化印刷形成前，这一过程非常复杂，需要先输出一些硫酸纸或胶片页面；然后把一张已经晒制好各种标记线的透明胶片放在下面装有光源的透明玻璃工作台上，再依次将大大小小的胶片页面按设计一一粘贴上。PPF 格式化后，出现了大幅面的照排机，对应地出现了海德堡 Signa station、柯达 Preps、方正文合等数字拼版软件。JDF 标准出现后，一系列以 JDF 电子传票为数据管理的流程出现，包括海德堡印通、柯达印能捷和方正畅流等数字印刷流程实现了自动编辑数字版面文件。未建数字化流程的印刷厂，采用最多的是在 Adobe Acrobat 软件基础上增加 Adobe PDF Print Engine 插件来编辑数字版面文件，也称作 Adobe PDF 排版。

（一）版面文件的参数名称

版面文件的参数包括印刷机幅面尺寸、页面尺寸、页面排序方式、印后装订形式等，以下是几种常见标准。

（1）出血量。在页面设计时，版心尺寸稍大于成品尺寸，称为出血。设置出血的目的是防止裁切时露白或裁掉版面内容。不同的印刷厂商有不同的出血量要求，一般为 3mm。

（2）叼口大小。叼口指印刷时机器叼纸的宽度。叼口部分印不上图文，在考虑纸张大小及进行拼版位置计算时需要减去这个数字，一般印刷机叼口尺寸为 10~12mm。

（3）订口宽度。订口指纸张的装订边。订口宽度是指版心边缘到成品装订边的距离，采用无线胶订、骑马订和锁线装订时，订口与切口（书的外边）的宽度是一样的；如果装订方式为平订，由于装订时要占有一定的位置，订口宽度应比切口宽度稍大一些。

（4）印刷标记。在拼大版软件中包含了预先设置的印刷标记，可以用户自定义印刷标记位置和校准，在软件中操作者能够将印刷标记移动到印刷机最需要标记的特定位置。一般情况下，操作者需要根据不同的印刷机对预先设置的印刷标记进行调整。软件程序应允许印刷生产人员创建自己的印刷标记并在程序中应用。

(5) 裁切线。成品切边时的标记线。

(6) 中线。拼版后的水平线、垂直线等分线，在正、反面印刷时用于正、反面套印定位，也可以用来在印刷装版时辅助印版定位。

(7) 轮廓线。包装容器的后期加工标记线，如纸盒的模切线、压痕线等，输出时一般单独输出一块版。

(8) 套印线。四色或多色套印的规矩线。

（二）版面参数设计

1. 印版结构和要素

按照印刷机可装印版幅面的不同，需要组版的页面数量也不同。一般八开印刷机、数字印刷机组版 2 个 16 开页面，四开印刷机组版 4 个 16 开页面，对开印刷机组版 8 个 16 开页面等。但是，在版面上有看得见的共同要素（图 3-26），也有看不见的其他要素，如骑马订、平订、胶订、双联订、单联订、自由订、套版印刷、自翻印刷、对翻印刷、双面印刷、单面印刷等，这些信息内容可以结合印刷厂设备和客户订单情况在计算机上编辑设定。

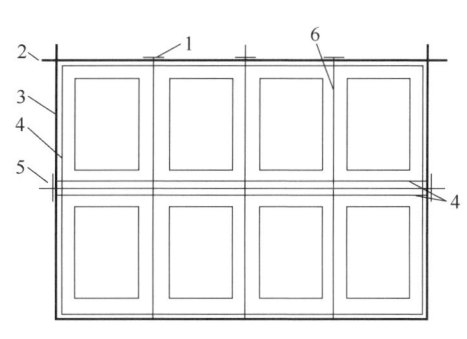

1—叼口　2—角线　3—侧规线　4—裁切线
5—中线　6—书脊线
图 3-26　版面要素

2. 数字版面文件编辑（拼版）

数字版面文件编辑可以分为 JDF 流程自动数字版面文件编辑和独立采用版面编辑软件进行编辑两种形式。JDF 流程自动数字版面文件编辑，如海德堡印通、柯达印能捷和方正畅流等，把 Signa station、Preps、方正文合等版面编辑软件、RIP 软件和加网输出融合在 JDF 流程里，实现数字版面文件自动编辑、自动 RIP 和自动加网输出。而独立采用版面编辑软件进行编辑，可输出 PDF 版面文件，如广泛应用的 PDF 插件拼版，就是在 Adobe Acrobat 软件里，安装 Abode Quite Imposing plus 插件后进行排版的，图 3-27 所示 Quite Imposing Plus 控制面板显示了所有的 PDF 拼版要素，按需要点击菜单内容操作可以完成不同设计要求，按步骤完成印刷机需要的数字版面编辑。

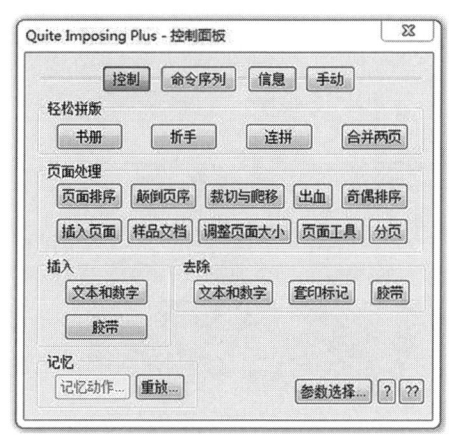

图 3-27　PDF 文件编辑设置

四、版面 RIP 和加网

2000 年，CIP4 国际标准组织统一制定页面描述语言标准为 PDF 数字文件格式。在之后的 20 年里，通过 JDF 数字化流程的编辑整合，早期应用的硬件 RIP 已经被流程软件包含的 RIP 所取代，同时，版面文件编辑、RIP 和加网三者已经合一。印版制造设备自带的光栅图像处理器 RIP 都会接受 PDF 文件格式的数字版面。预存的 PS 格式页面文件多数已经不再用于制版，而与数字化印刷以前一样，PS 格式用于打印机版面文件的光栅处理。JDF

数字化流程下，版面文件无论由何种方式获得，转换为 PDF 格式后，均可以用印版制造设备自带的 RIP 进行光栅格式化处理，再按不同的方式进行制版。RIP 是数字化印刷制版的核心，其具体功能如下：

（1）解释版面、页面描述文件，生成输出点阵信息。RIP 过程是将版面、页面编辑软件编辑的页面描述语言的格式记录下来，翻译成全点阵信息，存储在栅格图文处理器的缓冲区，供输出设备扫描，转变成网点或网格，提供给输出设备制作印版。

（2）向数字字模库读取版面、页面描述文件的文字，把压缩的轮廓字形信息还原成点阵字形，输入栅格图文处理器的缓冲区记录的文字存储位置。

（3）将版面、页面描述文件记录的图像、图形进行点阵处理，输入栅格图文处理器的缓冲区记录的图像、图形存储位置。

（4）RIP 软件包含有输出设备的驱动程序，打印机、平版胶印制版机、凹版印刷雕刻机、柔性版印刷激光烧蚀机、孔版喷胶机等制版机均可由 RIP 驱动。

五、陷印处理

文字、图形和图像按色序套印时，后一色叠印在前一色之上。如果相邻两元素具有不同的颜色，在分色片对应的位置上会出现尺寸相同、深浅不同，甚至空白的影像。由于在拼版和印刷过程中不可避免地出现套印不准等偏差，两个颜色之间难免会产生露白现象。陷印处理就是补偿这些缺陷的方法。

陷印处理是采用电脑软件来解决彩色印刷生产过程中出现的露白现象，以达到提供完美画面的目的。处理的基本原则是在有两种颜色交接的边界，作出是否需要进行陷印处理的判断，使用内缩外扩的方法进行补漏白。内缩是将元素边缘往里收一线，外扩是将元素边缘往外放一线。陷印处理采用内缩还是外扩取决于前景色比背景色深还是浅，人们总是愿意调整浅色物体的形状，原因是浅色比深色的视觉分量要轻。内缩和外扩遵循从浅色延伸到深色的规律。不同的编辑软件施行的陷印处理设置有些差异（图3-28）。所有颜色向黑色扩展，亮色向暗色扩展，黄色向青、品红和黑色扩展，纯青和纯品红对等地互相扩展等，这些是 Photoshop 陷印的自动处理方式。处理陷印的最好方法就是避开它，设计作品

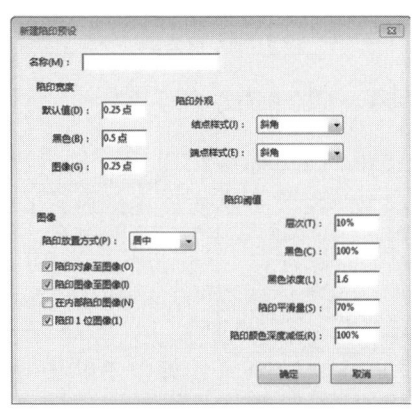

PDF文件编辑软件陷印设置

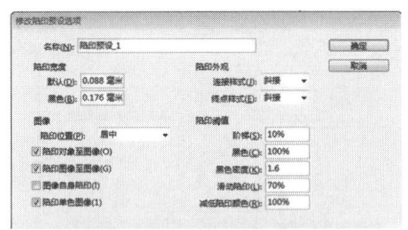

InDesign文件编辑软件陷印设置

PS CC图像编辑软件陷印设置

图 3-28　几种软件的陷印设置

时把陷印控制在最低限度内,把工作变得简单化。

实施陷印处理的同时应参考以下原则:

(1) 采用专色且颜色相互接触时,需要陷印处理。

(2) 相邻物体施用套印色时,按一定的百分比油墨成分去创建原色过渡。当两个物体共同拥有超过20%的一种原色成分时,原色过渡就产生了。两个物体的颜色越相似,原色过渡效果越好。如果两个物体颜色中的相同成分不止一种,制版的陷印就不需要了,因为这时在套印不准时显示的第三色在视觉上可忽略。

(3) 任何陷印都会破坏字形,即使在白色背景下不需要陷印时,小字体也难印。因此,当字号较小时,最好在简单背景上用黑字;若印在彩色背景上,字号大些为好。

思 考 题

1. 常用的计量文字大小的方法有哪两种?分别对其进行具体解释。
2. 请解释一下开本的计算方法。
3. 什么是色光加色法、色料减色法?请分别写出三原色光、三原色料的混合规律。
4. 什么是色光、色料的互补色?分别写出色光、色料的三对互补色的名称。
5. 什么是RGB颜色空间?什么是CMY颜色空间?
6. 什么叫底色去除?什么叫灰色成分替代?
7. 为什么说理论上由三原色料能够得到各种混合色,而实际上要进行四色印刷呢?
8. 什么是调幅加网和调频加网?两者分别有什么特点?

第四章 制版原理与工艺

前文对印前图文处理作了全面阐述,在此基础之上,本章介绍激光照排输出胶片技术,利用菲林(胶片)制作柔印版、平印版、凹印版和丝网印版的原理与工艺方法,重点介绍计算机直接制版(computer to plate,CTP)技术。通常所称 CTP 指平版胶印直接制版,其实,目前的 CTP 技术已经非常成熟,在平版胶印、柔性版印刷、凹版印刷及丝网印刷等领域均获得了广泛的应用。

第一节 激光照排输出系统

一、激光照排机结构形式

激光照排机按照结构形式分为外鼓式、内鼓式和绞盘式(图 4-1)。

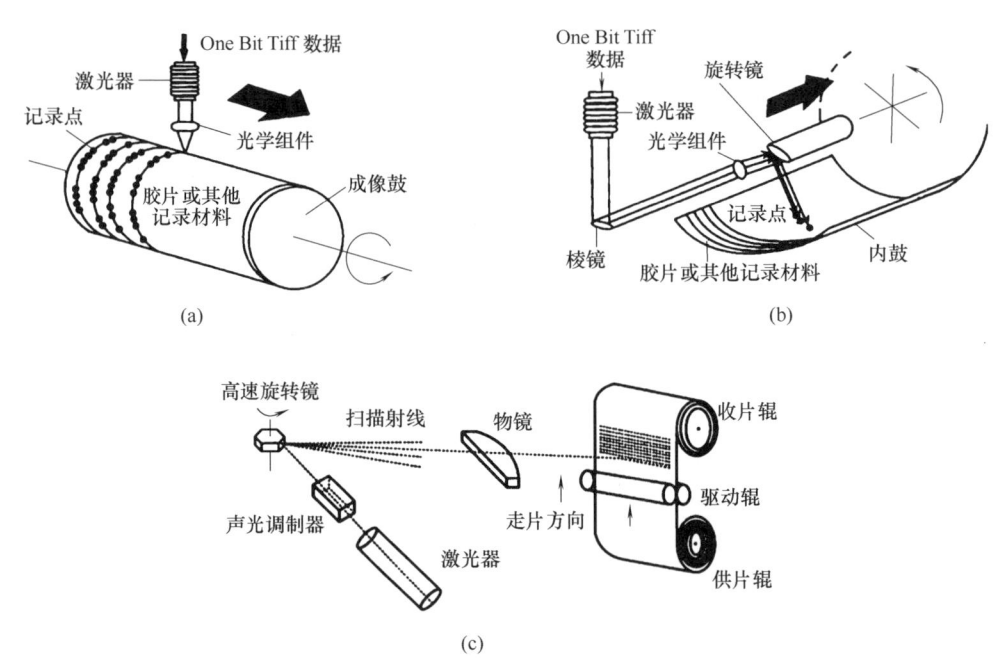

图 4-1 几种激光照排结构
(a) 外鼓式激光照排机 (b) 内鼓式激光照排机 (c) 绞盘式激光照排机

(一)外鼓式激光照排机

外鼓式激光照排机工作原理:成像胶片盒放置在暗室中,手工安装感光胶片,工作时机器按照输出文件幅面进行自动裁切,曝光滚筒利用真空吸附方式,先把胶片吸附在滚筒表面,成像时胶片与滚筒同步高速转动;计算机驱动激光记录头,激光记录头发出的激光聚焦在滚筒表面的胶片上,光照射的地方银盐感光;在照排过程中,激光记录头记录完一圈之后做水平移动,直至曝光完成,如图 4-1(a)所示。外鼓式激光照排机激光记录头距离胶片较近,成像精度高,易于控制;可以同时安装多个激光头同时曝光,提高记录速度;但是,高速旋转的滚筒产生的惯性制约了成像速度。

(二) 内鼓式激光照排机

内鼓式激光照排机工作原理:成像胶片盒放置于暗室,手工安装感光胶片,成像时机器按照页面大小进行裁切,用真空吸附的方式吸附在滚筒的内壁上;曝光时滚筒静止不动,安装在滚筒中心轴上的旋转镜高速旋转,同时进行轴向移动完成连续成像;计算机控制激光头发出的光束通过旋转镜反射到胶片上完成曝光,如图 4-1(b)所示。由于旋转镜体积小且轻,转动速度很快,控制灵活,所以内鼓式激光照排机成像速度快,精度略逊。

(三) 绞盘式激光照排机

图 4-1(c)所示为绞盘式激光照排机,主要由激光器、光学系统、胶片输送机构、供片辊、收片辊及控制电路组成。由于供片、收片均为卷式感光片,因此可以进行连续照排。工作时,计算机控制记录仪器发送激光束到一个高速旋转的多棱镜,多棱镜反射激光信号进行曝光。曝光后,收片盒里的胶片可以不间断送进显影冲洗设备,显影冲洗干燥后,手动或自动进行裁切,还可以按设定进行打孔。不足之处是两边网点比中间略微增大,一般用于 150L/in 左右的小幅面产品输出。

二、激光照排胶片输出流程

(一) 数字化工作流程

激光照排系统采用最早的数字化流程,经过原稿数字化、数字化页面处理、数字化页面编辑、数字化版面编辑、数字化 RIP 加网,直至胶片输出,都由计算机来完成,亦称 CTF(computer to film)数字化流程,如图 4-2 所示。

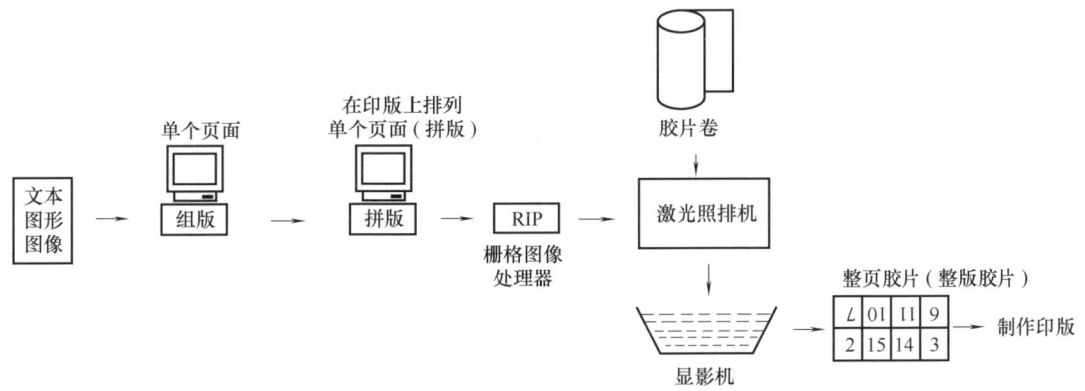

图 4-2 CTF 数字化流程

(二) 胶片输出流程

1. 硬件的准备

硬件的准备包括输出设备的开机检查和输出胶片的准备,为了使胶片记录设备能稳定工作，通常需要预热 5~6min，在计算机直接制片工艺中使用的仍然是银盐感光胶片，因此将输出胶片安装到位后，还要检查自动冲洗设备是否能正常工作，显影液和定影液是否已经达到工作温度要求。

2. 软件的准备

软件的准备包括字库的安装、胶片记录设备的线性化和各种输出参数的设定。

（1）字库的安装。不同的设备制造商制造的激光照排机采用的接口不一致，所用的数字字模不一样，设备采购时需要一次采购。特别是用 PS 文件格式系统时，需要专用的字库，设备安装时还需进行适合 RIP 格式的字模设置。

（2）激光照排机线性化校准。线性化是指激光照排机接收的输出指令值（即设备接收的计算机给予设备的输入值）与实际输出值的一致性。实际生产中常常以图表表示，其横坐标是输入值，纵坐标是输出值。若输入值与输出值成 45°的线性关系，则表明输入值与输出值是一致的，因此简称为线性化。胶片记录设备的线性化是设备校准的重要控制技术，常用一组面积率等量递增的网点梯尺进行激光照排机线性化校准（图 4-3）。一般把网点灰梯尺放在出血线以外，紧靠着版面的四周，测定输出后的网点面积率，输入激光照排机控制系统，可以自动进行线性化校准。

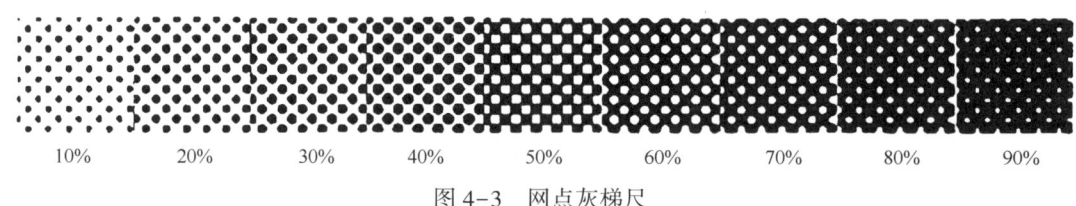

图 4-3 网点灰梯尺

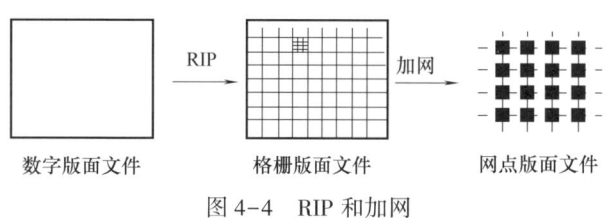

图 4-4 RIP 和加网

（3）输出参数的设定。无论是接收 PS 文件的驱动系统，还是接收 PDF 文件的驱动系统，进入激光照排机前都需要进行栅格数字化处理，该过程称为 RIP 和加网（图 4-4）。所以在 RIP 软件中可以最终对输出参数进行设置（若前端有设置，RIP 也可以接收前端的设置）。输出参数主要包括：加网参数（如加网角度、加网线数、网点形状）设置，输出页面设置，阴片、阳片输出设置，以及与色彩管理有关的设置等。

第二节 凸版制版原理

一、凸版制版

活字印刷的印版是组合版，文字部分为铅活字，图像、图形部分为铜锌版，两者按设计版面要求排版组合在一起，即可上机印刷。若需更大量地在多台印刷机上印刷，可以利用专门的雁皮纸或塑料密接铺在组合后的凸印版上制作成凸印版的模版，再利用模版浇铸铅或塑料复制版。其制版工艺按以下步骤进行，如图 4-5 所示。

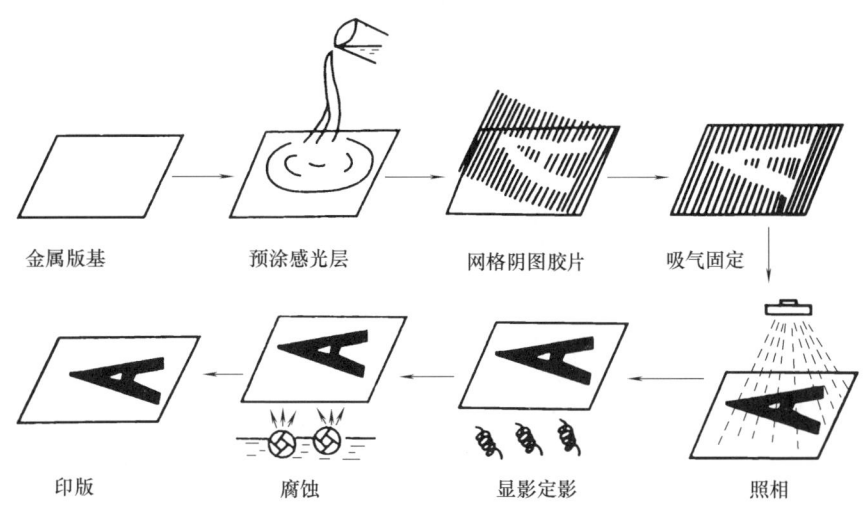

图 4-5 铜锌版制作流程

1. 准备制版胶片

铜锌版由网格阴图胶片与预涂感光胶的金属板照相曝光制得,网格阴图胶片可以用照相拷贝方式或激光照排直接输出获得。所谓阴图胶片,是指底片上的图文阶调与实际景物相反,实际景物中的黑处在底片上为透明区域,实际景物的亮处在底片上为高密度区域。

2. 预制版材

制版的版材可以选用铜版,亦可以选用锌版。将选择好的铜版或锌版裁切成需要的尺寸,用木炭研磨去除版面的油渍、脏物后,将版放在涂布机内涂布感光胶。感光胶种类很多,如重铬酸盐胶体、聚乙烯醇肉桂酸酯、叠氮化合物和线型酚醛树脂等,在700℃左右烘干形成感光膜层,这些膜层既具有感光性,还具有耐酸、耐三氯化铁等抗蚀性能。

3. 晒版显影

在晒版机中,把涂有感光层的表面与底片密接曝光,对应于底片透明部位,感光版上的感光层见光硬化。将曝光之后的感光版用水冲洗显影,未见光部位的感光层被水冲去,裸露出金属版材表面,见光部位的感光层硬化后不溶于水,仍保留在版材表面,形成与原底片阴阳相反的抗蚀膜影像。显影之后,印版通过烘烤处理,增加硬化胶层的耐腐蚀能力,防止在腐蚀过程中产生脱胶现象。

4. 腐蚀

印版准备好后,将印版放入腐蚀机,在酸性腐蚀液的作用下,没有图文的金属面被腐蚀,图文部分有硬化胶层保护可保持原状,腐蚀结束时空白部分下凹从而形成凸版。

5. 整版

腐蚀后的版还要用钻头将腐蚀下凹部分继续钻深,以避免印刷时沾墨起脏,制好的铜锌版保存待用。

制造铜锌版的这种工艺,在印刷烫金、标牌制作等方面仍在应用。烫金时,金箔纸放在铜锌版与印刷承印物中间,加热铜锌版,金箔纸按照铜锌版凸起影像,在热和压力的作用下转印到承印物上。随着电子雕刻机的应用和普及,照相方式制作铜锌版的工艺已经被污染因素较少的工艺所替代。

二、柔版制版

柔性版也称苯胺版、感光树脂版，根据感光层曝光前物理性能的不同，分为液体感光树脂版和固体感光树脂版。

1. 液体感光树脂版

液体感光树脂版曝光之前预涂方式与湿法照相原理相同，是在玻璃板上，用黏稠、透明的感光树脂液体现场即时预制的一种印版加工法。印版制造按以下步骤进行，如图4-6所示。

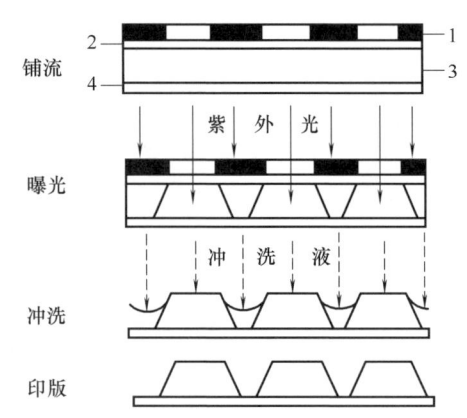

1—阴图胶片 2—塑料薄膜 3—感光树脂 4—版基
图4-6 液体感光树脂版制版过程

（1）准备网格胶片。无论是液体感光树脂版还是固体感光树脂版，都采用光聚合交联型感光物质，即图文经感光物质曝光之后聚合交联呈固化状态，非图文将被清洗掉，从而形成图文凸起的印版。网格阴图胶片可以用照相方式拷贝阴图，或者由激光照排直接输出阴图胶片获得。

（2）曝光。在现场涂布好的感光树脂印版上覆盖透明薄膜，或者去掉固体感光树脂印版保护膜，与网格阴图胶片密合在一起进行曝光。现场涂布好的感光树脂印版没有版基，图文曝光后，需要背面曝光，曝光时间是图文曝光时间的1/10左右，避免图文深度过浅。

（3）显影。把曝光后固化的感光树脂版放入冲洗机内，用稀氢氧化钠溶液冲洗（质量浓度为30~50g/L），冲洗的温度一般保持在35℃左右。未见光没有发生光聚合交联反应的树脂被溶解，制作成由正面曝光形成的固化图文部分和背面曝光形成的底基部分组合而成的印版。

（4）干燥和后曝光。将冲洗后的感光树脂版放入红外线干燥器中进行干燥。待感光树脂版干燥后，再进行一次后曝光，其目的是强化印版的力学性能，提高耐印力。液体感光树脂版属于即涂型版，价格低廉，尺寸稳定性差，版面伸缩性受温、湿度影响较大，适合于制作幅面较小的线条或文字印版。

2. 固体感光树脂版

固体感光树脂版是一种商业化生产的预涂印版，由保护膜、光敏树脂层、胶黏剂层、底基和保护层等组成。保护膜用于保护感光树脂层不被污染和损伤，并且可以防止空气中的氧气或潮气渗入感光层内部影响感光性能；光敏树脂层即感光层，是固体感光树脂柔性版的主体；胶黏剂层的作用是使树脂和底基结合牢固；底基又称版基，利用聚酯薄膜或金属薄板制作而成。

固体树脂版的制版工艺和液体树脂版的制版工艺基本相同，也要经过曝光、冲洗、干燥和后曝光，只是不需要开始的铺流工序。固体树脂版用机械成型，平整度较好，是预涂型版材，固定于金属片基或聚酯薄膜片基上，收缩性小，尺寸稳定，质量较高，可以制作网线图版。

三、直接制柔版技术

计算机直接制柔性版（computer to flexo plate，简写为 CTF 或 CTP）是指将计算机上创建的数字图像直接传送到光聚合物印版上，制成供柔性版印刷的印版的技术。其制版方式可以分为激光成像直接制版、激光烧蚀印版套筒和激光直接雕刻制版三种形式。版材形状有平面型和套筒型之分。

（一）激光成像直接制版

1. 版材及设备

激光成像制柔印版曝光方式分为内滚筒曝光和外滚筒曝光两种方式。在内滚筒数字柔印直接制版机中，版材在曝光过程中一直保持在滚筒内侧；在外滚筒数字柔印直接制版机中，版材在曝光过程中一直保持在滚筒外侧。当滚筒高速旋转时，曝光头相对于滚筒做横向移动进行曝光。目前，柔印直接制版机多数是外滚筒式，只有小型或中型（762mm、1016mm）制版机采用内鼓式。

柔印版版材由片基、感光树脂层、感光层上的黑色激光吸收层和水溶性涂层组成。感光树脂层和普通感光树脂版一样，黑色激光吸收层能被激光烧蚀。用于计算机直接制版的柔印版材也称为数字式柔印版材。现在使用的 CTP 版材一般有两种形式：光敏型和热敏型。光敏型版材又可分为银盐版材（包括复合型和扩散型）和非银盐版材（包括光聚合型和光分解型）；热敏型版材又可分为热溶解型、热交联型、热烧蚀型（去除型）和相变化型版材。从版材的外在形态上，柔印版材有平面和无缝套筒两种形式。按版材的化学构成分为橡胶版和感光树脂版。橡胶版材可由原生橡胶或人造橡胶制成；感光树脂版材分为液体和固体两种。在 CTP 制版中，固体型感光树脂版材较常用，适于制作加网线数较高的柔印版。

典型的柔版制版设备是 Esko 公司的 CDI（cyrel digital imager，赛丽版数字直接成像）系统。CDI 系统采用的版材是赛丽专用 DPS 或 DPH 型号的版材。这种版材在普通的感光树脂柔印版表面复合了一层具有完整折光性能的黑色材料——水溶性涂层，以代替传统工艺中的阴图片，将成像载体直接合成到版材之中，通过激光将黑膜烧蚀成阴图之后，需要进行与传统制版工艺相同的曝光、冲洗、干燥、后曝光等加工步骤，制成柔印版。与传统柔印版材相比，其成像网点可以做到更细小，图像更清晰，印刷过程中的网点变形也小。

2. 激光成像原理

制版系统采用激光烧蚀掩膜系统（laser ablation mask system，LAMS）进行直接制版。在感光树脂层外面涂布一层黑色掩膜保护层，制版时，由直接制版机图像发生器发出的红外激光将图文部分的黑色吸收层烧蚀掉，裸露出下面的感光树脂层。由于光聚合型感光层对红外线不敏感，因此被激光烧蚀处的感光树脂层不受红外激光影响。激光烧蚀成像完成后，先用紫外线光源进行背面曝光，然后正面进行紫外线曝光，图文部分的光聚合物受到紫外线照射，发生聚合而不能溶解；非图文部分由黑色涂层挡住光线而受到保护，未发生交联反应。曝光后，一般数字柔印版均能采用普通方式进行显影处理，即溶剂冲洗、干燥和整理。但有些数字柔印版在用溶剂冲洗前，需要先把黑色涂层用水冲洗掉，再清洗掉非图文部分的感光聚合物，之后形成柔印版。

3. 工艺流程

CDI 数字制版工艺流程如下：装版→揭去保护膜→激光成像曝光→UV 背面曝光→UV 主曝光→冲洗→烘干→去黏→后充分曝光。

（1）装版。曝光前，版材被安装在可快速转动的滚筒上。整个滚筒由轻碳纤维材料制成，重 30kg，并可更换为无缝套筒，用于无缝套筒的制版。当真空吸气装置启动时，操作人员将版材安置在滚筒上，滚筒转动，吸气装置将版材吸附在滚筒上。版材的连接处用胶黏带密封以达到真空，然后将盖子盖上开始激光成像曝光。

（2）揭去保护膜。在激光成像之前揭去保护膜。为了防止灰尘、异物等黏附在版材表面，揭去保护膜后应立即进行激光成像曝光。

（3）激光成像曝光。由桌面系统输入的数字信号，通过计算机控制柔印直接制版机 CDI 内的 YAG（钇铝石榴石晶体）激光，滚筒旋转，激光头沿着滚筒轴向移动进行曝光。红外线在版材的黑色表层上进行曝光。将需要成像部位（图文部分）的黑色层消融，使图文部分的感光树脂外露，而非图文部分不受影响，保持原状，此时黑色表层看上去像阴图片，与感光树脂紧密结合，红外激光对感光树脂没有任何作用。激光烧灼形成的烟雾与微粒由真空净化装置进行净化，使合成膜消失后不留任何痕迹，如图 4-7 所示。

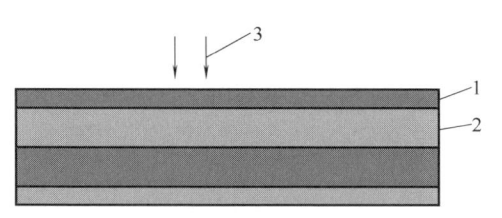

1—黑色保护层　2—光聚合型感光树脂层　3—激光烧蚀
图 4-7　CDI 激光成像示意

为了保证质量，曝光期间滚筒的转速不能太快。当对厚版材进行曝光时，转速高会产生较大的离心力作用，使版材脱离滚筒。较低分辨率曝光时，激光束聚焦形成的网点较大，且单位面积能量较低，适当低速可使激光能量重新恢复到原有水平。

（4）UV 背面曝光。如图 4-8 所示，激光成像后，将版材从 CDI 中取出，放入带有 UV-A 光源的传统曝光机中进行背面曝光。激光从版材的背部开始对单聚体进行逐渐曝光。单聚体见光聚合，曝光的时间决定了最终版材的厚度。这是一个非常关键的工序，因为在印刷中版材的厚度直接影响图像网点的扩大及网点增大补偿。

（5）UV 主曝光。图文部分的黑色表层被灼烧洞穿后，就可以进行主曝光了，此时黑色表层遮光材料只是充当底片的作用。又因为黑色遮光材料与树脂层充分复合为一体，所以曝光时不需要抽真空，不会发生真空泄漏现象。

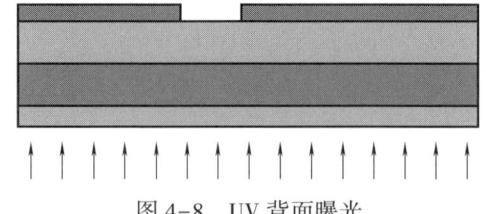

图 4-8　UV 背面曝光

主曝光和背曝光时分别使用上下两个光源，无须翻面，因而总曝光时间缩短，避免了不均匀性和烂点现象，构成高质量的感光聚合印版，如图 4-9 所示。

（6）冲洗、烘干、去黏。UV 曝光后，将印版送入传统洗版机中冲洗，黑色表层遮光材料与未曝光部分的树脂被溶解冲走，并通过烘干将印版上的溶剂残余物去除，得到图文部分

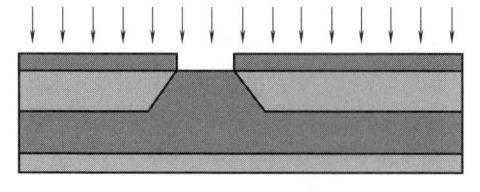

图 4-9　UV 主曝光

凸起的印版，如图4-10、图4-11所示。

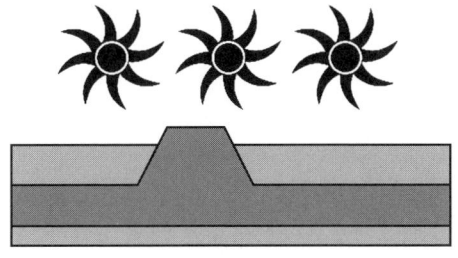

图4-10 显影冲洗

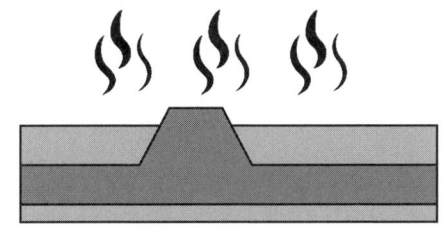

图4-11 烘干

（7）后充分曝光。再次进行充分的UV曝光，使残余的光敏聚合物见光聚合，完全硬化，反应彻底，降低版材的黏度。最后蒸发溶剂残余物，保持版材的尺寸稳定之后，即可上机印刷。由此可见，CDI激光成像曝光后的版材处理与传统的制版工艺是一致的。

4. 直接制柔版的优点

在CDI的工作流程中，阴图片的制作工序已经被直接在印版上成像工艺所取代。底片的取消使质量上的损失达到最小。生产实践已经证明计算机直接制柔印版有如下优势。

（1）降低网点扩大率，补偿了网点扩大。将柔印CTP版材与传统印版的外观进行比较，前者的表面更加光滑，印版图文的各个部分（网点、实地、精细的高光区小网点）几乎在一个平面上。CDI印版上所有图像区域的尺寸在成像时都被缩小了一些，这表明每一根线条、每一块实地区域，尤其是网点都被缩小了几微米，有效地补偿了印刷过程中的网点扩大。印刷时能再现5%的网点，这在传统柔印工艺中难以做到。

（2）减少环境污染，提高制版速度。例如，杜邦公司开发出赛丽快速系统，用热显影替代溶剂显影，整个加工过程处于一种完全干燥状态，避免了溶剂洗版过程中因溶剂浸入版材而引起的版材轻微膨胀变形；减少了洗版、干燥因素对网点扩大的影响；同时提高了制版的速度。

（3）没有空心网点，提高印刷品质量。与传统柔性版相比，数字感光树脂版在印刷时总是网点中心先接触到承印材料，没有空心网点问题。柔印CTP印版质量的改善，显著提高了印刷品的质量。

（4）异地传输数据，印刷准备时间减少。采用柔印CDI后，可以将异地数据无损传输至附近的激光装置进行加工制版；制版数据标准化，使印刷机的印刷准备工作更快、更加容易。

（二）激光烧蚀印版套筒

1. 有缝套筒印版

先从背面对印版进行预曝光，然后用胶带将涂有黑色保护层的印版完好地粘贴在套筒滚筒上，操作中印版不能有折痕，中间不能留有气泡；安装套筒，将套筒滚筒装在可调式的刀具架上，利用气压装置和工夹部件使套筒滚筒保持在中心位置，再使用YAG激光器进行激光曝光，之后在独立的冲洗设备上进行显影冲洗和干燥，去黏和后曝光后制成能上机印刷的印版滚筒。

这种印版在整个加工过程中都装在套筒上，无须在上机印刷前进行装版，大大提高了印版质量和工作效率。如HelioFlex F2000激光柔版制版机，该机是一种外鼓式曝光机，既可以在平面版材上成像，也可以在套筒印版上成像。该机在成像启动之前就预知将要曝光的像素处于印版或套筒的哪个部位，无图像的部分则被跳越过去，由于越过不曝光的区域时可快速进给，所以平均能节省20%的时间。

有缝套筒印版技术的优势：避免印版在印刷时翻起（尤其在印版滚筒直径较小时），使印刷品套印精度更高；印刷操作人员可以根据印版的类型和厚度，对柔性版下的底垫进行最佳的选配；可以继续使用人们熟悉的感光树脂柔性印版，并且省去了拼版，提高了生产效率；用户对版材仍有广泛的选择范围，例如可根据版材对油墨的转移性能，或根据承印材料的不同，或根据UV油墨的抗蚀性等因素，对版材的种类进行选择和更换。

2. 无缝套筒印版

激光烧蚀无缝套筒印版需要使用特殊的制版机。首先对版材进行背面曝光，建立版基层；然后在镍质或其他金属辊表面涂布热熔型胶黏剂，为版材的粘贴做好准备；胶黏剂固化后，把经背面曝光的版材包附到金属辊上，注意将两端拼齐，开启金属辊内芯中的抽真空装置，使版材粘贴在辊体表面；将版材放入烘箱中加热，使版材与辊体表面的胶黏剂层融合为一体；冷却后，在外圆磨床上对套筒版表面进行磨削加工；喷涂黑色胶层，擦干后对套筒表面进行激光扫描，将套筒版上的黑色遮光层按成像要求进行烧蚀，露出图文部分的版基；按常规制版法进行正面曝光、显影、去黏处理和后曝光，完成印版的制作；制版后，应进行打样和检验，待合格无误后方可上机印刷。

（三）激光直接雕刻制版

1. 激光直接雕刻原理

激光直接雕刻制版系统主要由桌面出版系统和激光雕刻系统两大部分组成。系统通过计算机输出信号，控制CO_2激光束在特制的印版材料上扫描，受激光扫描部分的材料分子汽化形成凹陷的非图文部分，而印版上未被激光扫描部分将形成印版的图文部分。某印版采用的CO_2激光输出功率为250W，滚筒以2m/s的速度高速旋转，在轴向上步进电机的精度为20μm。当激光输出分辨率为1270dpi时，雕刻一套四色A4幅面印版要花费70min。系统接口采用标准的数据文件格式，可接受桌面系统的数据文件，也具备编辑、校正、连晒和其他预处理功能，操作界面简单灵活。

2. 激光雕刻制版

激光直接雕刻柔印版材主要分为橡皮印版、无接缝橡皮印版和无接缝印版套筒三类。这些印版可以雕刻线条版也可雕刻层次版，主要用于纸张、塑料、不干胶的柔性版印刷，以及瓦楞纸预印和直接印刷等。

（1）激光雕刻橡皮印版。激光雕刻橡皮印版是激光雕刻制版的一个重要产品，也是目前激光雕刻柔性版的主要形式，既可以雕刻线条版也可雕刻层次版，主要用于纸箱印刷、宽幅和窄幅卷筒纸及塑料印刷等方面，可以满足一般包装印刷品的要求。激光雕刻橡皮层次印版的加网线数一般在47L/cm（120lpi）以下，其阶调再现范围为10%~90%，最高可雕刻79L/cm（200lpi）的1%的网点。只要选择合适的雕刻分辨率，就可雕刻出线条挺直、棱角锐利、轮廓分明的印版。另外，国内研制的专门用于激光雕刻的橡皮材料也获得了成功，用它制成的印版，其耐印力优于普通柔印版材。

（2）激光雕刻无接缝橡皮印版。平面型柔性版在制版后要将印版贴在印版滚筒上，然后才能印刷。装版时会产生柔性版扭曲和拉伸现象，虽然新型的感光树脂版有极好的保持形状的性能，在印前工序可预先计算并得到补偿，但印版还是很容易发生变形并改变尺寸。无接缝橡皮印版作为激光雕刻制版的特色产品之一，整个表面没有连接缝，能实现卷筒、无接缝连续印刷，这类连续印版广泛用于包装纸、糖果纸、墙纸、表格纸、装饰纸、票证底纹的印刷中。

（3）激光雕刻无接缝印版套筒。无接缝印版套筒制作技术（Computer to Sleeve, CTS），是在包覆光聚合物的无接缝印版套筒上进行激光直接雕刻，是无接缝橡皮版的一种特殊形式，需要使用特殊的直接制版机。随着计算机直接制版技术及激光雕刻技术的发展，无接缝印版套筒的应用也越来越普遍了，国内已经有不少柔性版印刷厂家在使用无接缝印版套筒。目前先进的套筒系统可允许印刷周长在 130~2000mm、印刷宽度在 100~4500mm 范围内变动，这就使得套筒系统几乎能应用于所有的柔版印刷，小到标签印刷，大到瓦楞纸箱大幅面印刷。其印刷特点在于：多联拼排方便，可以印出连续不断的纤细线条的印件，也可以完成连续花纹图案或相同底色产品的印刷，比如包装纸、香烟过滤嘴水松纸、壁纸等。印版套筒的使用显著地减少了印刷停机时间，大大提高了印刷机的使用效率，这也是套筒版在国外迅速发展的根本原因。此外，如果此类无接缝印版套筒未经成像处理，则可以用于涂布、满版上光及实地区域的印刷。

3. 激光直接雕刻制版优点

激光直接雕刻柔性版的优点主要表现在：①经雕刻完成的印版不必对版材进行冲洗和干燥（通常普通柔版干燥时间长达 2~3h），只需用温水清洗掉灰尘就可以上机印刷，可显著缩短制版周期，符合环境保护要求；②全数字式工作流程，减少了错误的发生；③可保证印版质量稳定，印刷时套准更加准确；④不再需要制版系统所需要的一些常用设备，减少了投资金额；⑤大大简化了工艺步骤，节约了耗材，节省了大量劳动力，降低了生产成本，具有良好的发展前景。

第三节 平版制版原理

一、平版制版

平版胶印是最重要的一种印刷方式，发展初期出现很多制版方案。因制版质量问题或工艺复杂等原因，多数制版方案用途并不广泛，没多长时间就退出市场。以铝板为版基的重氮感光树脂预涂版，简称 PS 版。PS 版分为用阳图晒版底片制作的阳图型 PS 版和阴图晒版底片制作的阴图型 PS 版，阳图型 PS 版使用的是光分解型感光树脂，阴图型 PS 版使用的是光交联型感光树脂。阴图型 PS 版由于运输、保管、制版等要求较高，实际使用也不太广泛，印刷厂主要还是使用阳图型 PS 版。

（一）PS 版的版基处理

PS 版以铝板为版基涂布感光液之前，铝板表面需经过去油→电解粗化→阳极氧化→封孔等主要处理过程。

去油之后的版基经电解粗化，建立了砂目。为了进一步增强砂目的耐蚀、耐磨性，还需将铝板挂在注满硫酸电解液的氧化槽中氧化。待氧化的铝板作为阳极，铅板作为阴极，通上直流电。铝板表面经氧化后即可生成硬度高、亲水性好的氧化铝层。阳极氧化后的氧化膜呈多孔性，具有极强的吸附能力，如果直接涂布感光液，板面就会将感光物质极其牢固地吸附住，致使在曝光后应该溶解在显影液中的树脂也不能彻底脱离板面，在印刷中造成上脏的后果。所以阳极氧化后的铝板还需在专门可结晶的溶液中浸泡一段时间，进行封孔处理，减少过多的孔隙。常用的封孔溶液为硅酸盐溶液。

（二）PS 版的制版工艺

阳图型 PS 版使用邻重氮萘醌型感光树脂，其见光之后发生光分解反应，释放出氮气，引起环的开裂，分子结构发生重排，生成不稳定的茚酮化合物，在微量水的存在下，立即变为茚羧酸，茚羧酸极易溶于稀碱溶液。在制作印版的过程中，阳图胶片见光部位的感光层可在显影时利用稀碱溶液去除，露出氧化铝亲水层，形成印版的空白，印刷时亲水；未见光部位的感光层不发生变化，不溶于稀碱溶液，仍留在版面，形成印版的图文，印刷时亲油（图 4-12）。PS 版涂布加工过程在制造厂进行，印刷厂买来后直接晒版、显影即可，具有操作简单、耐印力高、性能稳定、质量好等优点。

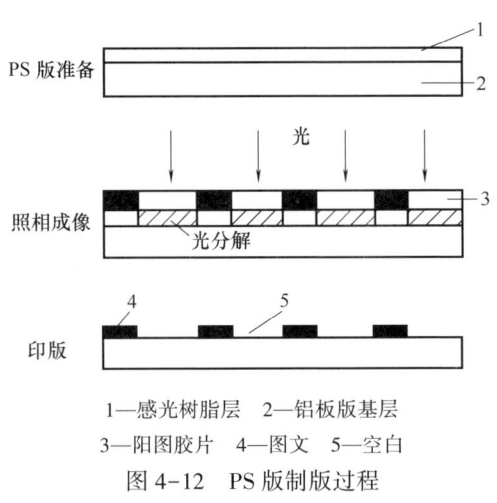

1—感光树脂层　2—铝板版基层
3—阳图胶片　4—图文　5—空白
图 4-12　PS 版制版过程

二、直接制平版技术

CTP 是将数字页面经过 RIP 处理后的加网信息，通过制版机在版材上直接输出网点制作印版的工艺流程，是一种数字化印版成像过程。目前，CTF 胶片技术已经大量萎缩，CTP 成为胶印制版的主要生产方式。其中，热敏和紫激光 CTP 是当前两种主流的胶印制版技术，其他的一些如 UV-Setter、喷墨 CTP 之类的技术，市场占有率很小。

（一）CTP 制版机

计算机直接制版系统的核心组件之一是制版机。按曝光系统划分，CTP 直接制版机一般分为外鼓式、内鼓式、平台式和曲线式四大类。在这四种类型中，商业包装类印刷使用最多的是外鼓式直接制版机，内鼓式、平台式主要用于报纸等大幅面版材上，曲线式使用得极少。

1. 外鼓式直接制版机

外鼓式结构是将印版安装在滚筒的外面，激光束的方向与滚筒的轴线垂直。成像时，滚筒带动印版旋转，带有多重激光束的激光头以平行于滚筒的轴向方向移动，以很短的光路完成对整个印版版面的成像。此种结构滚筒装上不同幅面印版后，在旋转时会出现动平衡问题，造成版滚筒振动，所以要安装震颤感应器，以保证在滚筒旋转时，从激光头到印版的距离保持严格一致。对热敏版材而言，其成像的速度受温度影响较大，要求激光在印版上停留的时间较长。

外鼓式成像一般采用多束激光技术来提高成像速度。由激光器产生的单束原始激光，经多路光学纤维或复杂的高速旋转光学裂束系统分裂成多束（通常是 200~500 束）极细的激光束，每束光分别经声光调制器按计算机中图像信息的亮暗等特征，对激光束的亮暗强弱变化加以调制，变成受控光束；经聚焦后，多束激光直接射到印版表面进行制版工作，形成图像潜影；显影后，图像信息显现在印版上，可供胶印机上机印刷，如图 4-13 所示。

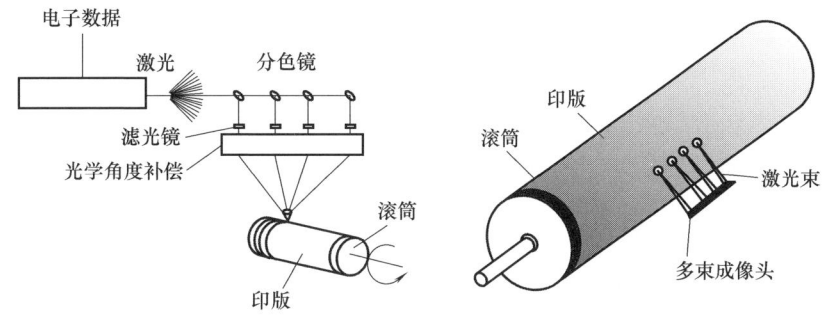

图 4-13　外鼓式结构

外鼓式 CTP 有以下特点：不需要任何偏转棱镜，允许成像激光头更加靠近成像滚筒，因为距离越近，激光损失越少，所提供的激光能量越高，这非常适合热敏成像；同时，由于滚筒不能高速旋转，光路又短，成像精度高，多用于商业包装印刷；对于外鼓式技术，每束微激光束的直径及光束的光强分布特征，决定了在印版上形成图像的潜影的清晰度及分辨率，所以需要注意激光束的密度要均匀；外鼓式结构使用的是多束激光，激光束使用得越多，成像不均匀程度越大，这对激光束的调节增加了难度。不足之处有：适用的版材规格少，需要特定的配重装置来维持印版滚筒的动平衡，制版速度相对较慢。

2. 内鼓式直接制版机

内鼓式直接制版机是指印版装载到滚筒的内表面，通过抽气装置形成真空将其卷曲地贴在成像鼓的内壁，精确地固定在成像位置，然后，使用单束激光在印版上曝光成像；激光首先被反射到一个高速自转的棱镜上，棱镜将投射来的激光偏转垂直照射在内鼓的印版上；激光发生器位于滚筒的中心轴上，并可以绕中心轴转动，每旋转一周，激光就在印版上扫描记录一行，同时激光器在电机的驱动下沿轴向移动一行，最终完成在整块印版上曝光。在曝光过程中，成像滚筒始终保持不动，通过改变激光束的直径来改变印版上的图像分辨率，其光点大小和聚焦在成像版材各部位的相同，无须复杂的光学系统，如图 4-14 所示。

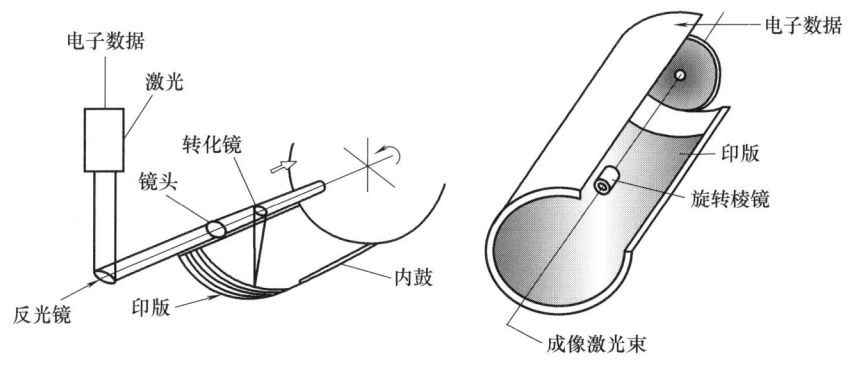

图 4-14　内鼓式结构

内鼓式结构主要用于报纸等大幅面版材上，如爱克发的 GalileoVS 系统。内鼓式 CTP 机的优点主要有以下几点：第一，印版固定不动，不存在成像误差；第二，激光头在内鼓中心线上移动，记录激光到印版表面任意一点的距离相等，因此激光形状一般不会出现变形现象；第三，由于滚筒不动，靠棱镜的转动来偏转光束，而棱镜很轻，转动惯量很小，因此转速可以达到很高，使得记录速度也很快；第四，上下版方便，可支持多种打孔规格。内鼓式结构 CTP 的不足：由于内鼓式 CTP 设备的激光多为单束激光，其成像速度主要取决于转镜马达的旋转速度和印版的感光速度；由于光路较长，激光有损耗；同时，内鼓式技术的应用，还受到了印版感光速度的制约，棱镜的转速需与版材的感光速度匹配。

内鼓式技术是非常成熟的技术，之前的高档照排机大多采用了内鼓式技术。在 CTP 设备出现的初期，虽然内鼓式技术受到了质疑，但技术的进步使内鼓式技术再现辉煌。紫激光的出现，更加助长了内鼓式技术流行的趋势。目前市场上的紫激光直接制版设备，大多数都采用了内鼓式技术。

3. 平台式直接制版机

平台式直接制版机其载版机构结构简单，印版较容易准确地卡到相应位置。无论自动还是手动，其装版和卸版都非常容易，而且大多数打孔系统都可以在平台式设备上轻而易举地使用。在大多数平台式制版机的曝光系统中，激光只有一束，通过一个不断旋转的棱镜而偏转，然后打到印版表面进行成像，如图 4-15 所示。

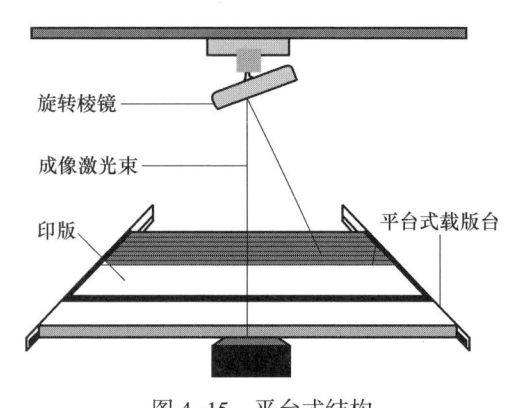

图 4-15 平台式结构

平台式直接制版机的优点：机械结构简单，设备维护要求较低，上下版容易，稳定性好；扫描速度高，价格相对便宜；可同时支持多种打孔规格。平台式直接制版机的缺点：占地面积较大；不适合于大幅面印版作业，多用于报纸制版。

（二）CTP 版材

CTP 版材是通过激光扫描，以点曝光的扫描方式在印版上直接记录影像的预涂型印版，是直接制版技术的核心之一。CTP 版材不仅要满足激光扫描记录信息要求，而且要具备传统 PS 版材的印刷适性。其按版基可以分为金属版材和聚酯版材，金属版材主要指铝基版材，其耐印力高，图文再现质量好，适于长版类、包装类印刷；聚酯版材则适合数字短版活件印刷。按制版成像原理分类，目前使用较多的主要有感热体系和感光体系两大类版材，还有一些小众类的其他体系版材。

1. 感热体系 CTP 版材

（1）热交联型版材。该版材结构简单，基本与普通 PS 版相同，是使用感热固化技术的版材。它是在经过砂目处理的铝版基上涂布一层热聚合材料，然后在其上涂一层保护层。热聚合物一般由（碱）水溶性成膜树脂（如酚醛树脂）、热敏交联剂和红外染料构成；红外染料的作用是有效地吸收红外激光的光能，并将吸收的光能转换成热能，使热聚合物的温度能够达到热敏交联剂的反应温度；热敏交联剂的作用是在温度的作用下与成膜树脂反应形成空间网状结构，从而使热聚合物失去水溶性。热交联版材的图文区域由空间交联的高分子树脂构成，因此这类版材通常具有非常高的机械强度和耐印力，一般都可以印刷数十万份，非常适合长版印刷市场。

成像机理：曝光的图文部位，热聚合物利用红外线的热量发生交联聚合反应，形成潜像，再加热，形成不溶于显影液的高分子亲油化合物，显影处理后仍然留在版面成为亲油的图文部分；而未曝光部位，材料本身没有发生聚合反应，因此可以溶于显影液，露出亲水的铝版基表面，形成亲水的非图文部分。有些版材为了进一步提高热交联的效果，曝光后还要对版材进行预热处理，从而进一步加深热交联效果（也是一种提高感光度的增幅机制）。这类版材称为需要预热的热交联版材。预热时空白部分也发生了部分反应，因此显影时要去除空白部分的影像。其版材结构和成像机理如图4-16所示。

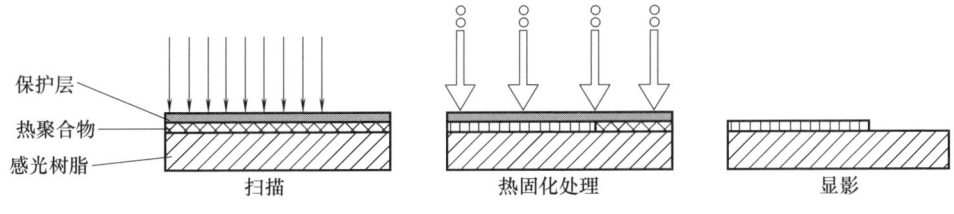

图4-16 热交联型版材结构和成像机理

（2）热烧蚀型版材。热烧蚀型版材是一种使用免处理热敏技术的版材。即版材在直接制版设备上曝光成像后，不需显影处理，即可上机印刷。由于免处理版材无显影工序，提高了生产效率，节省成本，有利于环保。这种技术还被应用于机制版。热烧蚀版材一般为双层涂布，涂布的下层是亲墨层，上层是亲水层。曝光时，红外激光能量使涂层发生物理或化学变化，从而将亲水层烧蚀去除，露出亲墨层，形成图文。未曝光部分仍然保持亲水性质，为版面空白处，如图4-17所示。

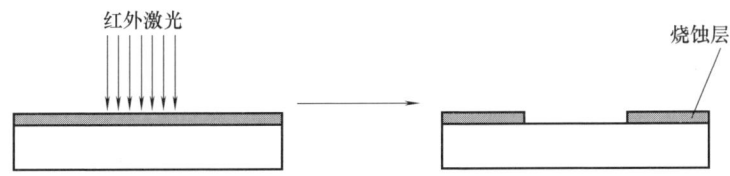

图4-17 热烧蚀型版材成像机理

热烧蚀型版材的一个典型应用是用作无水胶印版，如Presstek公司的无水胶印版材，该版材采用三层结构，如图4-18所示。由上到下分别为亲水的硅橡胶层、热烧蚀层、亲油层版基。制版时，用波长为1064nm的大功率红外激光曝光，曝光部分热烧蚀层燃烧，其上的硅橡胶层在热量的作用下被汽化而一起被除去，露出亲油的版基；而未曝光部分的硅橡胶则是排斥油墨的。这种版材需要使用特殊油墨印刷，不使用润版液，不存在水墨平衡问题，故称为无水印版。热烧蚀层的作用是吸收扫描激光发出的光能，并将其转换成热能，使版面的温度升高达到汽化温度。版材的版基既可以是金属底基，也可以是聚酯片基，具有比较宽的适应性。因其在激光扫描成像后即可进行印刷，所以特别适合于在机直接制版。尽管这种版材也属于无须后处理的直接印刷版材，但在成像烧蚀过程中会产生气雾和碎屑，需要及时排污处理，否则将对成像光学器件和环境造成污染。

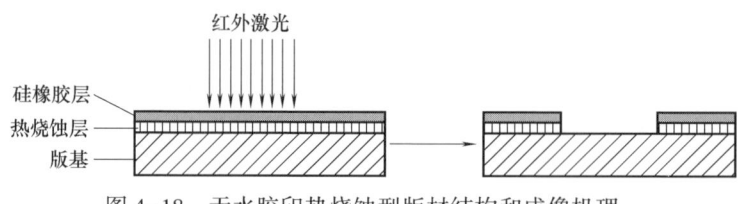

图 4-18　无水胶印热烧蚀型版材结构和成像机理

（3）热转移型版材和热致相变化版材。热转移型版材和热致相变化版材都是免处理版材，属于成像后不再需要化学后处理就可以印刷的版材，而且在激光曝光成像过程中不会产生气雾、碎屑等废弃物，因此，该类版材既适合于脱机直接制版，也适合于在机直接制版。

热转移型版材由色带和受像基材构成。受像基材本身具有良好的亲水性（如传统 PS 版的铝版基），主要作用是接受由色带转移来的热蜡层和构筑亲水的非印刷表面。色带由耐热的高分子片基和热敏层（热蜡层）构成，热蜡层由低熔点的高分子材料和红外染料构成。成像时，色带与受像基材处于紧密接触状态，激光光能被染料吸收后转换成热能，使热敏层温度升高导致热蜡层的高分子融化，从而使"液态"的热蜡层转移到受像基材上，形成印刷的图文表面。尽管这种版材不需要显影后处理，但是，分离的色带与受像基材会给使用和控制带来不便，增加可变因素。

热致相变化版材则为单涂布层，由热敏涂层和支撑底基构成，其涂布层为亲油性（或亲水性）。曝光后，涂布层产生相变化，转变为亲水性（或亲油性），曝光部分为印版图文部分（或空白部分）。最后，通过印刷机的润版等过程除去非图文部分的残留物。这种版材的底基仅仅是热敏涂层的支撑体，不参与最终的印刷，因此没有亲和性要求，根据不同的使用目的既可以是高分子片基，也可以是金属版基。

2. 感光体系 CTP 版材

（1）银盐扩散型版材。银盐扩散型版材主要由支持体、感光乳剂层、物理显影层组成，采用了扩散转移成像技术，感光度适应于多种激光，如氩离子蓝激光、钇铝石榴石激光、红宝石激光等。银盐扩散转移版和卤化银胶片相似，技术成熟，在目前的直接制版版材中具有最高的敏度，感光度好（$1\sim3\mu J/cm^2$），作为制版速度最快的版材一直受到报纸印刷的青睐。另外这种印版对网点的控制也非常精确，可再现 1%～99% 的网点，加网线数可达 300lpi；版材价位低，耐印力至少 25 万印。缺点是不能明室操作，存放易跑光，造成影像不均。

成像机理：扫描曝光时，图文部分的激光点照射在卤化银乳剂层上，使银盐向物理显影层扩散，并在物理显影层的催化作用下还原成银，附着在氧化铝层表面构成银影像。未曝光部分经显影液显影后除掉乳剂层和物理显影层，露出具有亲水性能的氧化铝层。为提高银影像层的亲墨性能，还需用固版液进行感脂化处理。印版结构属于平凸版。

（2）银盐/PS 版复合型版材。该复合型版材是常规 PS 版与银盐乳剂层复合而成，即在一般 PS 版上涂布银盐乳剂制成。银盐/PS 版复合型版材由砂目化的铝版、PS 感光层、黏附层、银盐乳剂层组成。这类版材将银盐乳剂层的高感光度、宽感色范围和 PS 版的优良印刷适性结合起来，因此，其印刷适性和耐印力与传统的 PS 版完全相同。但是，这种版材结构复杂,而且需要多次曝光和显影(定影)等后处理,工艺烦琐,不能在明室操作,成本高,而且在制版后处理过程中会造成环境污染。这种版材未能实现大规模产业化应用。

(3)光聚合型版材。光聚合型版材由经过砂目化的铝版基、感光层、保护层三部分组成,多为阴图型版材。感光层主要由聚合单体、引发剂、光谱增感剂和成膜树脂构成。引发剂一般采用量子效率高的多元引发剂体系,光谱增感剂的作用是有效地将引发剂的感光范围延伸到激光的发光波长区域,目前已经可以延伸到488nm(氩离子激光)和532nm(倍频的YAG激光)。由于利用光进行成像,因此要求在暗室条件下处理。保护层的作用主要是将大气中的氧分子隔绝开,避免其进入感光层,以提高感光层的链增长效率,从而获得高感光度。

成像机理:曝光时,感光剂吸收激光能量和引发剂一起产生聚合基团,使见光部分固化。显影之前,先将未见光部分的保护层洗掉,再用碱性显影液溶解高感光度的高分子层,显影完毕后,用毛刷彻底消除保护层,最后用合成树脂溶液冲洗版面。合成树脂不仅可提高空白部分的亲水性,还增强了图文部分的亲油性,干燥后即可用于印刷,如图4-19所示。

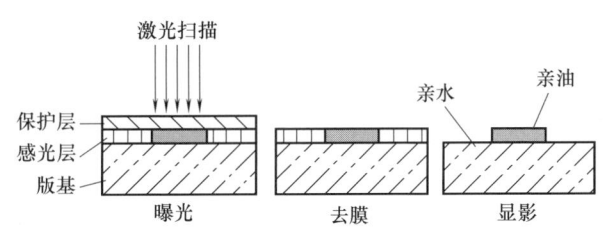

图4-19 光聚合型版材成像机理

由于采取了一些有效的措施,光聚合型版材的感光度得到大幅度提高,最低成像曝光量下降到$10\mu J/cm^2$左右,仅次于银盐类型直接版材,而且这种版材结构简单,分辨率、耐印力及后处理与常规的PS版相似甚至更优秀,适合中长版的彩色商业印刷。由于多数高效引发剂体系的固有感光范围都在紫外区域,而且将感光范围延伸到UV-LD激光的发光波长范围也非常容易,因此,光聚合型版材将成为下一代紫外直接版材的首选体系,具有非常好的发展前景。

3. 紫激光CTP版材

紫激光CTP版材最显著的特征是曝光光源为紫激光(波长为390~455nm)。用于紫激光CTP的版材主要有两类:一类是在原蓝绿激光CTP版材的基础上改进的银盐扩散型版材;另一类是高感光度的光聚合型版材,两者均属于感光体系版材。银盐扩散型版材需化学显影,因不利于环保、消耗贵重金属银等不足,发展受到制约;紫激光光聚合型版材使用碱性显影液,因污染小、利于环保等特点而发展迅速。

与其他激光直接制版系统相比,紫激光系统特点是:紫激光波长短,产生的激光点更细小,可以扫描出更为精细的250lpi下1%~98%的网点;紫激光能量高,因此相对于其他常用的CTP光源具有更高的成像速度,生产效率高;紫激光版材对红光和绿光不敏感,可在黄色安全灯下操作,令操作更加方便;紫激光无须高温预热即能产生稳定激光,开机后即进入工作状态;紫激光CTP只在需要曝光时激光器才被启动,其他时间均处于关闭状态,光源总体使用寿命长,超过5000h。

4. 喷墨型CTP版材

喷墨版材有两种基本类型:一种是传统的PS版,通过在PS版的感光层上喷涂能够接受油墨的受像层，对喷墨后的印版进行全面的紫外曝光，使没有喷到油墨影像的PS版感光层曝光，然后，经过PS版显影处理即可去掉这部分PS版上面的感光层，使下面的亲水版基裸露出来成为空白区域，即受像层表面的喷墨影像仅仅作为紫外曝光时的"蒙版"影像，保护下面的PS版感光层不受紫外光的照射。这种版材可以采用常规的水基喷墨技术，受像层具备适当的亲水性并能够在碱性水溶液中溶解，以满足接受喷墨油墨和PS版显影时能够被去掉的要求。

另一种是具有优良亲水和保水性能的基材（如未涂布感光涂层的PS版铝版基），通过在基材上喷涂特殊油墨形成最终的亲油的图文区域，没有喷到油墨的区域是亲水的空白部分，如图4-20所示。对于该种版材，喷墨形成的油墨影像就是最终的亲油印刷区域，因此要求采用特殊油墨的喷墨成像技术。固体喷墨（Solid Inkjet）就是一种比较好的选择。这种喷墨技术采用不含任何溶剂的高分子固体油墨，依靠温度差异实现喷射成像，因此，喷射到亲水基材上的油墨具有足够的机械强度，满足了成为印刷的图文表面的要求。

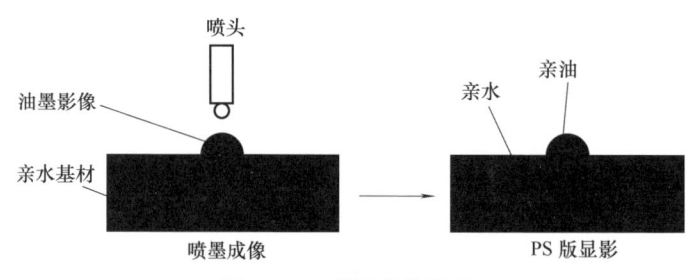

图4-20 喷墨成像机理

喷墨型版材的优点是可以使用成熟的喷墨技术和传统PS版材，对环境无污染，是绿色环保产品。缺点是分辨率不高，受喷头往复运动的限制速度比较低，适合于对分辨率要求不高的领域。

（三）CTP制版流程

CTP制版将传统的胶片输出和晒版两道工序合而为一，流程简单，工序规范，数据标准，技术成熟。具体流程如下：

1. 文件读取与检查

对服务器能够接收的文件格式进行读取，对加入的所需文件开始检查，检查后进行预览，以确认文件是否正确；检查无误后，对解释后的PDF文件作屏幕软打样（VPS），准备输出。

2. 印版制作规范

输出印单文件应设置专用激光和版材参数，在正常情况下不宜修改这些参数；输出印版前，应先检查显影机的工作状态，有无足够的显影液和补充液，显影液的温度及显影速度是否正确；操作人员应戴白色手套进行操作，检查版面有无缺陷，对版材应轻拿轻放；显影后版面不能有划伤、脏点出现，版面套印线及角线齐全，如有缺失，及时采取补救措施。检查完毕的印版应分别放置整齐，避免混淆和产生划伤；每套版应标记名称、编号等；作业人员对每次的输入文件、输出印版及数量等应有书面交接登记。

3. 设备线性化校准

CTP直接制版机将接收的前端数据准确地传递到印版上，系统曝光量、显影时间、温度和药水补充量都会直接影响印版上的网点质量。因此，必须精心做好 CTP 制版机的线性化校准工作。在稳定显影的条件下，选择合适的激光头焦距、激光头的变焦距离、激光的发光功率及滚筒的转速，使之相互匹配，实现最佳的曝光效果，从而保证 CTP 印版上的网点精确还原。线性化校准中应注意：①保证显影条件的稳定，做到显影液浓度的一致性；②使用不同的 CTP 版材时，由于光灵敏程度不一致，需要对 CTP 机的激光功率进行调整；③使用不同的输出分辨率时，激光功率也需要调整。

4. 曝光成像

检查电源（UPS）和制版机气压，制版机自检及预热。选择正确的版材及尺寸，在校准曲线加网一栏的校准曲线（Calibration）、网点角度和类型（Screen System）、网点形状（Dot Shape）、输出分辨率（Device Resolution）、加网线数（Screen Ruling）中分别根据要求进行设定；设定完成后，根据屏幕提示在制版机内装入版材，进行曝光。版材曝光时其溶解性、黏着性、亲和性及颜色等性能会发生变化，利用这种性能变化在版上形成图文信息，即可见或不可见的影像。

5. 显影冲洗

显影前确认显影机内有足够的显影液和补充液，根据不同设备和要求对显影液温度和冲版速度进行相应设置；将曝光完成的版材从显影机居中位置送到入口处，进行显影、冲洗、烘干；显影完成的版材应确认干燥后才能使用，存放或搬运时两张版材之间应使用衬纸隔开，防止擦伤。

6. 质量检查

所有版材显影完成后或使用前均应根据要求仔细检查，如有轻微脏点、污点或白点应加以修补处理。

第四节　凹版制版原理

一、凹版制版

照相凹版制版有影写照相凹版和照相加网凹版两种制版方式，均属于光学晒像法，只是制版的过程有所不同，所得到的印版表现图像层次的形式也不同。无论是传统的照相凹版制版还是现在的直接制版，其共同特征是在印版上分布网格线（图 4-21），把图文分成若干网格，以网穴形式供墨。

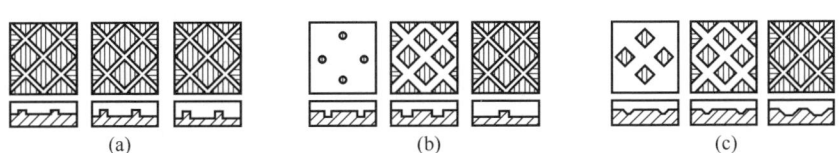

图 4-21　几种凹版网格形式

(a) 影写照相凹版网格　(b) 照相加网凹版网格　(c) 道尔金照相加网凹版网格

（一）影写照相凹版

影写照相凹版是一种在印版上制作等面积网格的凹版制版方式，它利用碳素纸特殊的曝光性能，在印版腐蚀时，暗调到亮调得到不同深度的凹槽［图4-21（a）］，印刷时暗调到亮调用墨层的不同厚度来表现图像的层次。

影写照相凹版的主要制版流程为：凹版滚筒的准备→晒制碳素纸→过版→显影→腐蚀→镀铬。

1. 凹版滚筒的准备

凹版印版与印版滚筒体实际为一体，滚筒体需经过镀镍、镀底层铜壳（厚度为2～3mm，可供多次使用）、浇注隔离层、镀外层铜壳（仅为0.13～0.15mm，只供一次印刷使用）及磨光等加工工艺制成。准备好的凹版滚筒截面如图4-22所示。

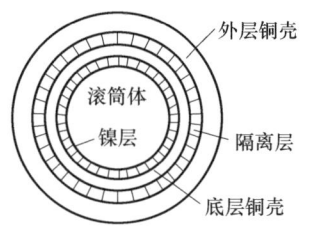

图4-22 凹版滚筒截面

2. 晒制碳素纸

与平版、凸版晒版不同，凹版晒版是先把拼版后的制版底片晒制在特制的感光纸——碳素纸上，再把碳素纸上的图像转移到印版滚筒表面。晒制碳素纸步骤如下：

（1）碳素纸的敏化处理。碳素纸是在纸基上涂布加入颜料的明胶层制成。在使用前放入4%的重铬酸钾溶液中浸泡3min进行敏化处理，使其具有感光性能。干燥后方能用于晒版。

（2）晒网格。在晒制图文之前必须进行网格的晒制。由于普通照相凹版的网格是为了防止刮刀对印刷部分油墨的侵袭，所以它所用的网屏与凸版、平版所用的网屏不同（图4-23），是由透明线网墙与不透明网穴组成。其透明线画越细，晒版之后的着墨面积就越大，在纸上印出的图像再现性也就越好。

（3）晒碳素纸。利用图像部分未经加网的制版底片晒制碳素纸，对应于制版底片上图像色调深的部位，感光胶层见光硬化程度小，经显影后保留的抗蚀膜薄，在后面的腐蚀中下凹较深，印刷时形成较厚的墨层；对应于制版底片上图像色调浅的部位，见光硬化程度大，经显影后保留的抗蚀膜厚，在后面的腐蚀中下凹浅，印刷时则转移较薄的墨层。

图4-23 凹印制版网屏

3. 过版

将碳素纸上经曝光的胶层转移到凹版印版滚筒上的工艺称为过版，过版是在专门的过版机上进行的（图4-24）。将碳素纸涂有胶层的表面对着印版滚筒，过版机的橡皮辊紧压碳素纸，使其与印版滚筒密附，在碳素纸与版面间浇水，边浇水检查，边转动滚筒，由于橡皮辊的压力和滚筒的转动，碳素纸紧贴在印版滚筒的表面。

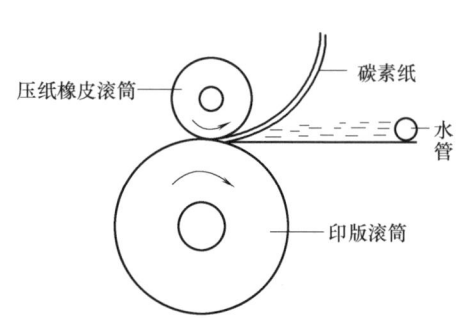

图4-24 凹版碳素纸过版原理

4. 显影

显影在热水槽中进行。将黏附着碳素纸的滚筒置于32～45℃的热水槽中轻轻旋转。先是纸基在热水的作用下与胶层脱离，接着未感光的胶膜全部溶解，只留下感光硬化胶层。显影完，为了使胶膜快速干燥，一边转动铜印版滚筒，一边淋上酒精，吹风干燥，留在版面上的胶层形成抗蚀膜。凹版制版的抗蚀膜由明胶与重铬酸盐组成，它可以随曝光程度的不同产生不同程度的硬化，在显影液中膨胀程度不同，显影后保留的抗蚀膜厚薄不同。因此，在腐蚀时，腐蚀液渗透的程度不同，腐蚀的深度亦不同。

5. 腐蚀

利用三氯化铁腐蚀液对显影后的滚筒进行腐蚀。腐蚀开始时，胶膜在腐蚀液的作用下膨胀，腐蚀液透过抗蚀膜接触铜层后发生腐蚀反应。腐蚀的结果与抗蚀膜的厚薄有关，抗蚀膜厚的部位腐蚀程度轻，抗蚀膜薄的部位腐蚀程度重。腐蚀的结果与腐蚀液的浓度也有很大关系，腐蚀液浓度大，渗透抗蚀膜的能力弱，但一旦接触铜层，腐蚀就很剧烈；腐蚀液浓度小，渗透能力强，但腐蚀却相对平缓。因此，如果只用高浓度的腐蚀液腐蚀，在抗蚀膜薄的部位，它较易穿透，腐蚀很深，而对于抗蚀膜厚的部位，它却很难穿透，甚至完全不能穿透，导致腐蚀结果反差很大。如果只用低浓度的腐蚀液腐蚀，不仅抗蚀膜薄的部位可以渗透进去，抗蚀膜厚的部位亦能渗透进去，致使腐蚀结果反差过小。为了获得反差合适、层次丰富的图像，在实际腐蚀中常采用交换使用不同浓度腐蚀液的多液腐蚀法。多液腐蚀法通常准备浓度为 36~44Bé[①] 的 6 种不同浓度的腐蚀液，从使用高浓度腐蚀液开始，依次递减，边腐蚀，边观察，直到满意为止。

6. 镀铬

为了加强印版滚筒的耐磨性，增加耐印力，可以采用镀铬的方法提高其硬度。镀铬完成后用砂纸将版面打光，再用冷水冲洗并干燥。

（二）照相加网凹版

照相加网凹版上的图文类似平版印刷的网点，不同的是，平版印刷空白部分是用于润版，而照相加网凹版空白部分是网墙。照相加网凹版分为两种类型，一种是图像的腐蚀深度一致，而网格面积大小有变化，利用网格面积的变化来表现原稿的明暗层次［图 4-21（b）］。

所谓照相加网凹版，就是在晒制过程中使用加网阳图胶片直接晒版，加网过程使用胶片获得，从而更能保证网格质量。制版的基本工艺流程为：印版滚筒的准备→涂布感光液→晒版→显影→涂墨→腐蚀→镀铬。

1. 涂布感光液

与影写照相凹版不同，照相加网凹版的感光胶层不是经过碳素纸转移，而是直接将聚乙烯醇肉桂酸酯感光液用喷枪喷涂于滚筒表面，干燥后即可晒版。

2. 晒版

图 4-25 所示是照相加网晒版原理，两个胶辊紧压着密附于滚筒表面的阳图型制版底片，滚筒边旋转边曝光。光源采用带有缝隙装置的高压水银灯或氙灯。照相凹版表现层次的方法同于平版和凸版，是以网点面积覆盖率的大小表示图像的深浅层次。其制版工艺与普通照相凹版相比具有操作简单、稳定可靠、效率高等优点，但高调层次有丢失现象。

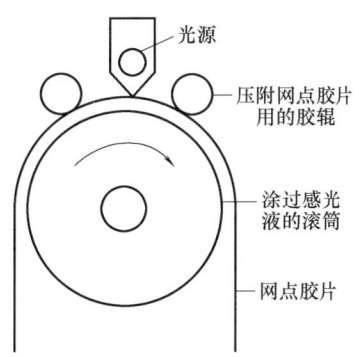

图 4-25 照相加网晒版原理

---

① 波美度（Bé）= 144.3 - 144.3/密度

另一种是道尔金照相加网凹版法，它将影写照相凹版法与照相加网凹版法结合起来，形成的凹版网穴既有大小的变化，又有腐蚀深浅的不同［图 4-21（c）］，因而能较好地表现层次。其工艺流程基本和影写照相凹版相同，不同的是晒像的阳图型制版底片为两套，一套底片的图像部分为未经加网的连续调图像，另一套为网目半色调图像。晒版时，先用网点底片曝光，再套晒连续调底片，前后两次晒版，两张底片的位置应准确套合。后面介绍的计算机直接雕刻凹版也是这类网穴结构。

二、直接制凹版技术

计算机直接制凹版技术包括电子雕刻制版、激光腐蚀制版、激光直接雕刻制版和电子束雕刻制版四种。其中，电子雕刻制版的应用最为普遍，激光直接雕刻制版作为凹印制版最新技术正在被推广应用，电子束雕刻制版由于使用条件苛刻而发展受限。

（一）电子雕刻制版

1. 电子雕刻机

凹印制版由传统的普通照相凹版、照相加网凹版发展到电子雕刻制版经历了漫长的过程。早期电子雕刻制版需要以胶片为原稿，再利用电子雕刻机在铜版滚筒表面进行雕刻，由于工序复杂而逐渐退出了市场。20 世纪 90 年代，计算机加网技术和 RIP（光栅图像处理器）应用于凹印领域，采用 0~255 间的任一数值表示图像灰度值，由 RIP 转化成不同形状、尺寸、位置的网点，实现了无胶片技术。无胶片电子雕刻制版工艺简单，与原稿图像灰度值对应的数值可直接传给电子雕刻机，由系统控制金刚雕刻针在铜层表面雕刻。电子雕刻网穴面积和深度都可改变，通过对阶调曲线进行简单调整可获得适合印刷条件（包括印刷机、油墨、纸张等）的高质量凹版滚筒。目前市面上广泛使用的电子雕刻制版技术采取的是无胶片电雕工艺，也称计算机直接电子雕刻凹版或数字直接雕刻制版，是一种印前图像处理技术与电子雕刻相结合的技术。凹版电子雕刻机如图 4-26 所示。

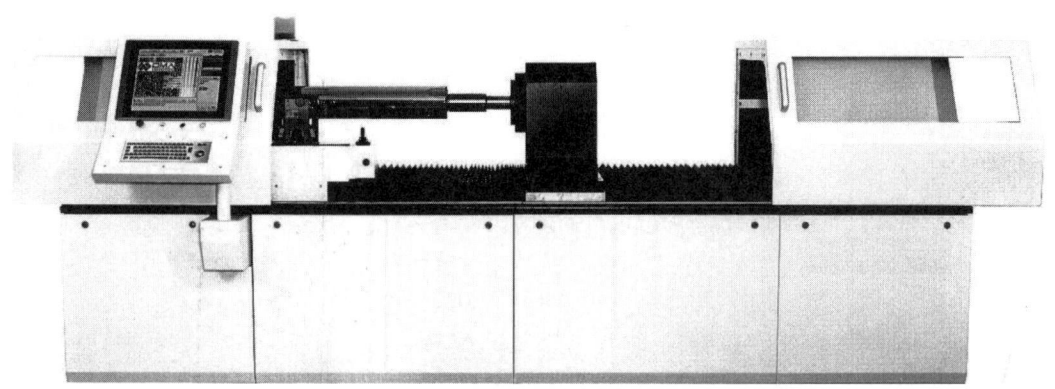

图 4-26　凹版电子雕刻机

与传统的凹印制版工艺相比，无胶片电子雕刻系统具有如下优点：①计算机可实现无缝拼版等优点，突破了手工制作和修版的局限性，操作准确、精细、画面细腻、层次丰富，提高了产品质量；②雕刻速度快、工作效率得到很大提高，制版工艺大为简化，制版周期大大缩短；③由于无须分色胶片，胶片、显影、冲洗、照相等材料与设备已不再需要，既降低了生产成本，又避免了化学污染；④具有网点大小和深度同时发生变化、共同反映层次深浅的特点，在包装、印染行业中广泛使用。

2. 工艺流程

无胶片电雕系统一般由拼组工作站、电子雕刻机、版式打样系统三大部分组成。其中，电子雕刻机由机械和电气两部分组成。机械部分包括床身、版辊夹紧装置、雕刻小车等。电气部分由数据接口、频率发生器、版辊转动控制器、步进驱动控制器、雕刻装置、中央控制器及接口电脑组成。其工艺流程如图4-27所示。

（1）前端输入。无胶片电子雕刻可直接从图像处理系统、计算机排版系统、电分机、扫描仪等系统中输入图文信息，因此，电子雕刻机可以直接利用上述系统的成熟技术。

（2）印版拼组工作站。印版拼组工作站是无胶片雕刻系统的核心，其作用是将前端输入的各种信号源如计算机排版系统、整页拼版系统等组合在一起，形成能够控制电子雕刻机雕刻动作的信号。这个工作站本身是一台计算机，拼组过程均显示在显示屏上，不仅有放大缩小功能，还有许多供测量的功能协助工作。

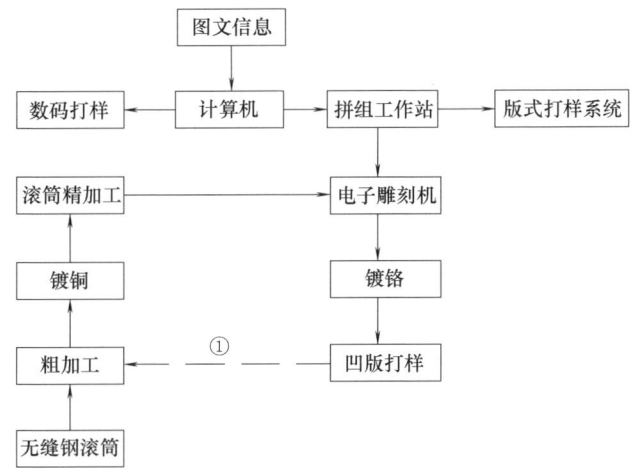

图4-27 电子雕刻工艺流程

（3）打样。为了校正印版拼组工作站的组版效果，印版拼组工作站可连接绘图机，由绘图机输出版式图供检查校对、修改，也可连接数字彩色打样系统，如喷墨打样、热敏打样系统等进行彩色打样，供检查、校对、修改和用户签样。计算机屏幕上显示的软打样形式简单、成本低廉，可替代印版滚筒实体打样。

（二）激光腐蚀制版

1995年开发的激光腐蚀制版是一种采用激光技术在感光性抗蚀膜上成像，再利用传统的化学腐蚀方法来制造凹版滚筒的方法。激光腐蚀制版将图像数字文件、激光技术和化学腐蚀组合起来，利用YAG激光技术对涂布在凹版滚筒表面的感光性抗蚀剂成像，然后将滚筒进行化学腐蚀，得到优质的印刷网穴。这一技术还可用于凹凸压滚的制作。

以德国的西巴斯·俄亥俄SCHEPERS激光机为例，它使用掺钕钇铝石榴石（Nd^{3+}：

---

① 如果打样有问题需要重新加工，没有问题则不需要再加工，用虚线表示二者的区别。

YAG)固体激光器,激光功率不高于50W,经透镜聚焦成20μm的光斑。激光击碎滚筒表面的黑胶,残渣由吸气管排入收集袋,保留下来的黑胶在滚筒表面形成抗腐蚀保护层,最后在腐蚀槽中控制$FeCl_3$液的浓度和喷淋时间,在铜层或铁辊表面生成深度一致而大小不同的网点。凹印的激光刻膜及后腐蚀数字制版工艺是继电雕之后又一种先进的数字制版方式,它和电雕一样通过接口接收分色处理过的图像文件,将加网后的图文信号送至激光调制器,激光作用于滚筒表面预涂的保护层而使铜或铁底露出,再经过不同时间的腐蚀在滚筒上形成大小不同的网穴。

激光刻膜工艺克服了电雕版文字及细线条发毛、发虚的弱点,突出了印品含墨量高、颜色厚实、字迹清晰、印版经久耐用的特点,同传统的照相凹版制版相比又具有加网精度高、任意编辑网形、无接缝等优点,适用于烟包、防伪印刷等文字特别细小但清晰度要求较高的印版,被广泛用于货币、证券、票务等高精度防伪印刷及高档烟酒包装,在精细压纹辊和涂胶辊制作工艺中更具优势。

(三) 激光直接雕刻制版

激光直接雕刻系统 (direct laser system, DLS) 是1996年由瑞士MDC公司 (Max Daetwyler Corporation) 开发研制的,在国外已成为凹版雕刻制版的主导雕刻技术。其雕刻原理是使用波长非常短的激光脉冲直接轰击凹版滚筒表面的镀层,使镀层熔化和部分汽化以形成下凹的网穴。一个网穴由一个或两个脉冲形成,脉冲正好对准网穴的中心。由于镀铜层对光线有较强的反射能力,要实现镀铜层吸收能量熔化、汽化,需要高强度激光的支持。因此,在目前的激光雕刻凹版系统中,大都采用锌作为凹版滚筒的表面镀层,以便激光直接雕刻。选择锌是因为它的物理特性(熔点、沸点、硬度)和反射特性比铜更适合激光烧蚀。目前市场应用的DLS系统采用大功率的YAG脉冲激光,以无接触的照射方式将镀锌辊的表面锌层汽化而形成网穴。这种激光雕刻机可以通过调节激光束大小和能量,实现网穴开口大小和深度同时变化,也可制作调频网点。

随着激光技术的发展,激光直接雕刻系统DLS在凹版印刷领域迅速得到普及。其主要优点有:①根据版面特征可以将雕刻分步进行或同步进行,无须机械调整,细纹和文字较清晰,比腐蚀工艺更容易控制层次;②网穴质量高且重复性好;③雕刻速度快(雕刻速度比目前的电雕设备快几十倍);④U形网穴体积大,网穴深度小,释墨性好,提高了油墨转移率,降低了油墨消耗量;⑤可以动态地控制激光束的直径和能量,每个网穴的开口和深度都可独立形成;⑥激光雕刻的网线范围可扩展到5~250lpc,加网角度范围为0°~360°,能够更好地防止因网线角度错不开而造成的龟纹现象;⑦网穴深度可超过250μm,适用于烟包、防伪等的大面积实地和专色印刷。

(四) 电子束雕刻制版

电子束雕刻制版是采用高能电子束对镀铜的凹版滚筒表面进行直接雕刻的一种技术。其工作原理是:由热阴极产生电子束,在 $(2.5\sim5)\times10^4$V电场加速下,将电子束直接射向滚筒表面,电子束在电磁场装置下,在1.0s时间内汇聚为所需要的直径,电磁场的汇聚作用又受到图文信息的控制,从而达到控制网穴直径大小的作用。电子束按所需网穴深度的大小在镀铜层上作用一定的时间,即由电子束作用在铜滚筒表面的时间长短控制网穴的深浅。电子束雕刻凹版每一个网穴的时间不长于6μs,因此,电子束雕刻凹版的速度可达15万网穴/s的高频率。在滚筒表面上,电子束的动能转化为热能,将滚筒表面的铜熔化和汽化，残留在网穴边缘的熔化物可以用刮刀刮去，电子束雕刻凹版的网穴既有开口变化，也有深度变化。

由于空气中的粒子对电子束的能量会有影响，因此，电子束雕刻凹版技术必须在真空装置中完成。使用电子束生产装置和真空仓使得电子束雕刻凹版系统成本过高，致使这种凹版制版技术难以产业化。

第五节 孔版制版原理

一、孔版制版

照相孔版制版常用丝网制作印版，按照感光膜层涂布法分为直接制版法、间接制版法和直接间接混合法。

（一）直接制版法

直接法是往绷在框架上的丝网上直接涂布感光液，经晒版、显影制成丝网版。其基本工艺流程为：绷丝网→涂布感光液→晒版→显影。

1. 绷丝网

把丝网剪成比框架四周稍大的尺寸，木框架可在框架的四边挖一矩形的沟槽，将丝网绷紧后，用木条嵌入沟槽，固定丝网。金属框架则不能采用此法，一般使用黏合法，将丝网的四边固定在绷网机上，将其拉紧，使之达到要求的张力。网框放在张紧的丝网下面，在网框上面用毛刷刷胶黏剂，待其干燥后，从绷网机上卸下来即可。绷网的张力可以用张力计测定。

2. 涂布感光液

在丝网上涂布感光胶的方法，有毛刷涂布、不锈钢槽涂布、涂布机涂布等。不锈钢槽涂布的方法是：将感光胶放入不锈钢槽中，胶液量为槽容量的一半左右，把绷在框上的丝网倾斜70°放置，不锈钢槽与丝网下端接触，一边使槽倾斜流出胶液，一边慢慢地把槽往上提，沿着丝网面进行涂布，这样涂布一次后，将丝网颠倒再涂布一次，进行干燥。重复涂布与干燥过程数次，直到胶膜达到要求的厚度。

3. 晒版

丝网晒版胶片为阳图片，如果印制连续调原稿，胶片需要加网。然后，胶片与丝网版按照要求放在丝网晒版机上晒版曝光。

4. 显影

曝光后的感光版一般用水即可进行显影。由于感光胶液的种类不同，所用聚乙烯醇的聚合度高低不同，所以有的要用温水显影，显影后的印版经干燥修整即可。

（二）间接制版法

间接制版法是在涂有感光层的胶片上曝光、显影，形成制版图像，然后把形成图像的膜层转移到丝网上。这一方法比直接法操作复杂，图像质量较好，而且不需用专门的晒版机，但耐印力不如直接法，版膜在转移的过程中容易伸缩，从而影响套合精度。间接法制版工艺流程为：曝光→活化处理→显影→冲洗→图像膜层转移→四周涂胶→揭去胶片片基。

1. 曝光

在晒版机中将制版底片与感光胶片密附曝光（图4-28）。所使用的感光胶片有两种，一种是已有感光性能的胶片，另一种是尚无感光性能的胶片。已有感光性能的胶片通常由明胶与铁盐混合制作而成，可以直接曝光，但曝光之后需要进行活化处理。尚无感光性能的胶片与碳素纸一样，涂层由明胶、色料、其他助剂组成，在使用之前放入20~30g/L的重铬酸盐溶液中浸泡，进行敏化处理，晾干后进行曝光。

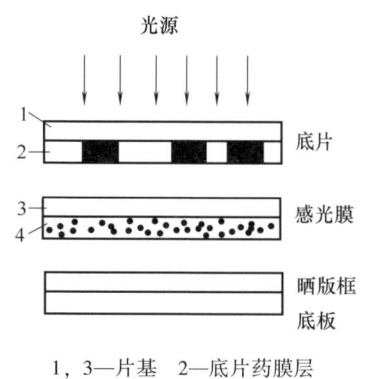

1，3—片基　2—底片药膜层
4—感光膜层

图4-28　丝网版间接制版原理

2. 活化处理

明胶与铁盐混合制成的感光胶片曝光之后需在1.5%~3%的过氧化氢溶液中浸泡1~2min进行活化处理，这样通过温水显影才能使片基上形成版膜。

3. 显影、冲洗

用温水进行显影，直到未见光硬化的胶膜被除净，再用冷水冲洗。

4. 图像膜层转移

将显影后的胶片平铺在桌面上，胶膜向上，并将绷好的丝网框架置于其上，丝网上放吸水纸，用橡皮胶辊滚压，当吸水纸吸足水之后，更换吸水纸，反复多次，直到膜层与丝网粘牢为止。

5. 四周涂胶、揭去胶片片基

用专配的胶或直接法使用的感光液将丝网四周剩余的没有胶膜覆盖区全部涂实，干燥后揭去胶片片基即成印版。

（三）直接间接混合法

直接间接混合法是上述两种方法的结合。先将感光胶片药膜面朝向丝网，用水、醇或感光胶粘贴在丝网框架上，经热风干燥后，揭去片基，然后进行曝光、显影等处理制成丝网印版。

二、计算机直接制丝网版

随着胶印CTP技术的广泛应用，计算机直接制版逐渐普及并成为主流的制版方式。同样，丝网印刷也一直在开发计算机直接制版技术，即丝印直接制版（computer to screen，CTS）。计算机直接制丝网版技术是丝网印刷中图像载体的数字化生产，直接通过计算机控制，在模版或丝网上输出。大多数计算机直接制丝网系统使用喷墨技术，在丝网上喷涂热蜡或油墨。

（一）CTS系统基本组成

CTS系统中最重要的就是网版成像输出设备，所以一般系统名称都是根据输出设备的名称来确定的。CTS系统的组成基本上和CTP系统差不多，但输出设备却有很大的不同。

网版成像输出设备是CTS的重点也是难点，国内CTS应用较少的一个主要原因就是网版输出设备的价格太高，而又没有相应的生产技术。输出设备按照工作原理基本分为两大类：一类是喷墨类输出设备，通过输出设备对涂覆感光胶的网版喷上高阻光能力的油墨，然后整版曝光，被油墨覆盖的感光胶因未见光而被冲洗掉，露出网孔，形成图像，其输出分辨率相对较低，在 300~600dpi。另一类是激光曝光设备，通过激光光点对涂覆感光胶的网版进行曝光硬化，然后显影，让未见光部分的网孔穿透，这种输出设备的输出分辨率较高。

（二）CTS 系统制版方法

1. 喷墨成像制版法

喷墨成像制版法必须先在丝网上涂布感光胶做衬底，印前计算机控制喷墨系统可以直接对原稿进行图文信息处理，印刷图像时将油墨（成膜物质）喷在衬底的感光胶上，然后用紫外线全面曝光，图文部分的感光胶由于油墨覆盖而未感光硬化被冲洗掉，成为网孔部分，空白部分则被感光硬化，形成图文印版。

喷墨成像制版法可用普通感光胶，不损失图像细节，又可通过感光制版法制作丝网版。而且，无须使用银盐感光胶片，原稿图文信息经计算机处理后直接记录到网版上，省去了一道图文信息传递环节，可提高印刷图文复制精度和制版速度。

2. 激光直接制版法

激光直接制版法是先在丝网上涂感光胶，印前系统计算机控制激光器在网版上成像，制成丝网版。这种制版方法使用专用感光胶，激光曝光系统价格高。图 4-29 为富花 CDI 网印直接制版机。

丝网版激光直接制版装置是丝网电子制版设备的一种，它是一种由光、机、电有机结合而成的现代化丝网制版设备，可直接将原稿图像制成印版，制版速度快、质量好，深受用户欢迎。该装置的原理如图 4-30 所示。主要由激光器、声光调制器、反射镜、光束扩展器、透镜、转筒、移动导轨、图形发生器、控制器等部分组成。

图 4-29　网印直接制版机

该装置的制版过程是在计算机的控制下自动进行的。工作时，计算机将制版原稿的图像信息输入图形发生器，根据输入信息，图形发生器发出信号（超声波）控制声光调制器工作。激光器发出的激光束通过声光调制器后产生工作激光束，经反射镜转向，由灰色滤色片调节激光强度，光束扩展器调制光束的大小，经透镜聚焦，照射到滚筒表面的感光材料上进行曝光。在控制器的控制下滚筒等速转动，在感光材料表面形成一圈曝光线，当曝光完一圈后，移动台带动透镜移动一条曝光线的距离，重新进行第二圈曝光，依次重复，直到整幅图像全部曝光。曝光完成后，转筒上的感光材料经过显影、冲洗、干燥，即为所需的丝网印版。

（三）CTS 系统制版优势

1. 工序少，制作方便

从原稿创建到印刷作业准备就绪的过程中，传统的使用胶片的工作流程需要十多个步骤，而 CTS 工作流程只需几个步骤即可完成。

2. 无须真空环境，曝光效率高

在胶片工作流程里，如果真空应用得不恰当，胶片没有被妥帖地固定在模版上，那么翘起、扭曲、变形等问题就会接踵而来，除了需要增加更长的抽真空时间来对每一个丝印模版进行曝光以外，还有可能使套准精度不高或产生破坏性的莫尔条纹。CTS 工作流程不需要在真空环境下进行，系统能够使图像激光信息直接和乳剂层表面接触曝光，能够使曝光速度提高 40%。

3. 版面整洁，无针孔瑕疵

丝网印刷厂在用胶片制版的过程中，通常通过增加曝光时间来消除乳剂层表面的瑕疵，但这样做会使印版产生针孔。即

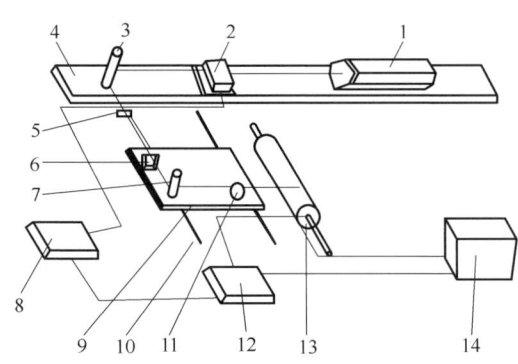

1—激光器　2—声光调制器　3—反射镜　4—支架
5—灰色滤色片　6—光束扩展器　7—反射镜
8—图形发生器　9—移动台　10—移动导轨
11—透镜　12—示波器　13—转筒　14—控制器

图 4-30　丝网版激光直接制版装置原理

便这种针孔没有很快地显现出来，也会在印刷过程中对生产造成更重大的影响。而 CTS 带来的图像与乳剂层的接触方式能够使这一过程进行得更加迅速，获得的网点更加干净，细节更加清晰。

4. 冲洗简单，修复快捷

CTS 在冲洗方面比较便捷，如果使用胶片成像，想要冲出理想的细节效果必须花费较长时间，这主要是胶片上图像密度过低或真空接触效果不良造成的，修复模版上的针孔等缺陷也非常消耗时间。而 CTS 生成的模版在卷好后马上就能够拿去印刷。如果不需要修版，每块印版所需要的制作时间可以减少 15min 以上。所能节省的实际时间主要取决于模版和印刷文件的大小。

思 考 题

1. 激光照排机按设备结构进行分类可以分为哪几类，各有何特点？
2. 什么是胶片记录设备线性化？如何进行设备的线性化校准？
3. 激光烧蚀掩膜计算机直接制柔版技术的工艺原理是什么？
4. 什么是阳图型 PS 版制版技术？它的制版工艺原理是什么？
5. 平版 CTP 技术分为哪几大类？外鼓式和内鼓式的结构特点有何不同，分别应用如何？
6. 凹版 CTP 技术主要有哪几种形式，分别有何特点？
7. 常规丝网制版有哪几种方法？CTS 直接制版有哪几类？

第五章 印刷作业流程与设备

印刷的任务是将图文信息通过印刷设备转印到承印物上，从而完成对原稿的批量复制。所以，在前述图文处理、输出制版任务完成之后，接下来要把印版安装到印刷机上准备印刷。本章主要介绍几大类常见的印刷方法，包括柔性版印刷、平版印刷、凹版印刷、丝网印刷，以及无实物印版的数字印刷，除此之外还有少量的特种印刷方式。

第一节 柔性版印刷

一、柔性版印刷概述

柔性版印刷是使用柔性印版，通过网纹辊传递油墨的印刷方式。柔性印版是由橡胶版、感光性树脂版等材料制成的凸版，因此从印版的形式来看柔性版印刷属于凸版印刷的范畴。

柔性版印刷原名为苯胺印刷，是按照当时使用的苯胺油墨来命名的。由于苯胺染料有毒，其应用范围受到限制，现在已经不再使用这类有毒染料，而改用其他不易褪色的染料或颜料来代替苯胺染料。1952 年 10 月的第 14 届包装会议上，苯胺印刷改称为 Flexography，意为可挠曲性印版印刷，我国也相应改称为柔性版印刷。它的印版柔韧有弹性，由一根雕刻了着墨孔的金属墨辊（网纹传墨辊）施墨。与胶印机和凸版印刷机相比，柔性版印刷机省去了复杂的墨路系统，结构大大简化，输墨控制反应迅速便捷。柔性版印刷具有投资小、制版周期短、耐印力高、印速快等特点，应用范围日益广泛。新型柔印水性墨由水溶性高分子树脂乳液、颜料、溶剂（主要是水）和相关助剂经物理化学过程混合而成。水性油墨具有不含挥发性有机溶剂、不易燃、不会损害印刷操作者的健康、对大气环境无污染等特性，主要用于包装印刷。随着科技进步，用于柔印版供墨的网纹辊的质量提高，柔性版印刷的色彩还原逐渐接近凹印和胶印印制水平。大多数柔性版印刷机制造成卷筒纸印刷机结构，由给纸机、印刷装置、干燥装置、复卷装置组成。除印刷部分有一定的特殊性外，其余部分与其他印刷机的结构基本一样。图 5-1 所示为柔性版印刷机的印刷装置示意图，由墨斗辊、网纹传墨辊、印版滚筒和压印滚筒组成。墨斗辊由特殊的橡胶与金属轴套铸合而成，作用是将墨斗中的墨传输上去。因此，墨斗辊应有较好的圆度和柔韧性，否则就不能将油墨从墨斗中均匀传输到网纹传墨辊上去。

网纹传墨辊（以下简称为网纹辊）表面制有无数大小、形状、深浅都相同的被称为网穴（或墨孔）的凹坑。油墨由墨槽经墨斗辊传到网纹辊上再传到印版上，墨层的厚度由网纹辊上的

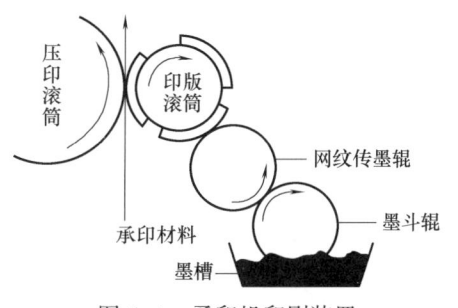

图 5-1 柔印机印刷装置

雕刻线数、雕刻深度、网穴形状，以及墨斗辊与网纹辊的接触压力来控制。按表面镀层分类，网纹辊可以分为金属镀铬网纹辊和陶瓷网纹辊。金属镀铬网纹辊是在金属辊表面用电子雕刻机先雕刻出网穴，然后再镀铬制成的。陶瓷网纹辊是用特殊的喷涂工艺，将陶瓷氧化物涂布在金属光辊表面，形成高硬度并与金属辊结合牢固、致密的陶瓷薄膜，然后用激光雕刻制成。常见的网穴形状有斜齿形、棱锥形、棱台形、碗形、试管形等。网穴的线数越少，传墨量越多，适宜印刷表面粗糙的承印物；相反，表面平滑的承印物则需用网线数多、传墨量少的网纹辊进行传墨。网纹辊的使用，使柔性版印刷机具有供墨墨路短、传墨均匀及墨路系统简化的特点。

二、柔性版印刷作业流程

柔性版印刷主要适用于纸、纸板及塑料薄膜印刷，虽然柔性版印刷设备种类、型号较多，结构各不相同，但其印刷工艺流程基本相同，即选择网纹辊，准备油墨，安装、调整刮墨刀，安装印版，试印，印刷和后处理。

（一）开机前准备

1. 合理选择网纹辊

在柔性版印刷工艺中，为了保证油墨稳定传递，网纹辊的选择是十分重要的。若原稿以大面积色块和较粗的字体为主，则网纹辊线数要低；而对于细小文字和网点图像等精细原稿，网纹辊线数应较高些。若承印物表面粗糙、吸墨性好，应选择线数少的网纹辊；反之，则线数要高。一般柔性版的加网线数与网纹辊的网纹线数之比约为1：4，网穴角度宜选60°，以利于油墨转移。反向刮墨刀式输墨系统采用高线数棱锥形网纹辊，适于精细产品印刷。

2. 准备油墨

柔性版印刷使用的油墨是类似于凹版印刷的低黏度油墨，具有黏度低和快干的特点。即便是相邻两色，也可以实现第一色墨干后叠印，这不仅可以避免因干燥不良引起的叠印故障，而且可以大大提高印刷速度。目前，国内外普遍使用的柔性版印刷油墨主要有三种类型：溶剂型油墨、水性油墨和UV油墨。实际生产中可以根据产品的质量要求来选择不同连结料和溶剂的油墨进行印刷。溶剂型油墨主要用于塑料印刷；水性油墨主要适用于具有吸收性的瓦楞纸、包装纸、报纸印刷；而UV油墨为通用型油墨，纸张和塑料薄膜印刷均可使用。

3. 调整刮墨刀

刮墨刀的压力不宜调得过大，以把网纹辊表面多余油墨全部刮掉为限，避免损伤网纹辊。

4. 安装印版

通常采用专用的贴版机将清洁过的柔性版印版用符合要求的双面胶带粘贴在光洁的印版滚筒上。安装时要注意调整贴版机的基准，考虑印版的尺寸、安装位置，以及印版与印版滚筒是否粘贴紧密等。

除上述印刷前的准备工作外，还应考虑印刷色序、准备承印材料等。

（二）印刷

做好印刷准备工作之后，就可以上卷料，安装网纹辊和印版滚筒，然后开机调试印刷。由于柔性版印刷需要的压力比较小，试印时，可以通过调节压力旋钮来调整网纹辊、印版滚筒和压印滚筒之间的压力，使它们保持轻微接触，将压力减到最小，只要能印出清晰图文即可。同时，在试印过程中，要及时调整纵向套准、横向套准、墨量、油墨黏度、网纹辊线数等。待试印出合格产品后开始正式印刷。

印刷过程中，要注意随时检查印版、纸路、墨路及印刷机的工作状态，检查印品套准、颜色及油墨干燥情况，调节料卷张力等，一旦有问题必须及时调整。

三、柔性版印刷机上墨装置

图5-2所示是柔性版印刷机常见的三种输墨系统示意图：双辊式，墨斗辊-网纹辊输墨系统；刮刀式，网纹辊-刮墨刀输墨系统；综合式，墨斗辊-网纹辊-刮墨刀综合系统。此外，还有一种腔式刮刀式输墨系统。

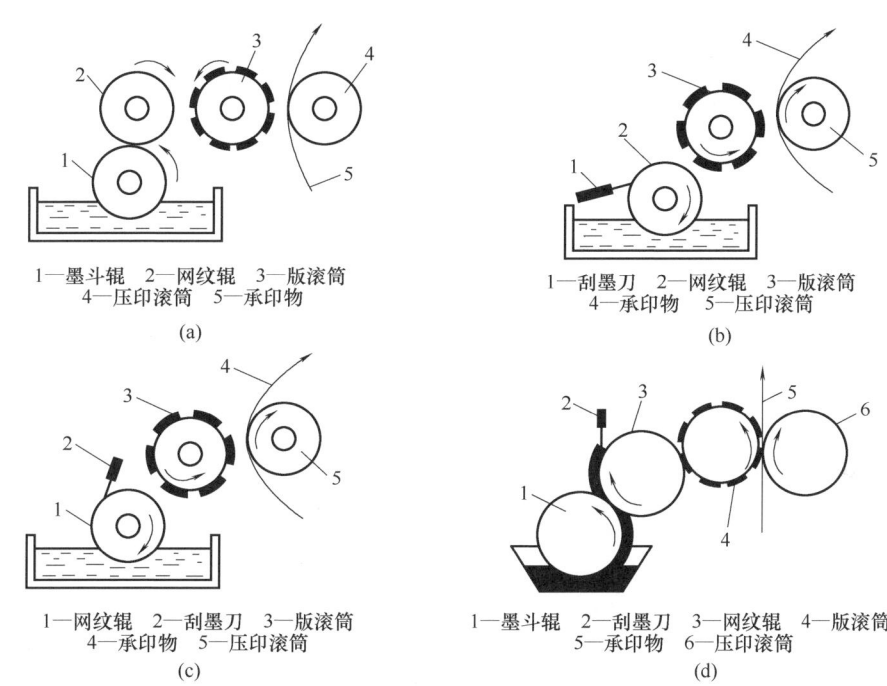

图5-2 柔性版印刷常见输墨系统

（a）双辊式输墨系统　（b）正向刮墨刀输墨系统　（c）反向刮墨刀输墨系统　（d）综合式输墨系统

1. 双辊式

图5-2（a）所示为双辊式输墨系统，由墨斗辊和网纹辊完成输墨任务，其优点是网纹辊与墨斗辊表面滚动摩擦，磨损小，网纹辊使用寿命长。但是该方法传墨量比较大，不适合现代高速、精细的彩色印刷，较多地用于中、低速的中/低档柔版印刷机、涂布式印刷机和纸箱印刷机。

2. 刮刀式

图5-2（b）、图5-2（c）所示为刮刀式输墨系统，为了克服双辊式输墨量大但不均匀的现象，刮刀式输墨装置采用网纹辊与刮墨刀相配合，网纹辊直接替代双辊式中的墨斗辊浸入墨斗中，并利用刮墨刀将网纹辊上多余的油墨均匀地刮下来，实现定量传墨，提高

了印刷品质量。刮刀式输墨系统分为正向刮刀输墨系统和反向刮刀输墨系统两种。

正向刮墨刀沿着网纹辊的转动方向刮墨，与印版滚筒分别安装在网纹辊的两侧。反向刮墨刀的安装方向与网纹辊的转动方向相反。与正向刮墨刀相比，反向刮墨刀与网纹辊之间的压力较小，磨损小，传墨更精确、均匀，能够满足高质量印品的要求。

3. 综合式

图5-2（d）所示为综合式输墨系统，它是在双辊式基础上，给网纹辊加装刮墨刀。墨斗辊的传墨量在此装置中不再受到严格控制，可以充分传墨，墨量控制由刮墨刀和印版滚筒来配合完成，这一点又与刮刀式输墨系统相似，整个装置兼具双辊式和刮刀式输墨系统的特点，故称为综合式输墨系统。

4. 腔式刮刀式

图5-3所示为腔式刮刀式输墨系统，腔内同时装有正向和反向刮刀，正向刮刀起密封作用，反向刮刀起刮墨作用，油墨依靠墨泵循环输送，既不飞溅，又能保证足量供墨，非常适合现代高速柔印机的要求。另外，系统装配清洗系统，用泵输送清洗剂到系统内部，能够进行快速清洗，效率高。同时还可以调节油墨黏度，满足印品需要，使机器方便快捷地达到最佳工作状态。

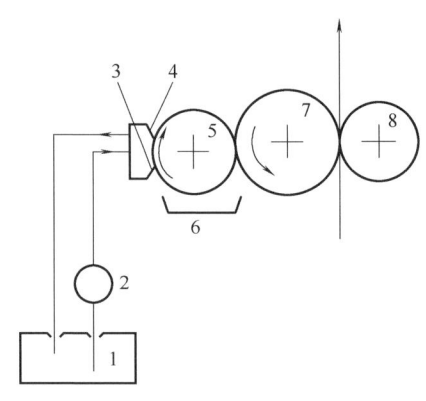

1—储墨容器 2—墨泵 3—正向刮刀 4—反向刮刀 5—网纹辊 6—接墨盘 7—版辊 8—压印辊

图5-3 柔印腔式刮刀式输墨系统

腔式刮刀式输墨系统是在定量供墨系统中采用反向刮刀结构，因此它具有反向刮墨方式的优点，印刷机可以在高速状态下工作；油墨被封闭在墨腔内，墨槽采用完全封闭式，避免了溶剂型油墨在使用时的挥发，缓解了环境污染问题；终止了使用水性油墨过程中伴随出现的泡沫问题；取消了通常结构中采用的橡胶墨斗辊；系统可与清洗系统快速对接，实现在较短时间内对系统内部各沾墨元件的彻底洗净，减少了更换油墨颜色时间。用泵和清洗剂在供墨密封系统内部直接清洗，有利于减少停机时间，充分发挥机器的生产能力。这种封闭式装置还可以通过加热或冷却手段调节油墨黏度。这种系统已作为标准范式安装在CI（卫星式柔印机）型印刷机上，在机组式印刷机上也开始逐步采用。

四、柔性版印刷机

按照柔性版印刷幅面的宽度，柔性版印刷机可分为窄幅和宽幅两类，一般国际上以600mm为界，小于600mm的称为窄幅柔性版印刷机，大于600mm的称为宽幅柔性版印刷机。根据印刷机组的排列形式，又可以将柔性版印刷机分为层叠式、卫星式和机组式三大类。

（一）层叠式柔性版印刷机

各色机组采用上、中、下方位配置的柔性版印刷机，称为层叠式柔性版印刷机。层叠式柔性版印刷机可以印刷1~8色，通常印6色（图5-4）。层叠式柔性版印刷机可以正反面同时印刷，一般适宜卷筒纸、塑料薄膜的印刷，其特点如下：

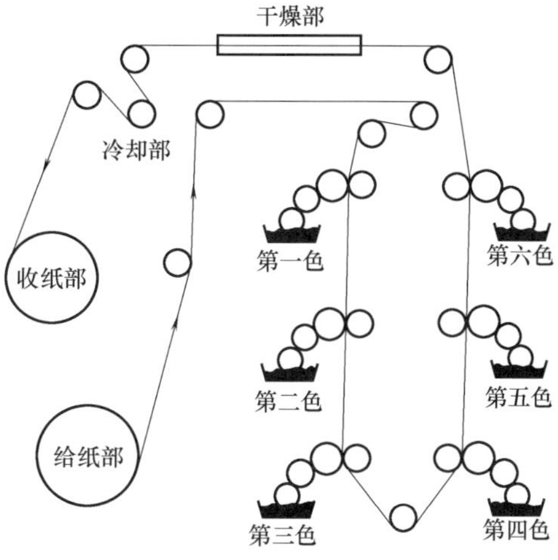

(1) 可进行单面多色印刷，也可通过变换承印物的传送路线实现双面印刷。

(2) 印刷部件有良好的可接近性，便于调整、更换和清洗，便于操作，具有良好的使用性能。

(3) 可以与裁切机、制袋机、上光机等联机使用，以实现多工序加工。

(4) 各色印刷单元可以单独啮合或松开，以便其他印刷单元继续印刷。

(5) 适用范围广，可以印刷各种承印物。

(6) 由于各机组之间的距离较大，多色印刷时套印精度不高，一般只能做到±0.8mm，适于一般印刷。

图 5-4　层叠式柔性版印刷机

（二）卫星式柔性版印刷机

在较大的共用压印滚筒的周围设置多色印刷装置的柔性版印刷机，称为卫星式柔性版印刷机。图 5-5 所示为卫星式柔性版印刷机的基本结构，由于各单色组围绕同一压印滚筒运转，多色套印准确度较高，而且印刷工艺稳定，常用来印刷彩色产品，是柔性版印刷机发展的主流。卫星式柔性版印刷机的特点如下：

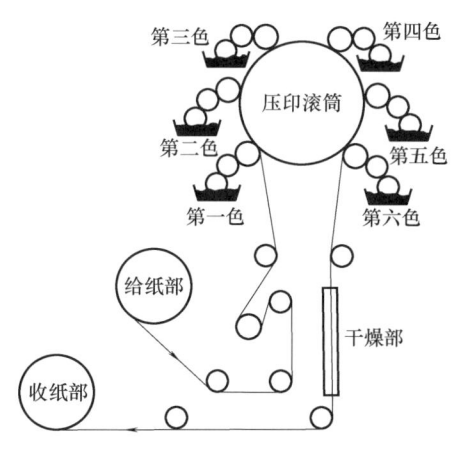

图 5-5　卫星式柔性版印刷机

(1) 承印物在压印滚筒上通过一次可完成多色印刷。

(2) 印刷品套印精度高，可达±0.05mm。

(3) 承印材料广泛，且特别适合印刷产品图案固定、批量大、精度高且伸缩性较大的承印材料，适合长版活件，尤其是塑料薄膜的印刷。

(4) 印刷调节时间短，印刷材料损耗少。

(5) 印刷速度快，产量高。

(6) 一次只能完成单面印刷，一般用于薄膜印刷。

(7) 各印刷单元之间的距离太短，油墨干燥不良，容易蹭脏。

（三）机组式柔性版印刷机

图 5-6 所示为机组式柔性版印刷机基本结构。各色机组互相独立且呈水平状排列，有轴驱动时，用一根共用的动力轴驱动印刷单元；无轴驱动时，安装多个电机独立驱动每个印刷单元。这种机组式柔性版印刷机的特点如下：

(1) 通过变换承印物的传送路线可以实现单色、多色及双面印刷。

(2) 承印材料广泛，既可以印单张的纸张、纸板、瓦楞纸等材料，也可以印卷筒式的不干胶及报纸等材料。

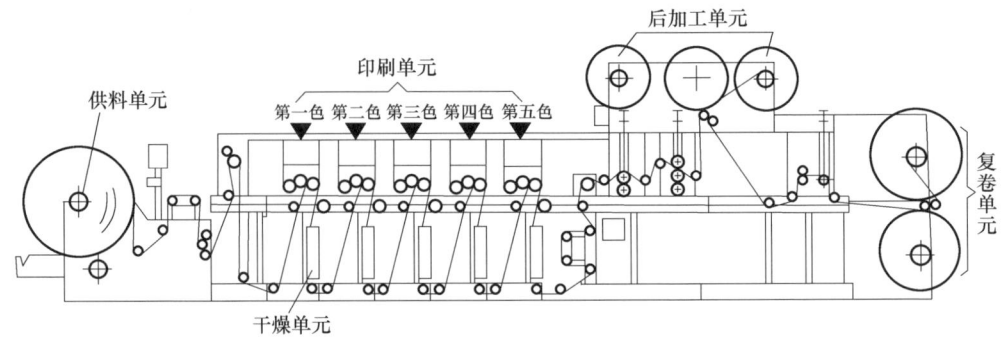

图 5-6 机组式柔性版印刷机

（3）有很强的印后加工能力，联机配置灵活。
（4）机组工位多，一机多用，适于批量少、交货急、需要工位多的特殊印品。
（5）零件标准化、部件通用化、产品系列化程度较高，在设计上具有先进性。

第二节 平版印刷

平版印刷通过印版滚筒、橡皮滚筒和压印滚筒执行完成印刷油墨的转移，因其印版表面比较平整而得名。此外，因由橡皮滚筒做中间转印，所以也称平版胶印，属于间接印刷方法。平版胶印以其技术规范、质量精良在印刷领域有较好的口碑，印刷份额占绝对优势。目前的单张纸胶印机、卷筒纸胶印机在技术上均有许多创新、突破和延伸。

一、平版胶印基本原理

平版胶印采用油、水互不相溶原理，先由着水辊在印版上润版，然后由着墨辊着墨，使图文部分亲油拒水，非图文部分亲水而拒墨，经过橡皮布转印，在承印物上留下色彩柔和、层次丰富的印迹。

（一）平版胶印润版原理

1. 水墨平衡原理

平版胶印的印版表面是由着墨的图文部分和不着墨的空白部分构成的。印刷时，图文部分粘附的油墨在印刷压力的作用下，转移到纸张或其他承印物的表面，完成一次印刷。油和水不相溶是常见的自然规律，胶印运用这一规律达到印刷的目的。胶印建立在印版上图文部分能亲油疏水、空白部分亲水疏油，水和油互不相溶的基础上。在印刷过程中，胶印润湿的基本原理遵循着先水后墨的原则。即先用润版液润湿印版非图文部分，形成有一定厚度的均匀水膜；然后再用油墨润湿印版的图文部分，形成有一定厚度的均匀墨膜；利用油水不相溶原理，非图文部分和图文部分分别依赖水膜和油膜来抗拒彼此的浸润。

平版胶印过程中，乳化液中"O/W"型乳化形式和"W/O"型乳化形式共存时，会使印刷品看起来一些地方的图纹好，另一些地方的图纹带脏，水墨无法达到平衡。所以，印刷过程中只有从"W/O"型乳化形式中选取印刷所需的乳化范围。实验证明，少量存在的"W/O"型乳化形式，可以改善油墨的流动性，有利于油墨向纸张转移，按照胶体化学的理论，水相体积占总体积比小于 26% 时，才会形成"W/O"型的乳化形式，太多的水进入油墨则危害性增加,太少的水进入油墨又达不到润版的目的。"W/O"型乳化形式的实验结果是:油墨中含水量至少达到15%时,印刷品空白部分才不起脏,含水量达到21%时印刷品质量最好。

2. 平版胶印的润湿

印刷过程中的润湿,指的是流体取代固体表面气体的润湿过程,比如,油墨转移到纸张上,就是油墨流体取代纸张表面气体的过程。

润版液对版面的润湿就是润版液取代印版表面气体的过程,是液体对固体的润湿。印刷润湿三种界面现象,即沾湿、浸湿和铺展,如图5-7所示。下面从能量变化的角度分析这三种润湿的特征。

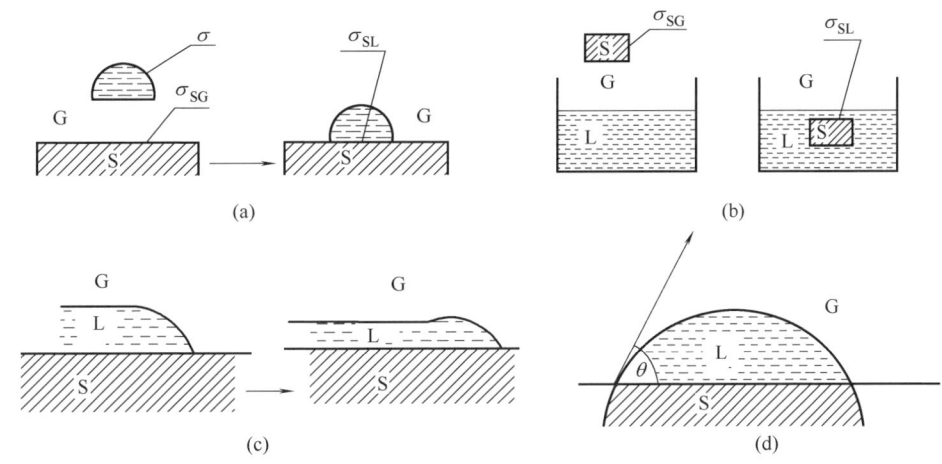

图5-7 平版胶印润湿原理
(a) 润湿的沾湿过程 (b) 润湿的浸湿过程 (c) 润湿的铺展过程 (d) 润湿平面分割图示

(1) 沾湿。沾湿是指流体与固体接触后,将"气-液"界面与"气-固"界面转变为"液-固"界面的过程,如图5-7(a)所示。恒湿恒压条件下,设单位接触面积上"固-气"界面能为σ_{SG},液体表面能为σ,"固-液"界面能为σ_{SL}。则,体系自由能的变化为:

$$\Delta G = \sigma_{SL} - (\sigma + \sigma_{SG}) \tag{5-1}$$

那么,液体和固体黏附时,体系对外界所做的功,即黏附功为:

$$W_a = -\Delta G = \sigma + \sigma_{SG} - \sigma_{SL} \tag{5-2}$$

当$W_a \geq 0$时,就认为沾湿过程是自然发生的,也就是体系对外界在做功。体系对外界做功越多,沾湿得到的"液-固"界面越牢固。

(2) 浸湿。浸湿是指固体浸没在液体中,"气-固"界面转变为"液-固"界面的过程,如图5-7(b)所示。恒湿恒压条件下,单位面积上的能量变化为:

$$\Delta G = \sigma_{SL} - \sigma_{SG} \tag{5-3}$$

系统对外界所做的功,即浸湿功为:

$$W_i = -\Delta G = \sigma_{SG} - \sigma_{SL} \tag{5-4}$$

当$W_i \geq 0$时,就认为浸湿过程是自然发生的,也就是体系对外界在做功。体系对外界做功越多,浸湿得到的"液-固"界面越牢固。在印刷油墨中颜料固体必须完全被浸湿，浸湿越好，油墨传递转移性能越好。否则，在印刷过程中，颜料和油脂将发生分离，这种现象在高速的轮转印报机上会遇见，必须引起重视。关于典型的油墨浸湿性能问题，在印刷实践中遇到过这样的事例：彩色报纸印刷过程中，呈现了两种极端现象，一种是墨斗中的黑墨使用几天后，由于印刷过程中的颜料和油脂分离严重，墨斗中油脂和氧化皮越积越多，使印刷无法进行。另一种极端情况与上述情况相反，黄墨中的油脂走失比较多，在传墨辊上和墨斗里留下了很多颜料，使印刷无法进行下去。

（3）铺展。铺展是沾湿后的一种延续过程，是液体在固体表面的扩展，如图5-7（c）所示。在恒湿恒压条件下，单位铺展面积上系统对外界做功满足：

$$W_a = -\Delta G = \sigma_{SG} - \sigma - \sigma_{SL} \tag{5-5}$$

在印刷工艺中用 $W_a = S$ 表征液体在固体表面铺展的能力，把 S 定义为铺展系数。当 $S \geq 0$ 时，铺展过程是自然发生的。即：

$$S = \sigma_{SG} - \sigma - \sigma_{SL} = W_i - \sigma \geq 0 \tag{5-6}$$

所以，$W_i \geq \sigma$ 时，润湿过程才能发生自然铺展，也就是说，当液体和固体之间的黏附力大于液体本身的表面张力时液体便能够在固体表面自动铺展。

铺展是平版式印刷润版必须具备的条件之一，所以，在印刷中为了尽可能使稀释润版液的表面张力降低，通常在水中加入有机和无机物质，如酸、酒精等。

在平版印刷中，润版液要在非图文部分铺展形成一层水膜，防止油墨沾污印版的空白部分，在此润湿过程中，润版液的铺展系数 S 越大，润湿的效果越好。但是，还必须考虑图文部分应当尽可能避免被润版液润湿。在增加铺展系数的同时，必须把润版液和亲油表面的黏附功控制在 $W_a < 0$ 的水平。那么，平版印刷润版液的铺展系数究竟要达到一个什么样的水平，下一节继续讨论此问题。

3. 润湿方程

（1）接触角。图5-7（d）所示显示，在润湿过程中，液滴处于平衡状态时，固相、液相和气相把平面分割成三部分，形成"固-液"界面、"气-液"界面和"固-气"界面，在印刷的润湿中把"固-液"界面与"气-液"界面所夹的锐角称接触角，用 θ 表示。

（2）润湿方程。在平衡的条件下，单位面积上的能量变化 $\Delta G = 0$，即

$$\Delta G = \sigma_{SG} - \sigma_{SL} - \sigma \cos\theta = 0$$

由此可得：

$$\sigma_{SG} - \sigma_{SL} = \sigma \cos\theta \tag{5-7}$$

在印刷工艺中，式（5-7）称为润湿方程，也称为杨氏方程。

将式（5-7）代入式（5-2）、式（5-4）和式（5-6）中，得到三种润湿自然发生的条件为：

	能量判断	接触角判断
沾湿	$W_a = \sigma(1+\cos\theta)$	$\theta \leq 180°$
浸湿	$W_i = \sigma\cos\theta$	$\theta \leq 90°$
铺展	$S = \sigma(\cos\theta - 1)$	$\theta = 0°$

判断各种润湿能否发生是以能量为基础的，但是能量的发生过程非常复杂，会给工作带来很多麻烦，所以，印刷工艺中常以测定接触角的方法来判断润湿能否发生。根据平版印刷中的实际应用，通常把 $\theta = 90°$ 作为润湿的界限，当 $\theta \leq 90°$ 时，叫作润湿；当 $\theta \geq 90°$

时，叫作不能润湿。θ 角越小，润湿性能越好；当 θ 角为零时，液体在固体上铺展，固体表面完全被液体润湿。

在印刷实践中，考虑到印刷过程中的诸多因素，一般认为当 $\theta \leqslant 45°$ 时，印刷过程就可以顺利进行了。

（二）油水不相容原理

1. 极性分子和非极性分子

根据极性理论，保持物质化学性质的最小微粒——分子，可粗分为两大类：极性分子和非极性分子。非极性分子几何构型对称，电荷分布均匀，正、负电荷重心重合，偶极矩 μ 为零。

极性分子则相反：几何构型不对称，电荷分布不均匀，正、负电荷重心不重合，偶极矩 μ 不为零。同时，这种不对称、不均匀、不重合、不为零的情况越明显、越悬殊，分子的极性越强。因此，分子的极性强弱可通过偶极矩的大小来衡量，偶极矩越大，分子极性越强。各种分子的极性数值可从相关化学手册中查找得到。

2. 亲水基团和疏水基团

对于有机化合物分子来说，情况就比较特殊。例如：烷烃 C_nH_{2n+2} 是非极性分子，但是当烃分子中引入羟基（—OH）、氨基（—NH$_2$）、醛基（—CHO）或羰基（—CO）等极性基团时，分子就有了不同程度的极性。

又如，直链饱和一元醇 $C_nH_{2n+1}OH$，其烃基—R 即（C_nH_{2n+1}）越大，则一元醇的亲水性越差。例如：$C_9H_{19}OH$ 就完全不溶于水，可见亲油（—R）基越大，疏水性越强。

凡是既具备亲水基（极性基团），又具备亲油基（非极性基团）的分子，统称为两亲分子。它们一般为表面活性物质或表面活性剂，并用图形符号"O""—"表示，其中"O"为极性端，"—"为非极性端。

3. 分子间的力

极性理论指出：相似相溶，相似相亲和。极性分子和非极性分子不相溶、不相亲和，但是，在一定条件下，两者可相互混合成乳状液，这是受分子间力的作用的结果。

1879年，范德瓦耳斯（Vander Waals）发现了分子与分子间存在着一种近程力（分子间相距 $0.1 \sim 0.5$nm 时），称为"范德瓦耳斯力"。它以三种形式存在着：

(1) 取向力 [又称 Keeson（葛生）力]：它存在于极性分子之间。

(2) 诱导力 [又称 Debye（德拜）力]：它既存在于极性分子之间，又存在于极性分子和非极性分子之间。

(3) 色散力 [又称 London（伦敦）力]：它存在于极性分子之间、极性分子和非极性分子之间以及非极性分子之间。

由于范德瓦耳斯力的存在，因此，极性分子和极性分子优先亲和；非极性分子和非极性分子优先亲和。但在一定条件下，极性分子和非极性分子之间可以相混成乳状液。

4. 油墨与润湿液的关系

(1) 平版胶印油墨（以树脂型平版胶印油墨为例）是由高沸点煤油、合成树脂、少量的干性植物油及颜料等组成的胶黏状混合物，是非极性性质为主的物质。

(2) 平版印刷用的润湿液，一般由电解质、亲水胶体、表面活性物质或表面活性剂加水组成，是极性性质为主的物质。

因此，平版胶印油墨与润湿液的关系符合极性理论的规律：两者不相溶，不相亲和。但在印刷时，由于受到剪切和挤压的作用，两者发生一定程度的乳化。

二、平版胶印作业流程

平版胶印的作业流程包括为：印刷准备→参数预设→装版→调整机器部件→印刷。

（一）印刷准备

正式印刷前，根据客户要求，结合产品性能及胶印工艺特征设计印刷工艺，必须充分做好各项印刷前的准备工作，包括阅读产品工艺单、准备各项生产及辅助材料、按所印产品的特点对机器各部件进行调节试印等。

1. 印刷工艺单

根据印品原稿的特点，结合印刷工艺，将产品及原材料的规格和技术要求，以及客户的意见制成的表格，称为印刷工艺单。印刷工艺单的内容有：产品设计的规格和技术要求，原材料加工成产品的工艺方法，原材料性质、质量及规格型号规定，对加工产品质量的要求等。

2. 印版的准备

包括版材的规格尺寸检查，印版版面清洁度和平整度检查，印版色标、色别、规矩线等检查，版面网点与色调层次检查与版面文字和线条检查。

安装印版时，将印版连同印版下的衬垫材料，按照印版的定位要求，安装并固定在印版滚筒上。同时，校对印版的位置是否正确，不能歪斜。

3. 纸张的准备

纸张是最常用的印刷承印物。按照印刷工艺单要求准备印刷所需纸张，要按照纸张品种、规格尺寸进行裁切，然后进行必要的调湿处理，使之具有良好的印刷适性，以保证印刷的顺利进行。

4. 润版液的准备

胶印过程中，润版液的作用是在印版表面的空白部分形成水膜，阻止油墨的黏附和扩散，防止空白部分上墨起脏。胶印中印版空白部分的水膜要始终保持一定的厚度，既不可过薄也不能太厚，而且要十分均匀。水分过大，印品出现花白现象，实地部分产生所谓"水迹"，使印迹发虚，墨色深淡不匀；水分过小，易引起脏版、糊版等故障。润版液使用是否得当对网点的扩大、墨色深浅及产品质量都有直接的影响。除此之外，润版液可以降低墨辊之间、墨辊和印版辊之间高速运转所产生的高温；可以清洁印刷过程中产生的纸粉、纸毛；可以在印版空白部分发生磨损后与铝版反应生成新的亲水盐层，保持空白部分良好的润湿性。传统的润版液主要有普通润版液和酒精润版液两种，前者是在水中加入润湿粉剂及少量封版胶配置而成的，后者则是在水中加酒精、润版原液配置而成的。润版液中常用的亲水性胶体为阿拉伯胶与羧甲基纤维素（CMC）。目前，随着绿色印刷认证的推进，无酒精润版液得到了很好的应用，使无醇印刷成为现实。

5. 油墨的准备

生产前领取油墨并与施工单和付印样张核对，了解油墨中添加的辅助材料，避免重复添加。一般情况下，应在印刷前通过添加相应助剂调节油墨的印刷适性，如需调节油墨黏度，可选择调墨油或者使用去黏剂；如需调节油墨干燥性，可选择红燥油或白燥油，红燥油对油墨表面的催干效果较好，白燥油对油墨内部的催干效果较好。

6. 印刷色序的安排

印刷色序是指多色印刷中油墨叠印的次序。胶印的色序是个复杂的问题，应根据印刷机、油墨、纸张的性能以及印刷工艺的要求综合考虑。一般遵循以下原则：根据三原色油墨的明度排列色序；根据三原色油墨的透明度和遮盖力排列色序；根据网点面积占有率排列色序；根据原稿特点排列色序；根据机型排列色序；根据油墨干燥性质排列色序。此外，印刷色序还应考虑墨层的厚度、油墨的黏度与黏性。

（二）参数预设

现代高速多色平版印刷机一般都有中央控制台操作系统，不仅可以进行各种印刷参数的预设，而且可以在线即时控制。由于每个机型的系统程序设计不同，可控制的内容也存在差异，一般系统都具有以下功能。

1. 输墨量和润湿液输送量的预设及控制

根据活件的画面结构和尺寸规格，预先调节墨斗键的开度值、墨斗辊的转速等，有的机型还可以在中央控制台通过改变传墨频率来控制到达印版墨量的多少。润湿液的供给量也可以通过水斗辊的转速在中央控制台上预先设定，可以设定的内容还有润湿液的成分配比等。

2. 其他参数的预设

不同机器的自动化程度不同，操作者应充分利用设备的各项功能提高生产效率。输纸部分的尺寸、收纸部分的尺寸、压力、前规高度、侧规位置等都可以进行预先设置。

所有预先设定好的信息都被存储在中央控制台中，在需要时将这些信息调出，传送到机器上，机器便会根据指令进行相应的调节。

（三）装版

将印版固定在印版滚筒上的过程称为装版。根据胶印机结构的不同，装版的方法主要有：挂夹上版法、插夹上版法、弯边上版法和挂钉上版法。现代多色高速平版印刷机大多采用定位挂钉式版夹，它方便、快速、准确、安全。定位挂钉式版夹的装版有自动、半自动和全自动三种，不同的机器选配不同的装版方式，只要定位销位置准确，印版插装到位，装版误差一般不大。而且大部分机器的印版包衬已提前包好在印版滚筒上，装版时无须重垫包衬，大大缩短了装版时间。装版装置是为了在装版时简化各印版的套印工作，将印版上的定位孔套在印版滚筒的定位销钉上，再用版夹夹紧印版即可。现代先进的印刷机均设计有自动装版装置，其装版精确、方便、快捷。

装版后要进行印版校准，以调节图文在纸张上的准确位置，分手动校准和自动校准两种。

（四）调整机器部件

印刷前，应该检查纸路，包括输纸、传纸和收纸装置，保证印刷纸张能平稳、顺畅地输送。检查供水、供墨装置是否能正常运行。最重要的是调整好印刷压力，在平版印刷中，滚筒间只有存在印刷压力时，才能实现图文墨迹的转移，为了保证印品的质量，对印刷压力的设定有着严格的要求。平版印刷是通过橡皮滚筒的弹性形变来实现图文油墨转移的。滚筒包衬是否合适，直接影响印刷品的质量和印版的使用寿命，可通过对滚筒包衬质地、厚度的选择，采用不同的包衬方法来实现理想压力。

1. 包衬的选择

按照材料性质，包衬一般可以分为硬性包衬、中性包衬和软性包衬。

（1）硬性包衬。它是在橡皮滚筒下衬以纸张形成的。硬性包衬的厚度应在2mm以下，印刷压力（挤压变形值）控制在0.04~0.08mm。它对印刷机的制造精度、印刷速度及印版、橡皮布的平整度要求比较高，一般用在质量比较好的印刷机或接触式滚枕的机器上。

（2）中性包衬。中性包衬由橡皮布、夹胶布（或旧橡皮布）、纸张组成。包衬厚度为3.0~3.5mm，印刷压力（挤压变形值）为0.15~0.20mm。中性包衬软硬适中，印出的网点清晰、圆滑、扩大值小，一般用于不接触滚枕胶印机。

（3）软性包衬。软性包衬由橡皮布加毡呢和衬纸组成。包衬厚度约为4mm，印刷压力（挤压变形值）为0.2~0.25mm，甚至可到0.3mm。软性包衬弹性较大，形变量较大，压印时滚筒接触面较大，不容易出现杠子，对印版的磨损也比较小；但是网点容易扩大，印刷质量比较差，用于磨损比较大的旧机器。

2. 调整印刷压力

在实现图文油墨理想转移的前提下，印刷压力应尽可能小些为好。滚筒包衬的方法有等径法、不等径法和两者并用三种方法。无论哪一种方法，在印刷中都必须做到：

（1）三滚筒在同一角速度下做匀速圆周运动。

（2）齿轮的节圆直径与滚筒的有效直径相等，使滚筒表面线速度相等。

（3）滚筒的传动齿轮在节圆相切状态下运动。在印刷过程中，一方面要确保图文墨迹的充分转移；另一方面又要使网点印迹不铺展，摩擦量小，即保持理想印刷压力。调整印刷压力可以通过调整滚筒包衬厚度和调节滚筒中心距来完成。

（五）印刷

印刷时应先上水，后上墨。印刷过程中，在保证印刷质量的前提下，应尽可能用最小的压力和水分来印刷。要保持水墨平衡，防止水大墨大。印品墨色前后深浅应一致，空白部位不脏。发现问题应及时解决，以获得质量良好的印刷品。

三、平版胶印机基本构成

平版胶印机简称胶印机，无论出版物还是纸质包装印刷，胶印机已经成为印刷机最重要的类别。胶印机有圆压平型和圆压圆型两种压印形式。圆压平型胶印机起源于早期平版印刷，一般用作印版打样，已经被数字打样取代，很难见到；圆压圆型胶印机也被称为柯式印刷机或三滚筒印刷机，通常按照承印物的形状分为单张纸胶印机和卷筒纸胶印机两大类。还有其他分类法，比如，按每台胶印机的印刷色数分为单色机、双色机、四色机、六色机、八色机等，按印刷幅面大小分为八开机、四开机、对开机、全张机等。

（一）单张纸胶印机

单张纸胶印机一般由输纸装置、印刷装置和收纸装置组成，如图5-8所示。

1. 输纸装置

输纸部分是由自动升纸机构、纸张分离机构、纸张传递机构、纸张定位机构和自动控制机构组成的。

先把裁切整齐的单张纸堆放在可以保持一定高度的有自动升降装置的堆纸台上，然后

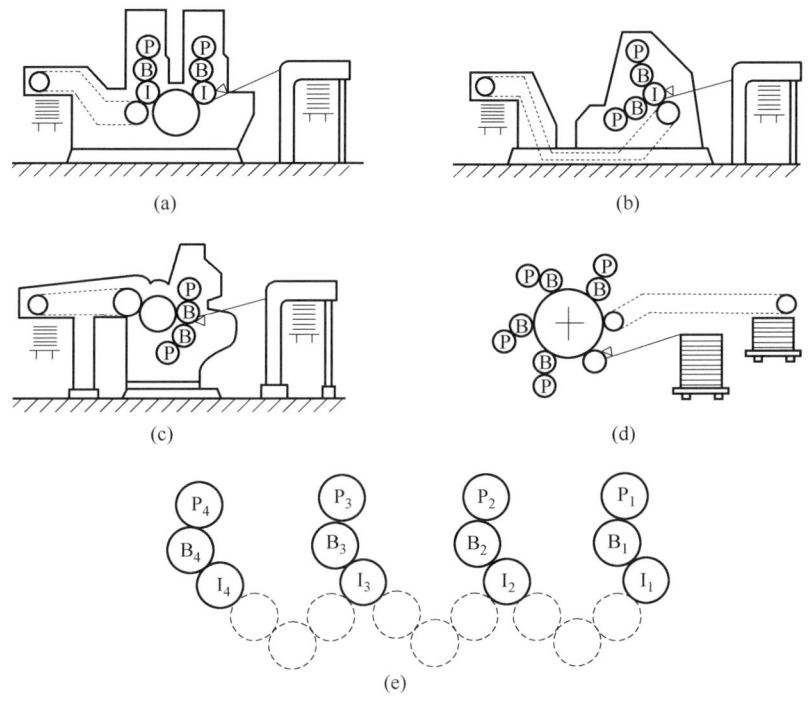

P—印版滚筒；B—橡皮滚筒；I—压印滚筒

图 5-8 常见的单张纸胶印机

(a) 机组型三滚筒双色胶印机 (b) 五滚筒双色胶印机 (c) 双面单色 B—B 型胶印机
(d) 卫星式四色胶印机 (e) 可变换双面多色胶印机

通过纸张分离机构（飞达）将纸一张张地分离，并由纸张传递机构输送到输纸台。分离的方法一般都是气动分离，利用气流使纸张散开。为了保证纸张在输纸台上顺利通过，输纸台上都装有双张、空张、歪斜等自动检测装置，发生上述问题时，输纸装置自动停止输纸。纸张定位机构由预挡规、前规、侧规组成。经输纸台传送的纸张边缘先接触预挡规，使纸张减速，再到达侧规和前规，起到横向定位和纵向定位的作用。在输纸台上排列整齐的纸最终被送至前规定位，进入印刷部分。

2. 印刷装置

实现油墨转印到纸张的装置称为印刷装置，它是胶印机上直接完成图文转移、实现印刷过程的关键部件。平版胶印机印刷装置主要包括：递纸传纸装置、输墨装置、润湿装置、印刷机构等，如图 5-9 所示。

(1) 递纸传纸装置。纸张定位后，由递纸牙排或压印滚筒叼纸牙排，咬住纸张，前规抬起，让纸张进入印刷部分。

(2) 输墨装置。输墨装置由墨斗、墨斗辊、传墨辊、串墨辊、匀墨辊、着墨辊、压胶辊组成。墨斗处以螺钉调节墨斗辊与钢皮间隙，控制输墨量。在开印前，传墨辊先与墨斗辊接触，接收墨斗辊上的油墨。串墨辊和匀墨辊都起着使油墨在墨辊上均匀分布的作用，串墨辊除径向转动外还做轴向的往复运动，使传墨辊传出的油墨均匀地分布在着墨辊上。当印版已被润版液充分润湿后，再使着墨辊与印版接触上墨。停印时，在传墨辊与墨斗辊停止接触后，着墨辊与印版脱开。

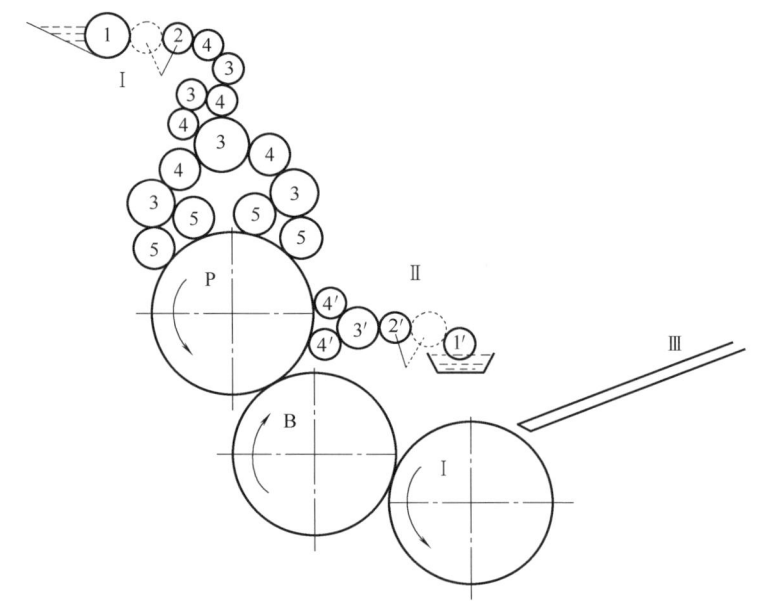

P—印版滚筒　B—橡皮滚筒　Ⅰ—压印滚筒　Ⅰ—输墨装置　Ⅱ—润湿装置　Ⅲ—输纸台
1—墨斗辊　2—传墨辊　3—串墨辊　4—匀墨辊　5—着墨辊　1′—水斗辊　2′—传水辊　3′—串水辊　4′—着水辊

图 5-9　平版胶印机印刷装置

集中供墨系统一方面解决了印刷机自动控制问题，提高印刷机生产效率，自动控制墨斗中的墨量，生产效率高，节约成本，降低工人劳动强度；另一方面，面对越来越严格的环境保护要求，集中供墨系统能够减少墨盒残墨及墨盒对环境的污染，因此已经成为印刷厂的标准配置。

（3）润湿装置。润湿装置是由水斗、水斗辊、传水辊、串水辊、着水辊组成的。通过传水辊的摆动，将水斗辊上的水分传递到串水辊上，串水辊既转动，又做轴向往复运动，将水均匀地传到着水辊上，着水辊与印版接触，均匀地润湿印版。

除水辊接触式润湿装置外，还有毛刷辊润湿装置、喷水润湿装置、空气刮刀润湿装置等。

（4）印刷机构。印刷机构由印版滚筒、橡皮滚筒、压印滚筒、离合压、齿轮等组成，是印刷机的核心机构。印版滚筒上安装印版，在它的周围安装有着墨装置、润湿装置和印版装版装置。橡皮滚筒上包卷有橡皮布，先转印印版上的图文油墨，然后通过压印滚筒给承印物和橡皮滚筒施加压力，将橡皮滚筒上的图文油墨转移到承印物上，橡皮滚筒起到中间载体的作用。压印后由压印滚筒咬纸牙排将印完的纸传递给下一色印刷单元，或传送至收纸滚筒进行收纸。

3. 收纸装置

收纸装置由出纸机构、齐纸机构、收纸台升降机构及辅助装置组成。印刷装置送出的纸张被输送到收纸台，整齐地堆放在收纸台上，根据印刷工艺要求，收纸台自动下降或快速上升，辅助装置包括防止纸张粘脏和蹭脏的装置、纸张平整器、加速纸张落入纸堆的风扇、辅助收纸板等。

(二)卷筒纸胶印机

卷筒纸胶印机的印刷原理与单张纸印刷机基本相同,主要区别在于给纸输入和书帖输出部分。下面主要介绍卷筒纸胶印机的给纸机、印刷机和折页机。图 5-10 所示是几种卷筒纸胶印机结构示意图。如果采用热固油墨进行印刷时,还需加装烘干系统。

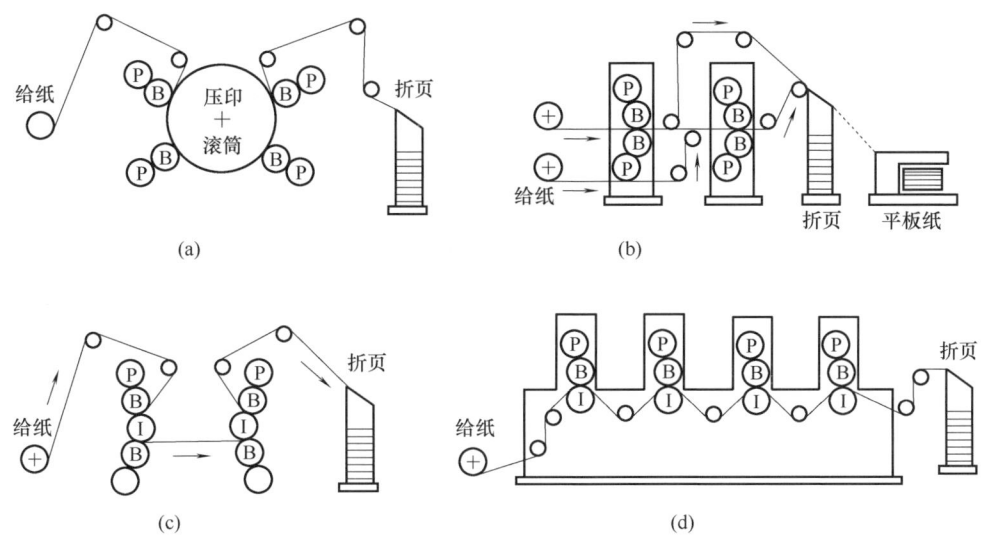

图 5-10 常见卷筒纸胶印机
(a) 卫星型 (b) B—B 型(两组双色双面印刷) (c) 五滚筒型四色单面胶印机 (d) 机组型卷筒纸胶印机

1. 给纸机

给纸机由卷筒纸安装机构、张力控制机构、纸带引导系统等组成。卷筒纸安装机构主要包括卷筒纸纸架、纸卷卡紧机构、纸卷升降机构、纸卷轴向调节机构及自动接纸系统等部分。张力控制机构主要是通过纸卷制动装置、纸带减振装置和相应调节机构间的相互协调作用来实现纸带张力的恒定,确保印刷能够顺利平稳地进行。纸带引导系统主要用来完成对纸带的输送、引导和控制,控制纸带的运动路线和方向,完成纸带的翻转工作,使纸带相对于印刷部件产生纵向位移,并且调整纸带横向位置,由导送、制动和接纸三个部分组成。

2. 印刷机

卷筒纸印刷的过程中,纸张仍然是以纸带的方式传送。基本印刷原理和单张纸印刷相同,但是由于卷筒纸以纸带的方式传输,便于翻转,因此可以方便地进行双面印刷,图 5-10(b) 所示的 B-B 型印刷结构是指一种无须反转就可以进行双面印刷的卷筒纸印刷结构,使用最为广泛。B-B 型是指这种印刷方式使用两个橡皮滚筒相对挤压,纸张从两个橡皮滚筒中穿过之后同时完成正反两面印刷。由此可见这种印刷结构每个单面印刷只需一个印版滚筒和一个橡皮滚筒,省去了压印滚筒。除此之外,还有卫星型印刷机,卫星型指多组印版和橡皮滚筒围绕在一个较大的压印滚筒周围,纸张绕压印滚筒一周,可以同时印刷多色 [图 5-10(a)]。机组型卷筒纸胶印结构是将一组印刷单元依次排列成行,每个单元都由印版、橡皮和压印滚筒,以及单独的上墨、上水系统组成,纸张在这个机组中输送一次,可以完成多色印刷,若想正反双面印刷,需要专门的翻转设备,翻转之后的纸张再重新输送进机组进行反面印刷［图 5-10（d）］。

3. 折页机

卷筒纸折页装置通常称为折页机，它是轮转印刷机的重要组成部分。它的作用是将正反面均已印好的纸带，根据印刷品规格要求进行裁切、折叠和输出。

四、机组式四色胶印机

目前，市场上安装的机组式四色胶印机已经具备了高速平稳、高效多色、高质灵活，数字网络化、操作与管理一体化、自动控制化、安全环保化的"三高四化"特征。高精印刷品复制可获得高清晰度、高饱和度、高密度和印刷品阶调层次足够全的"三高一全"产品。随着包装专色印刷、高亮度印刷品需求的增加，采用 UV 油墨、加装上光等工艺促使胶印机出现更多色组扩充，但是未能离开四色印刷机的基本结构与原理。

机组式四色胶印机的机械部分由输纸装置、定位装置、递纸装置、印刷装置、输墨装置、输水装置、传纸装置和收纸装置组成（图 5-11），电器部分由控制、驱动、操作及附属设备等组成，总体上可以分为输纸、印刷、收纸和控制四部分。机器必须在保证传纸精度的条件下才能完成印刷任务，获得高品质的印刷产品。

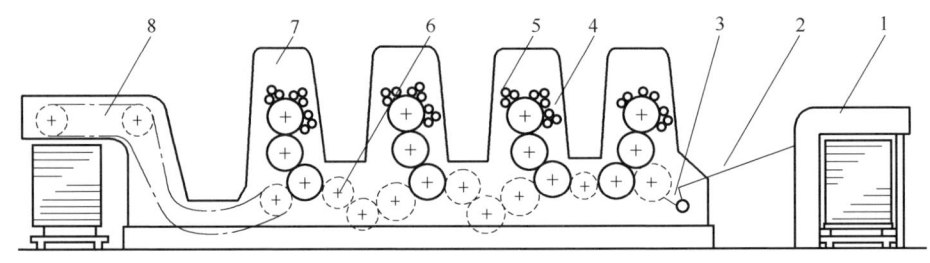

1—输纸装置　2—定位装置　3—递纸装置　4—润湿装置
5—输墨装置　6—传纸装置　7—印刷装置　8—收纸装置

图 5-11　四色胶印机

（一）输纸部分

1. 输纸装置

输纸装置一般由输纸器（俗称飞达）、输纸台、输纸检测器、输纸传动机构、输纸堆快速升降与自动升降机构、气动机构等组成。

（1）输纸器：由松纸吹嘴、分纸吹嘴、分纸吸嘴、送纸吸嘴、挡纸毛刷及挡纸牙等组成，由它们把纸堆上的纸有序而平整地、一张张传递到输纸板。

（2）输纸台：老式输纸台由送纸轴、线带轴、压纸轮、毛刷轮、毛刷、挡纸板、线带张紧轮、线带等组成。新式输纸台由送纸轴、传送轮、真空吸纸输送带等组成。输纸台用来准确地把纸张送到前挡规定位。

（3）输纸检测器：由安全杠、双张检测器、歪斜检测器、空张检测器、纸堆高度探测器等构成，用来检测双张、多张、歪斜、空张等信号，探测印刷时的纸堆高度是否符合输纸要求，并发出相应的控制信号。

（4）输纸传动机构：把运动传递到各个工作机构，使输纸装置的工作周期和印刷装置相同。

（5）输纸堆快速升降与自动升降机构：可以减少辅助时间，并使印刷用纸保持输纸需要的正常高度。

（6）气动机构：由吸气阀、吹气阀、控制阀等组成。由它向各类吹嘴、吸嘴和真空吸气传纸带提供吹风和吸风。

2. 定位装置

机组式四色印刷机所印纸张位置由定位装置完成。定位装置也称规矩部件，分散传送的单张纸通过其定位，可以实现待印图文位置的相对固定。对纸张进行纵向定位的装置称为前规机构，对纸张进行横向定位的装置称为侧规机构。利用单色印刷机进行四色印刷时，前规和侧规是套印的核心部件。而现在的机组式四色印刷机套印精度完全能够满足纸张正确走向和印后加工折页精度要求，极大地提高了印刷速度和生产效率。但是，定位装置仍然是印刷机的重要组成部分。如图 5-12 所示，纸张从纸堆出来到前规定位分为三个功能区：分纸送纸区（飞达）、输纸区和纸张定位区（前规和侧规）。

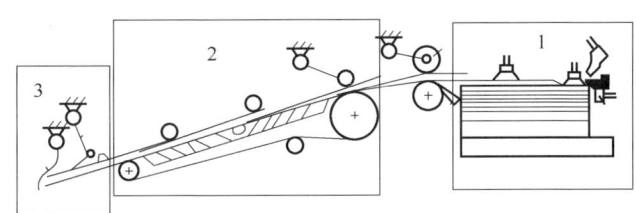

1—分纸送纸区　2—输纸区　3—纸张定位区

图 5-12　给纸基本功能

（1）前规：对印张纵向（上下位置）进行定位的机构，分为上摆式前规、下摆式前规、组合式前规等。前规和侧规定位调节，应满足纸张交接的基本条件，即印刷递纸不发生咬力不够、交接撕纸等状况。

（2）侧规：对纸张作轴向（左右方向）定位的机构，分为铁条压板式、扇形板式、滚轮对滚式、气动式和无侧规式等。无侧规纸张定位分为四个过程：在纸张到达前规前，电眼将纸张边缘的位置准确地反馈到控制系统；控制系统根据得到的纸张位置的数据信息，对递纸滚筒上的牙排位置进行初步调节；经过初步定位的递纸滚筒牙排接过纸张后，再根据电脑中纸张位置的数据进行精确定位；递纸滚筒将经过准确定位的纸张交接给压印滚筒。

(二) 印刷部分

1. 递纸装置

纸张在输纸板前端定位后，完成从输纸板前端到印刷机第一色组压印滚筒交接的机构称为递纸装置，也称递纸牙机构。这类机构是单张纸胶印机的关键性机构，其结构及运动、动力性能，对于准确平稳地传递纸张、保证套印精度和提高机器速度，都起着极为重要的作用，因此通常是印刷机制造商关注的重点。图 5-13 所示为几种常见递纸方式，分为上摆式、下摆式、偏心式、连续旋转式、间隙旋转式等。

递纸装置在设计时应考虑以下工艺和运动特点。

（1）递纸牙在静止状态下叼住已定好位的纸张。

（2）良好的动力性能使递纸牙从输纸板前端向压印滚筒加速传纸，平稳地将纸张由速度为零加速到和压印滚筒表面线速度相同。

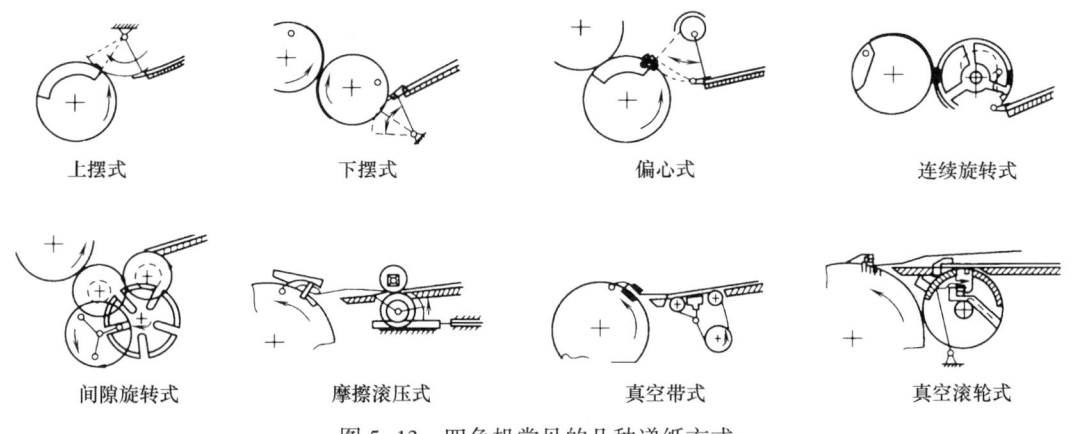

图 5-13　四色机常见的几种递纸方式

（3）在纸张交给压印滚筒咬牙的过程中，递纸牙和压印滚筒咬牙的速度相等，方向一致。

（4）纸张传递、交接过程中，始终可靠地控制着纸张。在与压印滚筒交接过程中，递纸牙与压印滚筒咬牙有一段 3~5mm 的同步运动，不会出现脱空和撕纸状况。

（5）取纸或递纸有足够交接时间。递纸牙在输纸板上咬住纸张后，静止一定时间后才开始加速；递纸牙与压印滚筒咬纸牙交接时共同咬住纸张相对静止地走过一段时间。

2. 润湿装置

润湿装置有间隙式供水和连续式供水两类。间隙式供水方式结构简单，缺点是水墨平衡波动大、软质水辊需要套绒布套、布套上的绒毛容易粘黏、绒布容易着墨等，对印刷质量产生不利影响。连续式供水与低表面张力的润湿液配套使用，软质水辊不需要套绒布套，清洗方便，无粘黏绒布之患，不易着墨，而且，供液量容易控制，水墨平衡快，稳定性好。

3. 输墨装置

输墨装置由供墨机构、匀墨机构和着墨机构组成。为了使印刷临时中断前后的印迹墨层深浅变化尽可能小，印刷机控制系统进行设计跟踪，根据离压或合压等情况自动调整水路和墨路的走向与组合形式。传统的输墨装置墨路都较长，墨色调节的响应速度慢，温度常常成为影响印刷质量的因素，一些印刷机采用串墨辊冷却（图 5-14），提高供墨的可靠性，特别是 UV 油墨印刷时，温度显得更重要。现在，短墨路方案开始应用于实践中，比如，高宝印刷机采用 17 根墨辊的输墨方式，热效应要低一些。随着网纹辊技术的成熟，网纹辊计量的供墨装置将得到推广。

4. 印刷装置

印刷装置由滚筒机构、离合压机构、调压机构（中心距调节机构）、轴向（横向）和周向（纵向）套印机构等组成。滚筒机构是印刷装置的核心，一般由滚筒体、肩铁（滚枕）、齿轮、轴承，以及印版滚筒装夹印版、橡皮滚筒装夹橡皮布和压印滚筒传递纸张的机构等组成，并与传动机构、离合压机构、套印机构相连接。为了适应高速、多色、优质的印刷需要，滚筒体应有足够的刚度；滚筒均需做严格的动平衡和静平衡校准；在满足润滑的条件下，运动间隙要尽量小，以保证运动的平稳性；滚筒表面进行特别处理，保证印

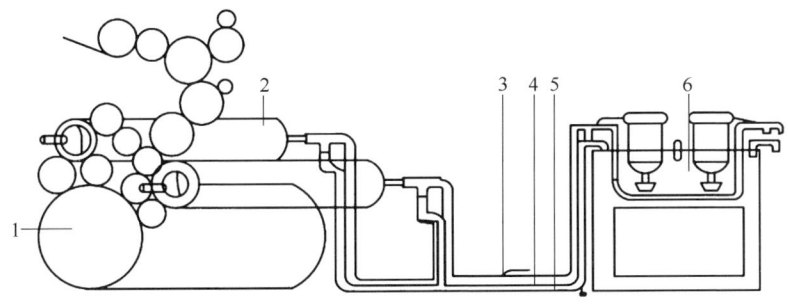

1—印版滚筒　2—串墨辊　3—水阀　4—串墨辊用水管（输入）
5—串墨辊用水管（输出）　6—冷却液体循环系统

图 5-14　印刷机墨路控温原理

版调斜移动顺畅，避免油墨污染滚筒表面。轴向（横向）和周向（纵向）套印调节范围一般为±2mm。

5. 传纸装置

传纸装置分为链条传纸和滚筒传纸两部分。从输纸装置到印刷装置一般采用滚筒传纸，从印刷装置到收纸装置一般采用链条传纸，印刷机一次印刷双面时，印刷装置中间还有翻纸机构。传纸滚筒分为等径传纸滚筒和倍径传纸滚筒，倍径传纸滚筒直径是印版滚筒直径的两倍，可以降低纸张交接速度，增加传纸准确性。有些印刷机把斜向套印调节放在传纸滚筒上，在轴承套上增加偏心套，开机时，调节传纸滚筒两端轴承套，改变前一色组纸张传递到后面色组时的图文对角线位置，进行斜向纠偏，实现自动化控制。

现代机组式四色印刷机的色组间传纸大多采用滚筒方式传纸，传纸精度可靠性高，套印精度得到较好的保证。在传纸机构作用下，待印纸张在印刷周期内实现无间隙控制。理想的状态是，传纸滚筒与压印滚筒的咬纸牙在交接过程中，交纸的一方开牙的同时接纸的一方闭牙，但是由于制造、安装和运动过程都存在误差，这种传递没有实际可操作性。经过生产实践检验，传递双方交接时，咬纸牙在圆周上停留3~5mm弧长的交接轨迹。留出时间让纸张交接并不会让纸张产生变形，或影响套印精度，所以印刷机制造商通常按这一实验结果设计和制造印刷机。

（三）**收纸部分**

收纸部分由出纸机构、齐纸机构、辅助机构、收纸台和升降机构组成，干燥装置也包含在这部分里。

收纸系统将印刷完毕的印张从最后一色压印滚筒的咬纸牙排上接过来，完好地传到收纸台上并码齐，以便运走进行后序加工。收纸装置的可靠性、可操作性是印刷过程高效、自动化的重要因素，收纸时印张正面向上，便于操作者观察印品质量，高速印刷时取样；留有合理干燥时间，防止图文蹭脏；收纸堆应堆放整齐，堆叠成垛，以便后工序检验、运输、裁切、折页等；印张纸边不撕口、画面不蹭脏；收纸装置可以调节，适用于各种不同规格、厚度的纸张，也可以不停机更换收纸垛。

（四）**控制系统**

操作人员通过印刷机控制台可以对印刷机进行全方位的操控。例如印刷前自动调用

CIP版面油墨，控制台自动预置墨量，操作人员可以根据印刷样张实时调整各墨区的油墨量，一般不需要手动调节。目前，无轴传动技术在印刷机上已经得到应用。

五、无轴驱动卷筒纸胶印机

（一）胶印机控制系统概述

在智能化控制的参与下，胶印机控制系统通常分为三部分进行智能控制管理。一部分是驱动印刷机运动的同步控制系统，即无轴驱动控制；另一部分是保障印刷机生产和安全的监测系统，如单张纸印刷机的输纸、离合压、合墨、合水、传纸、套印、收纸等步调一致性控制，又如卷筒纸印刷机的张力、断纸监测、离合压、合墨、合水、裁切输出等步调一致性控制；还有一部分是印刷操作控制，也称作墨色调节控制或色彩管理系统，包括润版液、油墨用量调节和数字印版文件连接CIP3墨色预置。

数字化印刷条件下，胶印机控制技术已经发生了根本的变化。一些印刷机制造商把三部分集成为一个系统，如罗兰PCOM2000系统、海德堡CP2000系统、高宝WIN NET和Ergo Tronic系统等。但仍然有印刷机采用分散式控制，如北人、高斯用的是主控和墨控两个系统。下面简单介绍无轴控制方法。

1. 无轴控制的特征

（1）驱动小型化。原先一台8个印刷装置的印刷机，单个电机容量≥90kW，可调整为单个电机容量≤27kW的多电机驱动，设备起动对电网的冲击降低了2/3。

（2）传动稳定，印刷质量高。如原先一台8色印刷机每个机械同步运动的各个部件间存在运动容差，第1印刷装置和第8印刷装置的误差往往比第1印刷装置和第2印刷装置的误差大7倍，直到机械齿轮和转轴达到平稳连续运动状态，这种误差才有可能消除。而多电机驱动消除了机械装置长距离传动带来的误差。无轴传动驱动辊的速度调节精度达0.01%，能精确控制印刷纸带拉纸辊速度，有效控制多纸路印刷走纸稳定性、张力均匀性、裁切一致性等。无轴传动的定位精度提高了自动换版的可靠性，也提高了印刷套印和裁切套准的反应速度，极大地减少了废品率。

（3）自动化控制，操作效率高。无轴传动技术采用了国际传动通信标准来执行信息传输功能，采用串行实时通信系统，把印刷机的运行标准参数制定在系统中，再采集印刷机运行参数与之比较，辅助诊断设备故障位置。无轴传动技术可以实现每个色组装置独立驱动，整台机器也可以由多人同时做印刷准备工作，减少了开机准备时间，工作效率大大提高。

2. 无轴驱动技术

（1）无轴传动通信。无轴传动技术采用国际传动通信标准SERCOS（串行实时通信系统）进行设计，利用分散式智能技术，通过光导纤维以数字方式实时传输控制信息。每组电机通过分散式智能卡发出控制信息，可以灵活控制40个位置的电机；由光纤通信技术把32个智能卡连接在一起，可以组成一个多达1000个位置的电机控制群。

（2）无轴传动同步。印刷机无轴传动系统由智能型数字变频器、交流电机和32位数字编码闭环反馈系统三部分组成。无轴传动系统同步依靠32位数字编码闭环反馈系统控制，可以在一秒内对交流电机的位置完成4000次的定位校正。智能型数字变频器对交流电机进行200万个单位的步进驱动，通过以太网接口的光纤数字传输的网络连接，充分满足高质量印刷要求。

3. 无轴驱动网络控制

印刷机无轴驱动网络控制主要由中心服务器、MDS 电子轴、以太网络、印刷管理服务器、墨区管理器等硬件和软件组成，如图 5-15 所示。

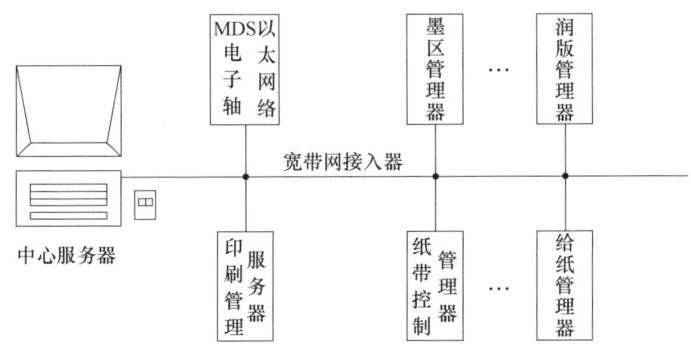

图 5-15　印刷机无轴驱动网络控制

（二）无轴驱动塔式卷筒纸印刷机

图 5-16 所示是一种典型的立式安装塔式卷筒纸印刷机，它主要由给纸机、印刷机、折页机、导纸系统、操作系统、驱动系统、润版液供给系统、压缩空气供给系统和其他辅助设施等组成。下面介绍主要功能的实现过程。

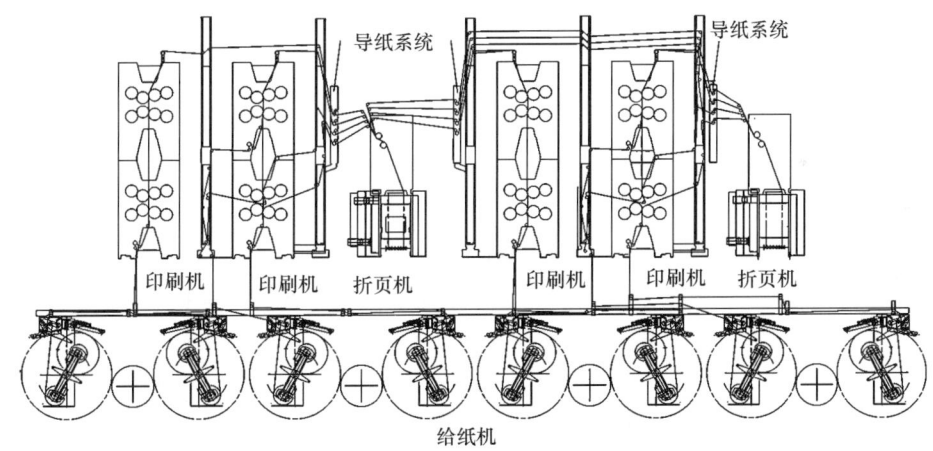

图 5-16　立式安装塔式卷筒纸印刷机

1. 给纸机

卷筒纸印刷机通常安装带有纸带控制型双纸卷臂架结构的给纸机，可以独立操作。其中，一个纸卷臂处于工作状态下，另一纸卷臂有充足的时间更换新的纸卷，以方便不停机接纸印刷。给纸机一般配备有自动换纸控制系统，可以减少供纸区的人员配置，并且降低工人的劳动强度。纸卷臂安装在同一定位机构上转动，以保证同步运行。

2. 印刷机

该塔式印刷机有八个色组，每个色组一般安装 2 个或 4 个驱动电机，可以同时印刷双面四色；两个色组组成一个 B-B 型印刷桥，每个印刷桥都可以在操作台对输水、输墨、合压、离压等进行操作；在无轴驱动控制模式下，每个 B-B 都可以独立运行或 2 个 B-B 独立运行；一般墨斗加墨采用管道、手动或自动加墨方式，润版液由独立的供液站输送，墨色控制可以连接 CIP3 进行油墨预置。

图 5-17 所示是卷筒纸轮转胶印机常见的几种润版方式。润版液一般不添加醇类物质，需要控制电导率和 pH。润版液的电导率应控制在 600~1200μS/cm；pH 是溶液酸碱性强弱的体现，一般控制在 4.5~5.5。对于优质印刷品而言，pH 必须保持在最佳范围内，否则会造成糊版、印版发花、起脏、脱墨等一系列问题。

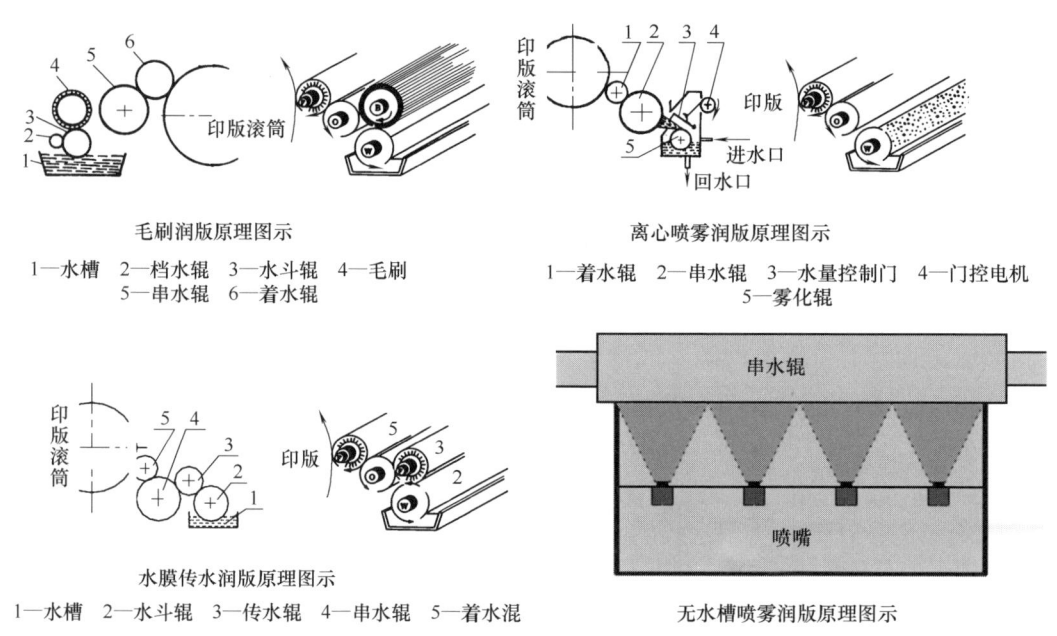

图 5-17 常见的几种胶印机润版方式

3. 折页机

折页机是卷筒纸印刷机的重要组成部分，它直接决定印刷机的开机速度。折页机分上部结构和下部结构两部分，上部结构安装三角板，完成第一折，通常由一个电机驱动，下部结构的折页过程由裁切滚、折页滚和传页滚完成。按照裁切滚、折页滚和传页滚的直径比例不同分为 2∶2∶2、2∶3∶2 和 2∶3∶3 三种形式，后面两种可以存页，通常由一个电机驱动。根据配置不同，折页机可以输出 8 开、16 开、32 开书帖，有些折页机还可输出 24 开书帖。

4. 控制系统

卷筒纸印刷机的控制系统包括操作系统和驱动系统两部分。印刷开机停机、生产方式安排、印刷套准、裁切套准、供水供墨、CIP3 油墨预置、色彩控制等都由操作系统完成，驱动系统是驱动印刷机、折页机的各个电机同步工作。

5. 导纸系统

导纸系统是卷筒纸印刷机比较重要的装置，印刷套准精度、印刷品品质都与导纸系统的张力密切相关。给纸机、印刷机和折页机能否正常工作主要决定于导纸系统的工作状态。一般在纸张进印刷机前和出印刷机时都配有纸带张力校正系统。

第三节 凹版印刷

凹版印刷通过网纹辊上墨，印版滚筒直接转印油墨至承印物表面，是一种直接印刷方式，属于短墨路印刷，因其印版网穴呈凹形而得名。凹版印刷画面精细，印版耐印力高，适合包装尤其是软包装领域的大批量印刷，以及有价证券等活件的高质量印刷。

一、凹版印刷原理

（一）凹版印刷原理

印版上图文部分凹下，空白部分凸起并处在同一平面或同一半径的弧面上，涂有油墨的印版表面，经刮墨刀刮掉空白部分油墨后，在压力作用下将存留在图文部分"孔穴"中的油墨转移到承印物表面。印刷后利用电热烘箱产生的热风对其表面进行干燥，使油墨中的溶剂充分挥发后再依次进入其他色组进行印刷和干燥，最后对成品进行收料，完成基材的多色印刷。

（二）凹版印刷的特点

（1）印品墨层厚实，可达 $10\mu m$（平印仅为 $2\sim3\mu m$，凸印为 $2\sim5\mu m$），凹印可复制色调的范围宽，墨色饱和均匀，层次丰富、清晰，能真实再现原稿效果。

（2）凹版印刷灵活性大，适用于不同的承印材料，如 PVDC（聚偏二氯乙烯）、PET、PE（聚乙烯）、NY（尼龙）、CPP、OPP（聚丙烯）、BOPP、组合膜，以及其他与以上材料有相同性质的薄膜、纸张等。凹版印刷不仅可以广泛使用溶剂性油墨，也可以使用水性油墨和各种涂料印刷。机器大多数采用微机自动控制，运转平稳，速度快，印刷速度最高可超过 40000r/h。

（3）凹版滚筒耐印力高，使用寿命长，适合长版印刷，平均耐印力可达到 100 万～300 万印。由于凹版印刷工艺技术比较复杂、工序相对较多、整条生产线的投资也比较大，因此，它适合作为较长期的投资。

（4）综合加工能力强，凹版印刷机可附加上光、覆膜、涂布、模切、分切、打孔、横断等工序。随着各种纸质包装的不断出现，如购物袋、商品包装袋、垃圾袋、冰箱保鲜袋等的应用，工业品包装、日用品包装、服装包装、医药包装大量采用的塑料软包装，各种固体包装盒、液体包装盒、烟包类、酒包类等都需要凹印设备的综合加工。

二、凹版印刷作业流程

凹版印刷作业流程包括：印刷前准备，印刷作业，烘干、冷却，印后加工，停机并收料等。

（一）印刷前准备

1. 印前检查

印前检查包括印刷机设备与环境检查、原辅材料要求检查、版辊质量检查等。其中较为重要的是油墨黏度，如设备上有油墨黏度自动控制仪，应调节印刷油墨的黏度在 14～18s（$3^\#$蔡恩杯）范围内。

2. 装版

装版时要注意印版的左右面，卡紧锥体时不能过紧，防止把铜版辊胀裂；也不能过松，否则印刷时会"逃版"。按照印刷色序来安装版辊。里印的印刷色序是金银墨→黑墨→原青→原黄→原红（品红墨）→白墨。正印时则按相反顺序印刷。

3. 上刮墨刀

刮墨刀一般采用薄钢片，厚度为 0.15~0.55mm。刮墨刀同印版辊接触点切线之间的夹角为 15°~45°，小于 15°，油墨不易刮净；大于 45°，印版和刮刀的损伤都比较严重，易把印版镀铬层刮坏。刮墨刀压力不宜过大，太大易损坏印版；过小则不易刮净油墨。刮墨刀与硬刀衬片重叠后置于上下夹持板中间，用螺栓拧紧。操作时螺栓要从中间向左右两端对称地拧紧，以消除刀片弯曲。刮墨刀伸出硬刀衬片的长度为 10~20mm，伸出长度过长时，刮墨刀柔软，不易刮净；过短则刚性增加，刮擦力太大，易损刀损版。硬刀衬片厚度为 0.8~1.8mm。

4. 选配压印滚筒

选择压印滚筒时，需根据印刷材料种类选择相应硬度，根据印版滚筒长度选择合适长度，一般要求压印滚筒比印版滚筒长 4~10cm。

5. 供墨系统

所有墨槽在印刷前都要进行清洗。不管是什么样的墨槽，在倒入不同色相的油墨前，特别是深色改浅色时，应尽量把墨槽清洗干净，避免油墨被污染带来不必要的损失。当然，印刷结束后也要仔细清洁。墨槽要调整到适当高度，以保证滚筒有合适的浸墨深度。保持墨泵和导墨管的清洁十分重要，防止油墨还未循环就堵塞墨泵和导墨管，也可防止油墨污染。

6. 凹印机调整

凹印机调整主要是对印刷机进行功能选择和参数设定。功能选择包括：需要使用的印刷单元、电晕处理、翻转机构、单边干燥或双边干燥等，确定走纸路径并穿纸（穿膜）。参数设定包括：各段张力、各干燥室温度、冷却温度、压印力、材料直径、自动放卷直径、收卷张力锥度等，不同的产品有不同的参数。根据工艺要求，在印刷每个产品之前需要设定一系列的印刷参数。不同凹印机的参数种类和设定方式常常不同，不同传动方式（机械传动和独立传动的凹印机）的设定也不同。

（二）印刷作业

凹版轮转机一般采用无级变速系统控制印刷速度，为了使各色印刷单元同步，通常采用一个主电机和无级变速器，用一根长的转动轴带动整个印刷系统。开动墨泵，检查墨泵是否倒转。在各色印版离合器脱离的状况下启动主电机，检查变速器变速情况，然后打开干燥器和鼓风机，在低速下合上离合器，进行套色。以第一色为基准，启动点动开关进行第二、第三、第四色的纵向套色对准；然后仍以第一色为基准，进行第二、第三、第四色横向套色对准，横向的套色用手轮微调对准。纵横向套色对准后，加快印刷速度。没有全自动电脑对版装置的，无论是卫星式轮转机还是组合式轮转机，印刷速度都不要超过 40m/min。一旦超过 40m/min，肉眼无法跟踪观察，所以一般控制在 25~30m/min 即可。操作工人应密切注意套色情况，随时手工调节。如有全自动电脑对版装置，则应把操作模式打在自动对版上，这时，电脑能自动跟踪，发现偏离情况时会自动发出纠正信号，使版辊或基材移动，重新对准。

（三）烘干、冷却

在进口设备上有一加热辊，待印基材放卷后，将基材加热到50℃左右，然后进入第一色印刷单元。基材温热有利于印刷油墨黏附力的提高和干燥。涂上油墨后进入干燥器，干燥器的温度以低→高→低的形式设定，便于快速干燥。不能印刷后立即进入高温干燥，这样油墨层表面容易结膜，阻止里面溶剂的挥发干燥，导致印刷品干燥不够，堆放中易反粘。

（四）印后加工

印后加工按加工目的可分为以下几种。

（1）对印刷品表面进行的美化装饰加工。包括提高光泽度的上光或覆膜加工，提高立体感的凹凸压印或水晶立体滴塑加工，增强印刷品闪烁感的折光、烫箔加工等。

（2）使印刷品获取特定功能的加工。不同的印刷品因其服务对象或使用目的的不同而应具备或加强某方面的功能，如使印刷品有防油、防潮、防磨损、防虫等防护功能。有些印刷品则应具备某种特定功能，如邮票、介绍信等的可撕断性，单据、表格等的可复写性，磁卡的防伪性能等。

（3）印刷品的成型加工。例如，将单页印刷品裁切到设计规定的幅面尺寸，书刊本册的装订，包装物的模切压痕加工等。

（五）停机并收料

停止主电机，印刷基材停止给料。压印辊提升，刮刀脱离印刷版面，停止墨泵，倒出剩余油墨，清洗印版表面直到无残留印墨，取下已印刷完的基材，关闭干燥器，清洁地面。当印版不再使用时，把印版卸下，两端架起，放在专用的印版架上。如长期不用，则包好后放置在仓库中。一组印辊应放在一起，避免混乱，外面要贴上标签，并注明已印刷了多少印次，以备随时使用。

三、凹版印刷机

凹版印刷机的印版滚筒是金属滚筒，通常采用圆压圆的印刷方式。按照其供料方式可以分为单张凹印机和卷筒型凹印机，按照承印物的不同可以分为纸张凹印机和塑料凹印机，按照印刷色数分为单色凹印机和多色凹印机；按照印刷机组排列方式分为层叠式凹印机、卫星式凹印机和机组式凹印机。

（一）凹版印刷机基本构成

凹版印刷机的工作原理与其他圆压圆型印刷机工作原理相似。所不同的是凹版印刷机的输墨系统没有匀墨传墨装置系统，而是直接将印版滚筒浸渍在墨槽内，凹版滚筒在旋转过程中将墨槽中的油墨滚涂到印版表面，在油墨槽上方设置有刮墨刀，在它的作用下，将印版滚筒表面空白部分的油墨刮下，然后，承印物在压印滚筒施压下，和印版滚筒接触，完成油墨转移。因此，凹印速度比较快，印刷压力比较大，印刷装置简单。印刷时，要求油墨能够迅速填满所有图文部分网穴，印刷后，还要求油墨能够迅速干燥。因此，油墨应具有流动性大和干燥快的特点，过去通常采用易挥发的有机溶剂油墨，给环境造成污染。

为了使印刷品迅速干燥，防止粘脏，使印迹有光泽，承印物的传递过程中必须采用干燥装置。常用的干燥方法是加热干燥，但干燥时切忌明火，也可以用红外线干燥代替电热干燥。

1. 基本组成

凹版印刷机主要由给纸装置、印刷装置、干燥装置、收纸装置（复卷装置）及附属装置等组成。目前，机组式凹版印刷机发展较快，其给纸、收纸装置与其他类型印刷机基本相同。在此以机组式凹版印刷机为例，介绍其印刷装置、干燥装置、附属装置和复卷装置。

2. 印刷装置

按印刷滚筒的构成形式分类，凹版印刷机的印刷装置主要有两种类型，即标准型和顶压滚筒型，如图 5-18 所示。由于凹版印刷机需要的印刷压力较大，所以为了实现良好的油墨转移可以选用顶压滚筒型印刷装置，即在压印滚筒的上方增设顶压滚筒。

印版滚筒按筒体和表面的印版结构特点可以分为卷绕式、分离式和整体式。卷绕式印版滚筒从某种程度上说也属于分离式，印版滚筒表面的印版单独制作，印刷前将制作好的平面式印版卷绕在滚筒体表面进行印刷。这种形式的印版滚筒，制版方便，可以实现制版、电镀设备的小型化，印版也便于保存，但是印版的安装不方便，印版的刚性比较差。分离式印版滚筒的滚筒体与表面的印版也是

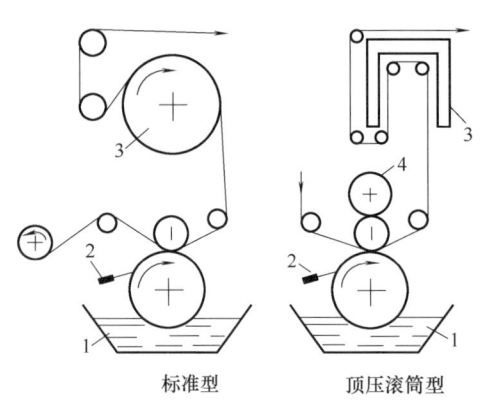

1—墨斗　2—刮墨刀　3—干燥装置　4—顶压滚筒

图 5-18 凹版机印刷装置

采用分离式结构，但是表面的印版采用滚筒型，印刷前套合在筒体上。其制造工艺性比较好，搬运与保管也比较方便，但是对滚筒体与滚筒型印版的套合精度要求较高。整体式印版滚筒采用整体式结构，具有良好的刚性，有利于保证套准精度，适合于大批量、高速印刷。

凹版印刷机的压印滚筒一般不靠齿轮驱动，而是依靠印版滚筒的接触摩擦力带动其旋转。因为压印滚筒对印版滚筒所施的印刷压力比较大，所以印刷过程中两滚筒之间在接触时不会产生滑动。压印滚筒的直径不需要与印版滚筒保持恒定的传动比，但是，对压印滚筒的正圆度和圆柱度有比较高的要求。此外，在压印滚筒上应包有厚度为 10mm 左右的橡皮布，以实现良好的油墨转移。

3. 干燥装置

机组式凹印机的干燥装置主要有两种类型，即干燥滚筒型和热风干燥装置。

（1）干燥滚筒型采用水蒸气加热或电加热方式使干燥滚筒表面辐射热能，印品直接与干燥滚筒表面接触使印迹固化，这种干燥效果比较好，目前得到了广泛的应用，但是容易引起印品的伸缩变形。

（2）热风干燥装置如图 5-19 所示，本装置由发热装置、通风装置、排气口等组成热风干燥室，印张从热风干燥室内通过完成干燥过程，通过调整风量大小来控制干燥速度。采用这种干燥装置，印张变形比较小，有利于保证印品质量。印张经热风干燥后一般还应由冷却辊进行冷却。

图 5-20 所示是凹版印刷闭环干燥系统,系统通过加热将热量传递给印制品,使印品表面墨层内有机溶剂挥发,获得一定含水量的印品。同时,系统充分回收余热进行干燥,提高尾气中有害物质的浓度,有利于尾气的收集和处理,也提高了凹版印刷干燥系统节能减排效能评价指标。

4. 附属装置

当印刷速度超过 60m/min 时,机组式凹版印刷机一般应设有套准与检测装置、自动正位装置、印品同步观察装置、油墨黏度自动调节装置及张力自动控制装置等附属装置。附属装置是现代机组式凹印机重要的组成部分,在很大程度上决定了整机的工作水平和技术水平。

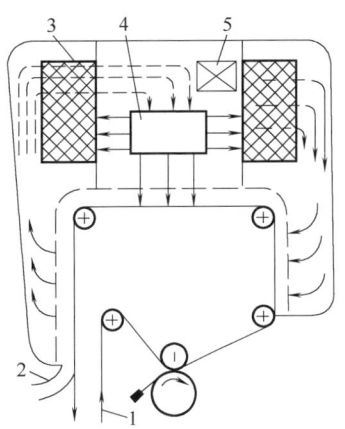

1—印张 2—进气口 3—发热装置
4—通风装置 5—排气口
图 5-19 热风干燥装置

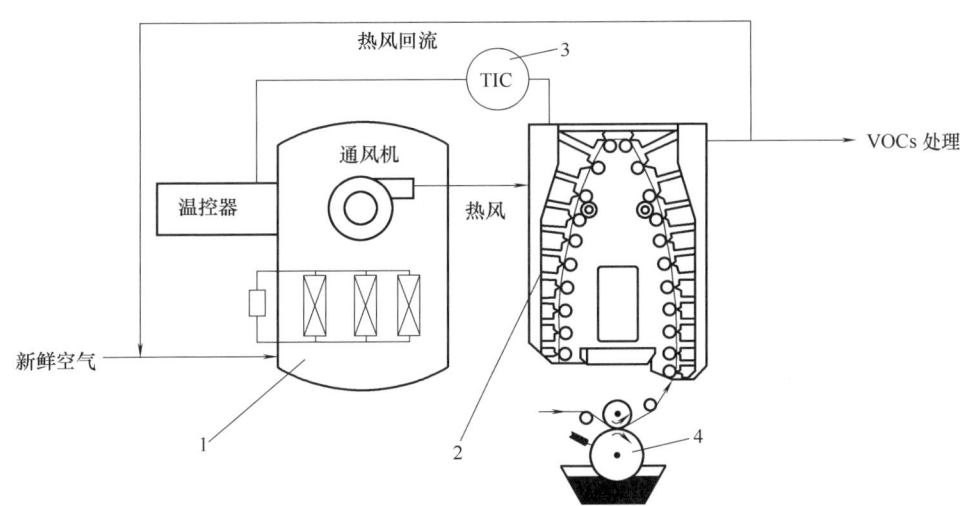

1—供热系统 2—干燥单元 3—温度检测装置 4—印刷装置
图 5-20 凹版印刷闭环干燥系统

(1) 套准与检测装置。在机组式凹印机中,机组之间应保证一定的套准精度,其套准误差一般不超过 0.10mm。套准误差的调整包括纵向和横向两方面。纵向调整有两种方式:调整辊式和差动齿轮式套准调整装置。前者(图 5-21)通过改变调整辊的位置来调节两机组之间纸带的长度。这种装置机构简单,调整方便,应用广泛。后者(图 5-22)通过差动齿轮使印版滚筒转动一定角度,以此达到改变印版滚筒周向位置的目的,实现纵向套准误差的调整。多色、高速凹版印刷机还采用了纵向套准检测标记、套准误差检测装置和套准调整电机来实现纵向套准自动控制,以保证在印刷过程中能及时、快速、自动地调整套准误差。各机组之间横向套准误差的调整一般是通过改变各印版滚筒的轴向位置来实现的。

(2) 自动正位装置,又称边位控制器。它能对印刷过程中卷筒承印物的横向位置进行自动导向和正位,以保证整个印刷过程顺利进行。

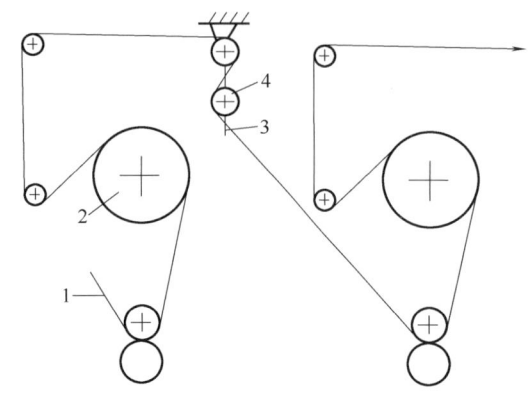 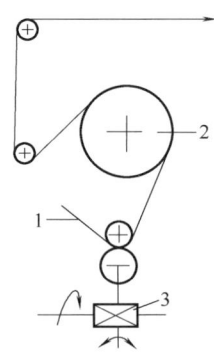

1—承印物 2—干燥滚筒 3—摆动轴 4—调整辊
图 5-21 调整辊式套准示意

1—承印物 2—干燥滚筒 3—差动齿轮箱
图 5-22 差动齿轮式套准示意

(3) 印品同步观察装置。该装置可以实现在印刷过程中、机器正常运行的状态下，动态观察印品的色彩和套准情况。

(4) 油墨黏度自动调节装置。由于油墨中的溶剂不断挥发，油墨黏度上升而流动性下降，为此，应设置油墨黏度调整装置，保证印刷过程中油墨黏度的稳定。

5. 复卷装置

卷筒纸凹版印刷机进行印刷时，一般采用复卷方式进行收卷，复卷装置对印刷品质量起着重要作用。复卷装置包括如下机构：

(1) 纠偏控制系统。采用纠偏控制系统对纸张横向位置进行控制，保证复卷纸张端面整齐。

(2) 张力控制系统。在复卷过程中，需要对纸张施加一定的张力，以保证纸张成直线导纸状态。在纠偏控制系统的共同作用下，满足复卷纸张端面整齐和复卷紧度的要求。

(3) 牵引装置。牵引装置根据印刷速度、张力辊位置及设定的张力值由电机进行同步控制，对印刷最后单元的纸张进行牵引。

(4) 纵切装置。由于在宽幅纸张上多组版面同时印刷，因此需要对成品和两端纸边进行纵向分切。这样既能提高复卷纸张端面的整齐性，又能满足用户的使用要求。

(5) 复卷装置。它由牵引滚筒、拉力调节辊、引导直流马达、四象限的电子无级变速器、气胀轴和驱动辊组成，对印刷成品进行复卷。一根气胀轴在复卷时，另一根处于待复卷状态。在两根气胀轴的切换复卷过程中，印刷速度和纸张张力是不变的，保证了在线印刷的连续性。结构紧凑的复卷机带有两个复卷位，作不间断的收卷。

(二) 单张纸凹版印刷机

单张纸凹版印刷机是指承印物以单张平面状态进入印刷的凹版印刷机，它适用于以纸张为承印物的印刷，如图 5-23 所示。

单张纸凹版印刷机采用与胶印相同的传纸方式，即印刷面在整个传递过程中始终朝上，以避免印刷面的划伤和蹭脏。在输纸过程中，输纸叼牙、滚筒叼牙及链条叼牙均可自动调节，以适应纸张厚度的变化。在印薄纸时，前规可以进行精细调整。供墨装置配有静电辅助设施。印刷机组后安装干燥装置，干燥箱的长度根据客户要求和油墨种类确定，可

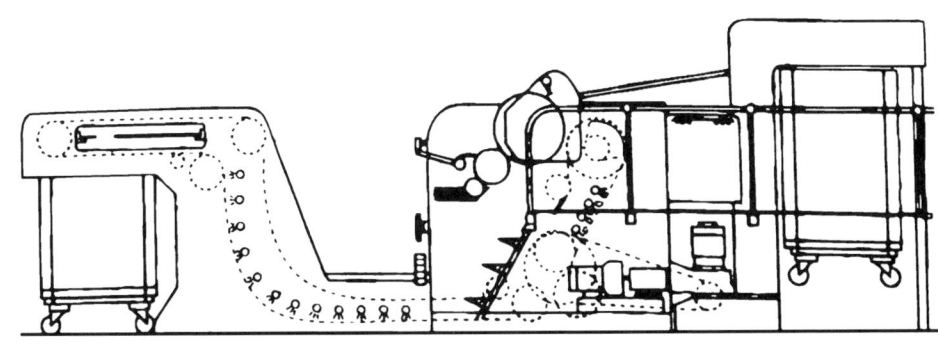

图 5-23　单张纸凹版印刷机

由热风、红外（IR）、紫外（UV）等干燥方式组合使用。单张纸凹版印刷机的基本操作与胶印机相似，操作方法更容易掌握。

（三）卷筒型凹版印刷机

卷筒型凹版印刷机是指承印物以卷筒供料的状态进入印刷作业的凹版印刷机。常见的卷筒型凹版印刷机有机组式和卫星式。

1. 机组式凹印机

图 5-24 所示是一种典型的机组式凹印机，它的承印材料可以是纸张、塑料薄膜、纸塑复合材料等。

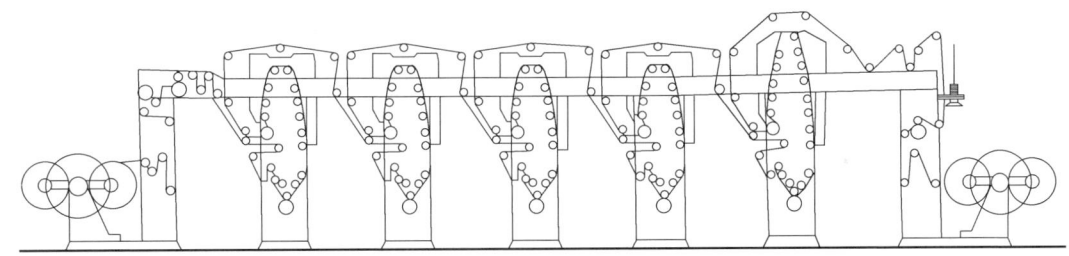

图 5-24　机组式凹印机

机组式凹印机各印刷机组水平排列，每一个印刷单元都有独立的压印滚筒和供墨系统，承印材料依次通过各印刷单元完成多色印刷。由于印刷机组水平排列，印刷品的色数和幅面宽度可以不受限制，而且解决了承印材料的干燥问题。在各机组间安装翻转导向辊，改变材料传送带的穿行路线，可以实现双面印刷。印后加工机组可以作为一个单元排列在印刷单元的后面。但是机组式凹印机存在占地面积大、技术水平要求高、对承印材料要求高等不利因素。

自动化程度较高的自动套色凹版印刷机有触摸屏显示与操作、自动张力控制、色组油墨自动循环、远红外线热风干燥、废气排放等装置，可以实现印刷长度自动计算、套色偏差自动校正，适合塑料、涂料纸、铝箔等具有优良性能的卷筒状薄膜材料的多色印刷。

2. 卫星式凹印机

卫星式凹印机的所有印刷单元共用一个压印滚筒，在其周围呈卫星状排列，如图 5-25 所示。由于印刷时承印材料紧紧附着在压印滚筒上，产生的摩擦力克服材料的伸长变形，消除承印材料与压印滚筒之间的相对滑动，保证套色精度。所以，卫星式凹印机最适合印刷伸长率较高的塑料薄膜。但是由于各印刷单元间的距离小，对油墨干燥不利，卫星式凹印机的印刷速度比较慢。

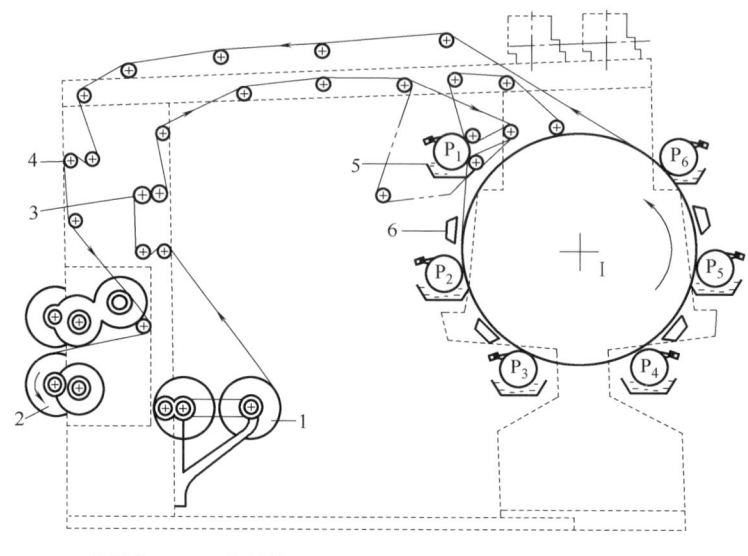

1—给料装置　2—收料装置　3—制动辊　4—牵引装置　5—输墨装置
6—干燥装置　P—印版滚筒　I—压印滚筒
图 5-25　卫星式凹印机

第四节　丝网印刷

丝网印刷是通过刮墨刀在网版上给油墨施加压力，使油墨漏印在承印物表面的过程，属于直接印刷方式，因网版由细丝物料制成而得名，因网孔漏墨又称孔版印刷。由于其承印物灵活多样，在零件印刷、曲面印刷等方面占据优势。

一、丝网印刷原理

（一）丝网印刷基本原理

丝网印刷是将丝织物、合成纤维织物或金属丝网绷固在具有一定刚性的网框上，采用手工制版、感光制版或计算机直接制版的方法制作丝网印版，制成的丝网印版上部分孔洞能够透过油墨，印刷时通过刮墨板（又称刮墨刀）的挤压，使油墨通过网孔转移到承印物上，形成与原稿信息一致的单色或彩色图文；而印版上其余部分的网孔被封堵，不能透过油墨，在承印物表面形成不着墨的非图文部分。

丝网印刷分为平网丝网印刷和圆网丝网印刷（图 5-26），平网丝网印刷机结构简单，在印刷行业应用广泛；圆网丝网印刷制版复杂，印刷机一般设计成连续供料形式，常用于织布印染行业。

（二）丝网印刷特点

（1）网印产品墨层厚实、色泽鲜艳、遮盖力强。其墨层厚度一般可达 30μm，盲文印刷油墨发泡后可达 300μm，电路板采用厚丝网印制，墨层厚度可至 1000μm。网印油墨的

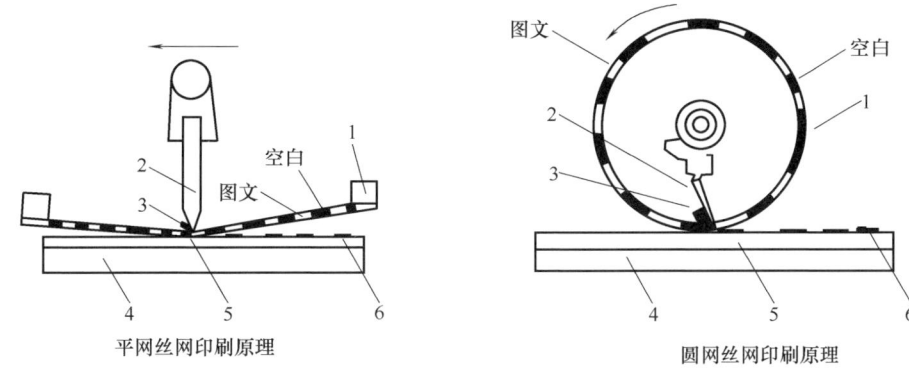

平网丝网印刷原理　　　　　　圆网丝网印刷原理

1—印版　2—刮刀　3—油墨　4—印刷台　5—承印物　6—承印物上图文

图 5-26　丝网印刷基本原理

遮盖力特别强，可在全黑的纸上作纯白印刷，在各种有色或无色承印物表面进行任何颜色的油墨印刷，都不受其底色的影响。由于表面墨层较厚，凸起部分手感较强，具有浮雕装饰效果，色彩艳丽，丝网印刷在包装装潢中应用较为广泛。

（2）网印承印物材料广泛。丝网印版富于弹性，除了可以在平面物体上进行印刷之外，还可以在曲面、球面或凹凸不平的异形物体表面进行印刷，如各种玻璃器皿、塑料、瓶罐、漆器、木器等物体的印刷。丝网印刷对承印物的大小适应范围广，可以在超大幅面的承印物上进行印刷，如各种大型户外广告画、幕布等，最大幅面达 3m×4m，也可以在小型物品上进行印刷，如笔杆、键盘的印刷等。

（3）网印对油墨的适应性强。丝网印刷具有漏印的特点，所以各种类型的油墨几乎都可以为丝网印刷所用，如油性、水性、合成树脂型、粉末型等各种油墨，根据承印物材质的要求，既可用油墨印刷，也可用各种涂料或色浆、胶料等进行印刷。而其他印刷方法则由于对油墨中颜料颗粒细度有要求而受到限制。

（4）耐光性强。由于丝网印刷具有漏印的特点，所以颗粒较大的颜料可使用此种方式印刷。如颗粒较大的耐光性颜料、荧光颜料可直接加到丝网印刷油墨中，使印品具有耐光性及荧光性能。因此，丝网印刷产品的耐光性比其他种类印刷产品强，更适合在室外做广告画、标牌之用。

二、丝网印刷作业流程

平网丝网印刷的作业流程：安装刮墨板→安装丝网印版→安装回墨板→调配油墨和上墨→印刷→干燥。

（一）安装刮墨板

印刷时应根据油墨溶剂的类型选择不同材质的刮墨板，根据承印物的形状选择刮墨板的形状，根据所要求的墨层厚度调整刮墨板的刮印角度。

刮墨板的材质是由肖氏硬度 60～80 的天然橡胶、硅橡胶、聚氨酯橡胶等制成的。它们具有良好的弹性、耐磨性。应根据印刷油墨溶剂的腐蚀性，选择具有较好耐性的刮墨板，避免油墨溶剂对刮墨板的腐蚀。

刮印角是指在刮墨板刮印时的前进方向上，刮墨板与丝网印版之间的夹角。刮印角的大小对油墨转移量有一定影响。简单地说，刮印角度越大，漏墨量越少；刮印角度越小，漏墨量越大。刮印角度的确定是丝网印刷的一个关键技术，它与刮墨板压力、刮墨板的硬度及油墨的流动性都有关系，而且承印物形状不同，刮印角度也不同。一般来说，平面承印物刮印角度为 20°~70°，曲面承印物刮印角度为 30°~65°。

（二）安装丝网印版

安装丝网印版的关键是确定合适的网距。网距的大小对印刷质量影响很大。网距过小，刮墨板通过后丝网印版不能立刻离开承印物表面，容易产生渗透和粘版现象，使图文线画变粗，网点变大，甚至脏版。反之，网距过大，丝网印版与承印物接触必须有较大的变形，一段时间后，丝网印版很容易因弹性疲劳而松弛，影响图文精度，甚至破坏印版。因此，基于印版与承印物在压印时能处于线接触状态的前提下，应该尽量减小网距。一般情况下网距以 3~5mm 为宜。

（三）安装回墨板

回墨板除了起到送墨作用外，还能起到用油墨堵住图文部分网孔的作用，以避免网孔内油墨干燥，从而影响下一次印刷。因此，安装的回墨板应注意与丝网印版的上平面平行，并略微留有一定的间隙。

（四）调配油墨和上墨

根据承印物的种类和印刷要求选择适用的油墨，重点是调色、调黏度、调干燥度。调色是根据客户的要求调整各种色料在胶黏剂中的比例和数量，避免印刷时偏色。调黏度是调整加入油墨的溶剂的比例，黏度过大，印迹缺墨；黏度过小，印迹扩大。调干燥度与调黏度是同时进行的，调整黏度的同时要考虑到油墨的干燥度，干燥过慢，易产生粘页、蹭脏等现象，导致印刷速度降低；干燥过快，易产生结网、拉丝、皱皮等问题。

印刷前将调配好的油墨上至刮墨板的起始位置处，准备印刷。

（五）印刷

先试印，通过台面吸气，将承印物固定在承印台上；将刮墨板放下并开始移动，刮印出墨迹。根据试印的结果调整各个变量，直至得到满意的印刷品。

影响丝网印刷质量的因素有很多，除了网距、刮印角、油墨黏度外，还有印刷压力和刮印速度等。

印刷压力是指刮墨板对丝网印版施加的压向承印物表面的力。印刷压力过小，油墨不能完全从网版的孔中通过，导致墨层较薄，甚至印迹缺墨；印刷压力过大，丝网印版承受过大的压力，易引起网版松弛，影响印刷精度。

刮印速度是指在印刷过程中刮墨板的移动速度，与挤出的墨量成反比。因此，细线条宜用较快的速度，但速度过快会导致印迹不清、图像不实等弊病；要求墨层厚、立体感强的印刷品刮印速度应较慢。通常刮印速度为 60~200mm/s。

（六）干燥

丝网印刷的墨层比较厚，干燥很慢，因此，油墨的干燥问题较为突出。单色丝网印刷机通常不配备干燥装置，印刷后采用晾架晾干或用烘箱烘干。而自动生产线，印刷速度快，必须根据使用油墨的种类配备相应的干燥装置，如可以采用远红外热管热风烘干；若使用紫外光固化油墨则必须配备紫外光固化烘干装置。

多色丝网印刷套印是较难解决的问题。丝网印刷与其他印刷方式的不同之处在于，印刷过程中印版和承印物不能紧密接触，中间必须留有网距，丝网印版要利用弹性才能与承印物接触，这种印刷方式决定丝网印刷的套印精度低于其他印刷方式。随着丝网印刷自动化和机械化程度的提高，丝网印刷的精度也有了明显的改善。

三、丝网印刷机

（一）丝网印刷机的组成

丝网印刷机与其他印刷机一样，无论其结构和用途如何变化，组成部分是基本相同的。包含下列几部分。

（1）印刷装置。印刷装置主要是指刮墨系统和回墨系统，一般情况下，二者都安装在刮板滑架上，在往复运动中交替起落，分别实现刮墨和回墨动作。

（2）印版装置。丝网印版在使用过程中必须安装在印版装置上，实现揭书式起落或水平升降。印版装置主要包括：印版夹持器、印版起落机构、对版调整机构、抬网补偿机构等。

（3）传动装置。传动装置主要包括包括电机、电磁离合器、减速器、调速机构等。

（4）电气控制装置。电气控制装置包括工作循环控制、刮板位置控制、气压控制等。

（5）干燥装置。干燥装置分为红外电热管热风烘干和紫外光固化烘干装置。

（二）丝网印刷机分类

1. 按自动化程度分类

按自动化程度，丝网印刷机可分为手动丝网印刷机与自动丝网印刷机。在手动丝网印刷机的基础上，将印刷时的刮墨与回墨往复运动、承印装置的升降、网框的起落、印件的吸附与套准等一些基本动作，按固定程序由一定的机构自动完成，即为自动丝网印刷机。其发展经历了1/4自动丝印机到半自动丝印机，再到3/4自动丝印机，直至发展为全自动丝印机。在自动化系列产品中，半自动丝印机是应用最多的一种，大小幅面印刷皆宜，质量能够得到保证，工作可靠、操作方便、效率不低、价格低廉，是很受欢迎的一种丝印机型。

2. 按结构分类

按照丝网印版的结构不同，丝网印刷机可分为平形网版（平网）印刷机、圆形网版（圆网）印刷机和带式网版印刷机。

按照工作台的结构不同，丝网印刷机可分为平台式丝网印刷机、滚筒式丝网印刷机和曲面印品专用工作台丝网印刷机。

3. 按承印物类型分类

按承印物的类型不同，丝网印刷机可分为平网丝网印刷机和曲面丝网印刷机两种类型。

（三）常用的几种丝网印刷机

丝网印刷应用范围非常广泛，包含纸和纸制品印刷、塑料印刷、木制品印刷、金属印刷、玻璃印刷、皮革印刷、印染印刷、标牌印刷、电路板印制、陶瓷印刷等，每类印刷所用的印刷机，其结构都会有所不同。以下介绍几种常见的丝网印刷机。

1. 卷筒式承印物的平网丝网印刷机

图5-27所示是卷筒式承印物的平网丝网印刷机。它是安装多组平网丝网印版进行多

色套印的丝网印刷机，卷筒承印物作间歇供料，印刷时承印物停止运动。印刷前由除尘装置对承印物表面进行除尘处理。该印刷机采用 UV 油墨印刷，多色套印完成后，由 UV 干燥装置进行干燥，检测质量后由复卷部进行收料。

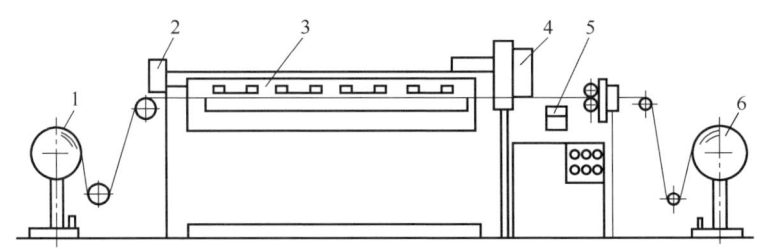

1—给料部　2—除尘部　3—印刷部　4—UV 干燥部　5—质量检测部　6—复卷部
图 5-27　卷筒式承印物平网丝网印刷机

2. 摩擦驱动式曲面承印物丝网印刷机

图 5-28 所示是摩擦驱动式曲面承印物丝网印刷机。它将圆柱形承印物置于支承装置的托辊滚轮上，支承装置与刮板可上、下运动并调整。印刷时，刮板向下运动对承印物施以一定的印刷压力，当网版做水平运动时，靠网版压条与承印物之间的摩擦力带动承印物转动，完成油墨转移。

3. 驱动式曲面承印物丝网印刷机

图 5-29 所示是驱动式曲面承印物丝网印刷机。它的网版与承印物通过齿条与齿轮传动机构保持同步运动，承印物由专用模具安装，以保证准确的起始位置，不同直径的容器要与专用的传动齿轮匹配，以保证套印质量。

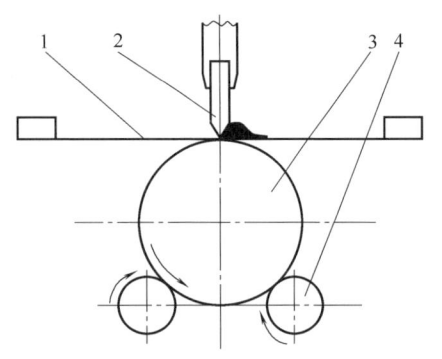

1—网版　2—刮板　3—曲面承印物　4—托辊
图 5-28　摩擦驱动式曲面承印物丝网印刷机示意图

4. 圆锥形曲面网印机

网版水平移动式圆锥形曲面丝印机，它的网版运动方式与强制传动式圆柱形曲面网印机相同，支承装置能在垂直方向进行调整，根据容器锥度大小调整承印物中心线与水平方向的角度，以保证承印物印刷表面与网版的平行度（一般在 8°以内）。印刷时，刮板印刷压力的方向应通过承印物的中心线。进行套色印刷时，必须制造专用齿轮及固定承印物用的前后模具。

因为锥面是变半径的回转面，网版的运动方式不同于曲面网印的纯直线运动。图 5-30 所示是手动锥面式丝网印刷机工作原理示意图，锥面器物其表面展开为一扇形，锥面上的所有法线延长后均相交于锥点 O，所以在印刷时，网

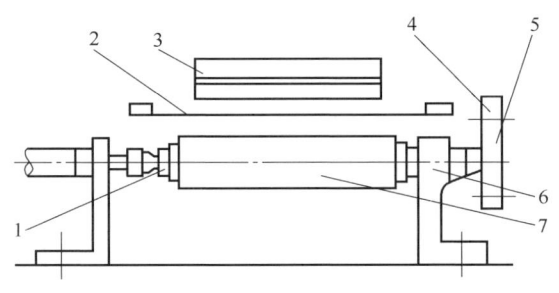

1—模具　2—网版　3—刮板　4—齿条
5—齿轮　6—支承装置　7—承印物
图 5-29　驱动式曲面承印物丝网印刷机

版的运动必须绕中心点 O 摆动；同时，为使锥面平行于网版，锥面印件的中心轴线与水平支承平台之间有锥角倾斜，前后支撑托辊的高度是不一致的。操作时，手柄掌握刮墨板仅作上下运动，使网框绕中心轴做水平摆动印刷，利用基准可套印多色，但必须保证网版的摆动与锥面的滚动同步运行。

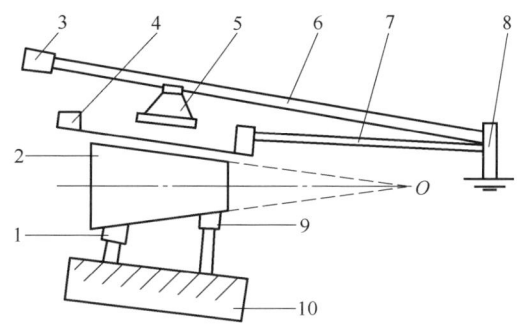

1—后支辊　2—印件　3—把手　4—网版框架　5—刮墨板　6—杠杆
7—摆动框架　8—网框摆动中心轴　9—前支辊　10—台板
图 5-30　手动锥面式丝网印刷机工作原理

第五节　数　字　印　刷

前四节分别介绍了四大传统印刷方式，无论是直接还是间接印刷方式，均属于有版印刷。而数字印刷（digital printing）是指将经过编辑的数字版面用特定的方式（无实物印版方式）和特定的设备输出复制到承印物上的印刷复制方法。在数字时代背景下，数字印刷得到迅猛发展。

一、数字印刷概述

数字印刷设备由激光印字机发展而来，激光印字机利用感光鼓成像转印。当激光束经过声光调制器时，版面点阵信息直接加载到激光束上完成印刷输出，由 0、1 数字信号形成复制，所以，数字印刷常被称为数码印刷。

如图 5-31 所示，感光鼓成像通过充电板满格充电；激光器发出的激光到达声光调制器后，版面格栅点阵信息 0 或 1 被加载到激光束；带着信息的激光束通过扫描转镜照到感光鼓上，感光鼓上的非图文部分电荷消失（曝光）；带着图文信息的感光鼓到达显影磁刷位置，感光鼓上图文部分带有电荷就会吸上碳粉；感光鼓到达转印电极位置与纸卷接触，在电极的作用下将碳粉转印到纸上；纸张到达定影器后图文被熔化附在纸上。感光鼓转印完后，通过清扫器清除余下的碳粉，消电灯除净感光鼓电荷，进行下一循环复制。

数字印刷发展前期，一般以 PS 打印格式进行输出，印刷精度较低。随着技术的发展，市场上出现了用于数字印刷的专业 RIP，比如美国 EFI 开发的 Fiery 数字印刷平台，常用作图文或图像色彩管理和 RIP；法国 Caldera 公司开发的 CopyRIP、VisualRIP 等常用来打印图像输出，这两种数字输出 RIP 软件开放度较高，市场采用度较高。柯达印能捷

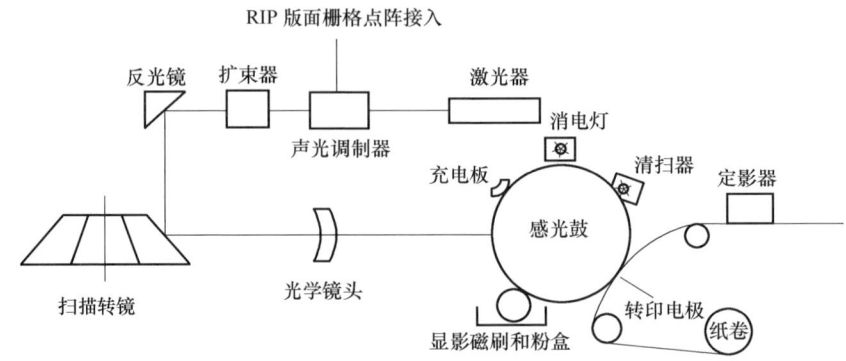

图 5-31 感光鼓数字印刷成像原理

是最早用于数字印刷的管理流程。2012 年海德堡公司也推出了数字印刷专用的印通流程，把常规印刷 RIP 算法用到数字印刷上，可以看到更像传统印刷的数字印刷产品。北大方正推出的喷墨轮转印刷机也是基于方正畅流的数字化管理流程。

数字印刷机从问世到 21 世纪，一路走来，技术不断进步，已经成为印刷工业的重要组成部分，特别是在碎片市场上，数字印刷由于其方便、快速的优点，受到欢迎。数字印刷按其技术形式分为：静电（感光鼓）成像数字印刷、喷墨数字印刷、离子成像数字印刷、磁记录数字印刷、热成像数字印刷、电凝成像数字印刷和其他成像数字印刷等。

二、几种常见数字印刷机

（一）静电成像数字印刷

静电成像数字印刷机的核心是感光鼓成像，感光鼓有有机光导体（OPC）、单晶硅和三硒化二砷等，由供纸装置、印刷装置、收纸装置、控制系统等组成。

1. 供纸装置

静电式数字印刷机供纸装置以纸盒形式为主，一般配置 A3 和 A4 两个纸盒，各有纸张 5000 张左右，A3 纸盒可装 330mm×440mm 的纸。低端机搓轮分纸，高端机也用飞达分纸。

2. 印刷装置

印刷装置是静电成像数字印刷机的重要部分，除成像装置外，一般都会安装扫描仪，用于复制实物稿。图 5-32 所示为三种常见的感光鼓成像数字印刷机原理示意图。图 5-32（a）中感光鼓直接转印到纸张上，与日常用的复印机结构一样，黑白机用得较多。彩色机每色有一个感光鼓结构的，也有四色共用一个感光鼓结构的。这种印刷方式常用硅油作为碳粉固化剂，固化温度高达 180℃，称为高温定影。图 5-32（b）采用感光鼓上的图文先转印到橡皮滚筒上，再由橡皮滚筒转印到纸上的方法，属于间接印刷，也称为柯式印刷机结构。图 5-32（c）采用感光鼓上的图文先转印到转印色带上，再由转印色带转印到纸张上的方法，这种印刷方式，无论印刷几色都是一次转印到纸上，可以采用干碳粉和液态碳粉作为印刷用墨。如果加装 UV 干燥装置，还可采用 UV 油墨进行打印。后两种印刷机受限于橡皮和转印带的耐温性，常用蜡油作为碳粉固化剂，固化温度为 110℃ 左右，称为低温定影。

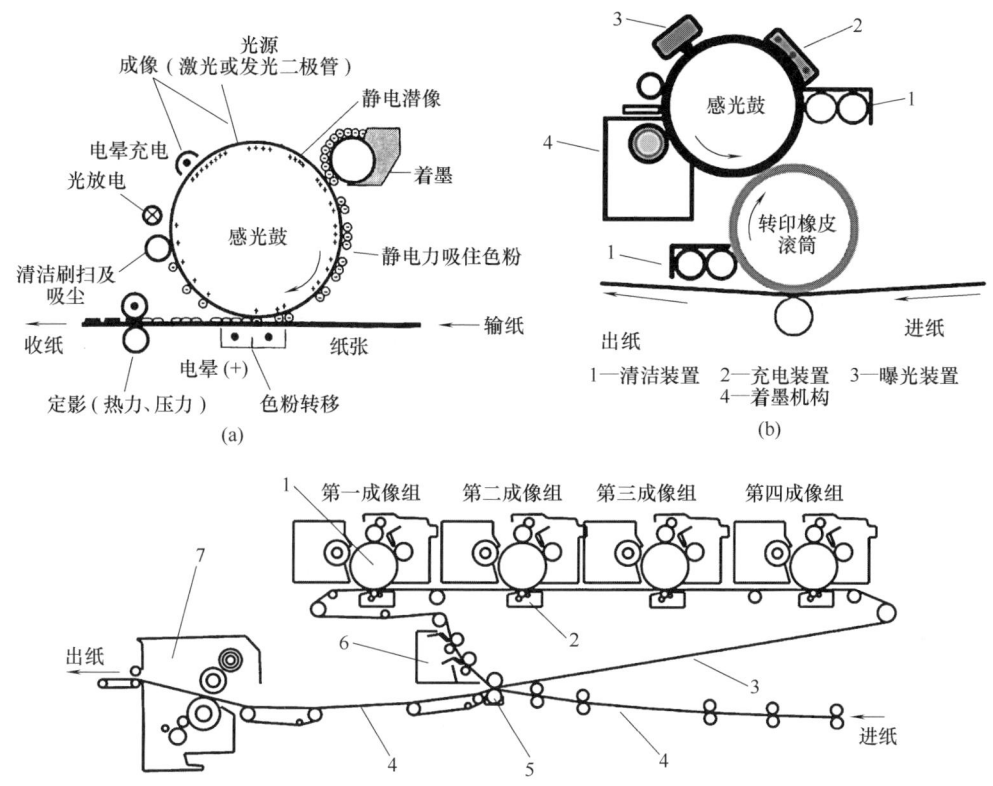

图 5-32 三种常见的感光鼓成像数字印刷机原理
(a) 感光鼓直接转印数字印刷机 (b) 柯式转印数字印刷机 (c) 色带转印式数字印刷机

3. 收纸装置

收纸装置是数字印刷机最后一组设备,按装订要求进行分叠。有些机器还可以配骑马订书机和封面插页机构,一次出书。

4. 控制系统

控制系统由硬件和软件组成,软件包括色彩管理软件、RIP 软件、版面编辑软件等。硬件包括工作站电脑、显示器等。设备配备的软件一般都能接收编辑好的 PDF 格式的版面文件。专业打印设备制造商可能建议购买专业色彩管理软件,单独安装 PDF 流程软件服务器,对版面文件进行专业化处理,这样输出的产品质量更好,机器效率会提高。机器操作系统一般安装在机器内部电脑上,并用机器自带的操作面板进行操作,如果只是进行一般打印,机器会自带一个接收 PDF 文件的 RIP 供不愿意购买专业软件的客户使用。

(二) 喷墨数字印刷

1. 喷墨数字印刷机概述

喷墨打印是一种很老的技术,来源于英国物理学家瑞利(Rayleigh)将液体流击碎成微小液滴的理论。20 世纪 70 年代,IBM 将连续喷墨打印技术用于计算机打印系统中,制造出 IBM 4640 连续喷墨打印机。同时期,其他喷墨打印技术也在发展,但是,分辨率无法让人满意。常说的高保真打印已经是最好的作品,一般用来打印标识、标牌等。直到

2000 年彩色喷墨打印机出现，喷墨打印迎来了技术进步。一些专门用于喷墨打印的 RIP 出现，如 Caldera 专业图像 RIP 软件系列、EFI Fiery 色彩管理软件等，喷墨打印出现写真作品，喷墨质量发生革命性进步。同时，喷头分辨率在提高，如爱普生公司专注于写真打印领域，最新 TFPTM 微压电打印头，每个喷头有 720 个喷嘴，物理分辨率为 1440dpi×1440dpi；理光 GEN6 喷头和京瓷 KJ4A-0300（2C）喷头的工业打印技术物理分辨率达 1200dpi×1200dpi 等。一些流程化 RIP 被用在喷墨打印机上，文件缓存预处理方案提高了服务器速度，加上用于喷墨的水性墨水纸张面市，以及用于书刊出版的喷墨轮转机装机，至此，喷墨打印机更像印刷机，归类于数字印刷已经是实至名归了。

喷墨印刷是一种无接触、无压力、无印版的印刷复制技术。它具有无版数字印刷的共同特征，可实现可变数据印刷。基本原理是先将电子计算机存储的图文信息输入到喷墨设备中，再通过特殊的装置，在电子计算机的控制下，计算出相应通道的墨量，由喷墨成像装置向承印物表面喷射雾状的墨滴，根据电荷效应在承印物表面再现稳定的图文信息，生成最终的印刷品。喷墨印刷分为连续喷墨和按需喷墨两类，如图 5-33 所示。

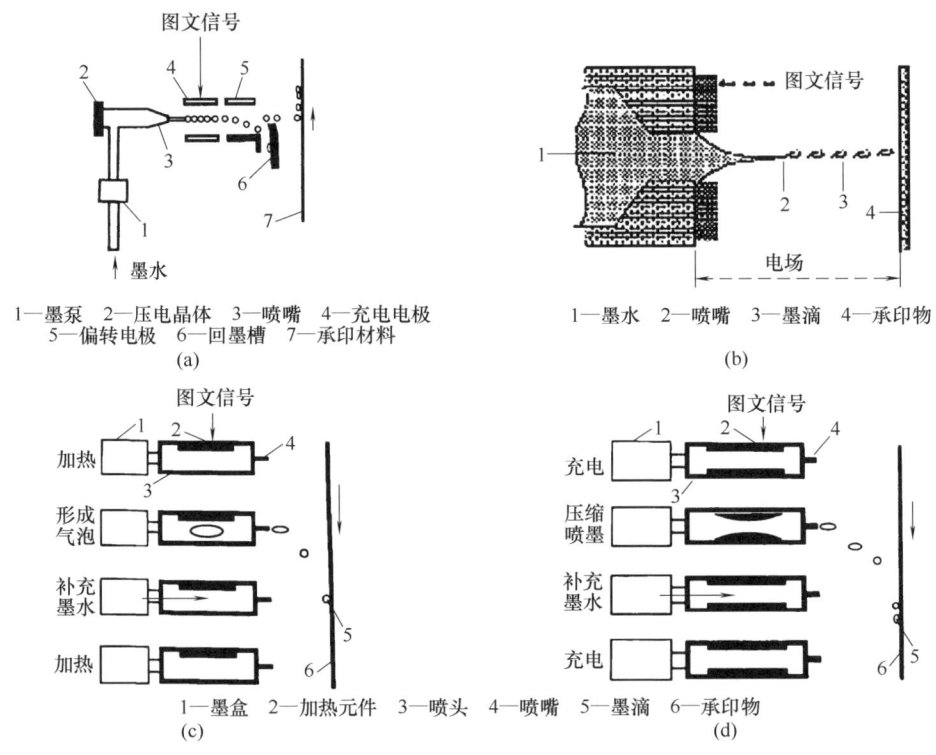

图 5-33　几种常见的喷墨技术

（a）连续喷墨技术　（b）静电喷墨技术　（c）热发泡式按需喷墨技术　（d）压电式按需喷墨技术

图 5-33（a）所示属于连续喷墨技术，连续喷墨系统的喷嘴可以连续喷出高频的墨滴，墨滴通过成像信号控制的电荷电极之间时，对应于空白部分的墨滴被充电，对应于影像部分的墨滴则不带电，带电的墨滴在后续通过偏转电极时发生偏转，并回到收集装置中，不带电的墨滴则到达纸张形成图像。连续喷墨印刷系统的印刷速度较快，但结构比较复杂，需要加压装置、充电电极和偏转电场，非图文墨要收回，终端需加装墨滴回收和循

环装置,在墨水循环过程中需要设置过滤器来去除混入的杂质、气体等,实际应用不多。

图5-33(b)所示属于静电喷墨技术,它工作时,在喷墨系统和承印物之间制造一个电场,通过图像信号改变喷墨头表面张力的平衡,在静电场吸引力作用下,墨滴从喷墨头喷射出去,到达承印物表面形成图文信息。由于静电喷墨技术产生的墨滴尺寸比喷墨头的尺寸要小得多,所以能够达到很高的分辨率,但需要较高的工作电压。

图5-33(c)、图5-33(d)所示属于按需喷墨技术,它只是在图文部分喷出墨滴,而空白部分则没有墨滴喷出。这种喷射方式无须对墨滴进行带电处理,也就无须配备充电电极和偏转电场,所以喷墨头结构简单,可以使用多嘴喷头来实现更高的输出质量;通过脉冲控制,容易实现数字化;但按需喷墨的墨滴喷射速度较低。常见的按需喷墨技术有热发泡式按需喷墨和压电式按需喷墨。

图5-33(c)所示为热发泡式按需喷墨。喷墨腔的一侧有加热板,在数字图文信号的控制下,加热板加热腔中的油墨加热至沸点,加热板附近的墨水迅速汽化形成气泡,气泡体积大于油墨而形成的压力迫使油墨喷出喷嘴,到达承印物形成图文。油墨一旦喷出后,加热板迅速冷却,墨水腔由于毛细作用重新充满。

图5-33(d)所示为压电式按需喷墨。它是利用压电陶瓷在电场的作用下可以改变形状或体积的原理产生压力,迫使墨滴喷出喷嘴,到达承印物形成图文。

2. 喷墨数字印刷机

喷墨数字印刷机是市场上用得最多的数字印刷机,可分为广告写真、标识标牌、出版等类型。油墨种类有水溶性墨水、UV干燥墨水、溶剂墨水、弱溶剂墨水、发泡式墨水等。印刷机按结构类型分为卷对卷式、平台式和轮转式。

(1)广告写真、标识标牌喷墨数字印刷机。广告写真、标识标牌喷墨数字印刷机比起其他类型的数字印刷技术壁垒少一些,应用较方便,价格从几万元到几百万元都有。卷筒类设备主要幅宽有1640mm、3000mm、5200mm等。平台类设备幅面有1250mm×2500mm、1250mm×3200mm等。常用一个喷头多色集成设计方式。

卷对卷式喷墨数字印刷机如图5-34所示,由承印物装卷装置、导板装置、送料同步装置、喷头打印装置、收卷装置、驱动系统等组成。设备具体细节主要根据不同用途设计。比如,采用水性墨水打印时,中间导板、后导板需配加热,快速打印加装烘干器;采用溶剂墨水打印时,前导板、中间导板、后导板需配加热,快速打印加装烘干器;采用

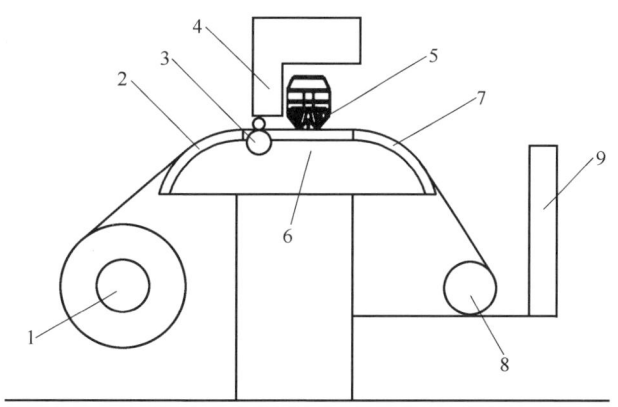

1—承印物 2—前导板 3—送料辊 4—喷墨头导轨 5—喷墨头 6—中间导板 7—后导板 8—成品架 9—烘干器

图5-34 卷对卷式喷墨数字印刷机

UV干燥墨水打印时,加装UV灯跟随喷头移动干燥。打印时在中间导板安装平台,喷墨头运行方向与走纸方向垂直,做水平往返运动,用气泵吸气方式把承印物固定在平台上;

平台打印一般采用 UV 墨水，近年来高分辨率的平台打印开始应用。广告写真、标识标牌数字印刷机控制系统也较简单，操作系统为安装在机器内部的 PLC 编程器，控制系统配一台普通计算机，安装 Caldera 专业图像 RIP 软件，或者国产蒙泰图像处理软件。

（2）喷墨轮转印刷机。喷墨头分辨率、喷头数量和计算机 RIP 速度相互制约，影响着喷墨印刷速度。随着技术的进步，一种长度超过 400mm，连续走纸 100 多 m，喷头可寻址分辨率为 600dpi×600dpi 的喷墨印刷机开始应用，这种大型喷墨数字印刷机称为喷墨轮转印刷机（图5-35），它由给纸装置、喷墨印刷装置、烘干装置、纸带套准装置、折页或裁切装置和计算机 RIP 系统等组成，又可分为印刷平台、喷墨印刷装置和计算机 RIP 系统三大部分。

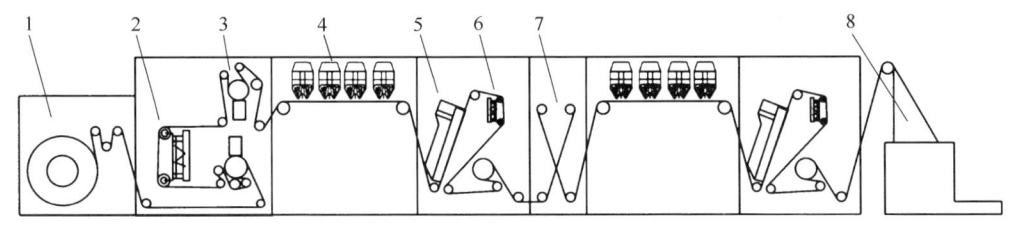

1—给纸机　2、6—纠偏机构　3—二次张力　4—喷墨装置　5—烘干装置　7—翻转机构　8—折页或复卷装置

图 5-35　喷墨轮转印刷机

① 印刷平台。印刷平台包括给纸装置、烘干装置、纸带套准装置、折页或裁切装置四部分。给纸装置与其他卷筒纸印刷机是一样的，包括初始张力控制、纸卷开卷等功能。纸带套准装置包括纸带纠偏、纸带运行、纸带驱动，放在二次张力和烘干出口处，这样不会弄脏图文。印刷机采用水性墨水，印刷完正面需要把它烘干，以免影响背面印刷，一般安装两套烘干装置。市场上的喷墨轮转印刷机分为卷对卷、裁单张和折页三种型式。

② 喷墨印刷装置和计算机 RIP 系统。喷墨印刷装置和计算机 RIP 系统是喷墨轮转印刷机的核心。喷墨轮转印刷机设计的喷墨头一般是固定的，每色一组喷头，由若干个独立喷头组成，宽度在 360mm 以上，分辨率在 600dpi×600dpi 以上。计算机 RIP 系统一般由四个以上服务器并联工作。

三、特殊数字印刷

前面介绍了常用的两类数字印刷形式，在日常生活中还有一些数字印刷应用，如数字烫金、数字烫印分属数字热转印，医院各种胶片打印、相纸打印分属数字热升华等，3D 打印技术更为复杂。

第六节　特种印刷

在生产实践中，一些非常规的印刷复制方法通过引用某种特殊技术，能够实现多功能、多用途的印刷。这些方法快速应用到社会生产、生活的各个方面，起着越来越重要的作用。在印刷工程上，统称这些印刷方式为特种印刷方式。严格地说，特种印刷是一个相对概念，在某一个时期属于特种印刷的印刷方式，随着印刷技术的发展，市场占比扩大，最终或在印刷分类里占有一席之地，成为普通印刷，或应用不广而被替代。本节着重介绍立体印刷、全息照相印刷、电路板印制、移印、盲文印刷、木刻水印等印刷方式。

一、立 体 印 刷

人们在观察物体时，由于两眼之间有一定的距离，两眼对同一景物的观察角度是不一样的，形成了两个不完全相同的像，便产生了有远近感和立体感的图像。

立体印刷正是根据人们视觉反应的这一特点，在二维的平面图像上，利用柱面透镜光栅板实现特殊立体效果，如图5-36所示。由于立体印刷的特殊效果，立体印刷主要用于各种产品的包装、高级宣传品及各类卡片等的表面装潢印刷。

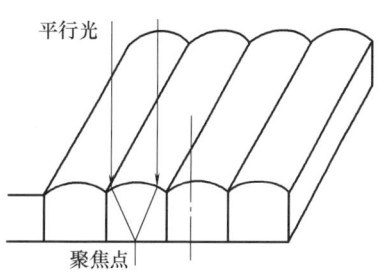

图5-36 柱面透镜

（一）柱面透镜光栅板的成像原理

柱面透镜光栅板是一块由许多柱面并列组成的透镜板，它的背面与焦点面一致，如图5-37所示。当分别在A、B、C、D四个位置对景物L拍摄时，由于受光角度不同，景物L在A位置看为L_1，在B位置看为L_2，在C位置看为L_3，在D位置看为L_4。在底片的四个位置a、b、c、d上分别产生了四个像L_1'、L_2'、L_3'、L_4'，经分色制版、印刷后，在印品表面覆盖一张与拍摄时所用柱面透镜光栅板类似的柱面透明光栅板，a、b、c、d四个位置的图像L_1'、L_2'、L_3'、L_4'便分别在A、B、C、D四个位置上还原为L_1、L_2、L_3、L_4。由于左右两眼视觉不同，就可以看到一个立体图像了，如图5-38所示。

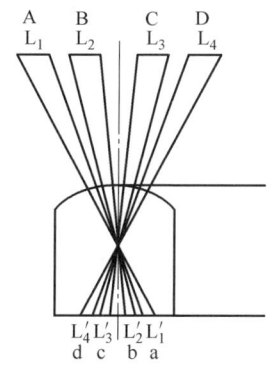

图5-37 柱面透镜分像原理

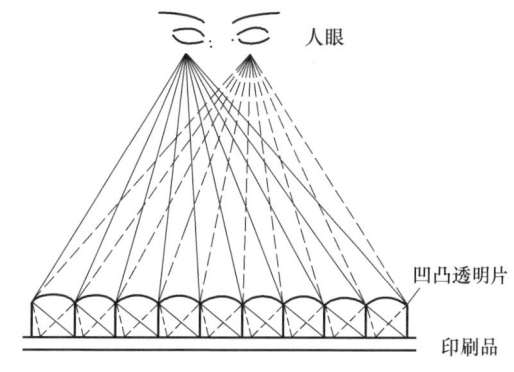

图5-38 立体印刷品视觉效果示意

（二）制作立体图片的工艺流程及方法

制作立体图片的工艺过程主要包括以下几个步骤：造型设计和选景物→立体照相分色制版→印刷→覆盖透明柱面光栅板→成品。

1. 立体照相

立体照相的方法分为直接法和间接法。

（1）直接法：就是直接将柱面透镜光栅板加装在感光片的前面，在有效角度范围内拍摄出连续的图像。经一次拍摄就可以得到立体像，画面质量良好，但拍摄后的放大非常困难。另外，曝光时间较长，不能对运动的物体进行拍摄。最常用的方法是转机式立体照相，即拍摄时以被摄景物上的某一点为圆心，以此点到照相机的距离为半径做圆弧移动，连续或间断地进行拍摄，如图5-39所示。也可以采用照相机固定不动、被摄体回转的拍摄方式，如图5-40所示。将被摄体的中心与大型回转工作台的中心重合安装，回转工作台旋转的同时，彩色胶片也进行移动完成拍摄过程。它属于室内专用照相机，不能拍摄运动的物体。

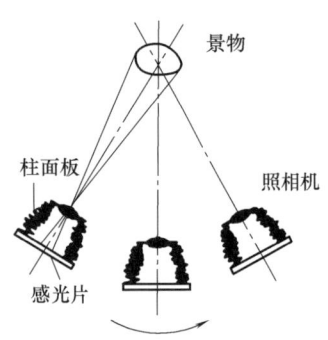

图5-39　转机式立体照相示意

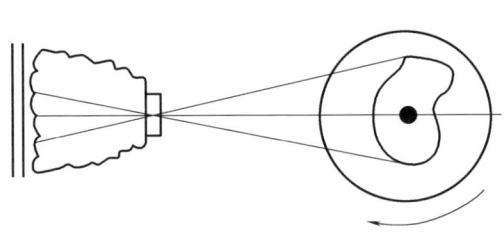

图5-40　回转式立体照相示意

（2）间接法：就是用普通照相机进行一次拍摄，或边移动边数次拍摄。然后，再将各方向的像通过柱面透镜进行合成。因此，各个方向的像（一般为6~9张）是不连续的。常用的方法有瞬时摄影法（图5-41）和普通照相机移动法。瞬时摄影法采用具有6~9个镜片的照相机进行一次拍摄。拍摄后经柱面透镜合成形成立体照片。它是对运动物体进行拍摄的唯一方法。普通照相机移动法采用普通照相机边移动边拍摄，然后再将照片合成，即得到立体照片底片。

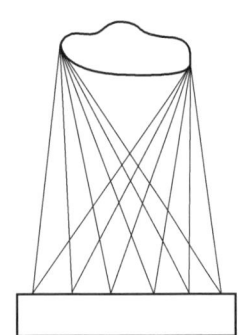

图5-41　瞬时摄影法

2. 分色制版

用拍摄的立体图像底片进行分色。分色的方法和原理与普通印刷分色基本相同。为了将立体信息记录在彩色胶片上，应使用较高的扫描分辨率，一般为400dpi左右。加网时，也应选择较高的网屏线数（一般应大于120lpi），同时，因所用柱面光栅板是平行的直线条，这种直线条与网目版容易产生闪动光晕。因此，应根据光栅板栅距的不同改变网目角度，以免产生龟纹。最后，将四张分色加网底片晒制成四色网目铜版，供印刷使用。

3. 印刷

四色网目铜版一般用凸版印刷的方法来复制印刷。印刷用纸应紧密、光洁、平滑、伸缩性小、白度高。立体印刷要求套印精度较高，一般套印误差应小于0.01mm。

4. 覆盖柱面板

透明柱面光栅板起到把像素还原分别映入人的左右眼的作用，这样便可看到具有立体感的图像了。这一工序的质量直接影响立体图片的显示效果。加工方法是：在印刷好的成品上涂布一层亮光胶，同时将透明度高的热塑性材料加热熔化，压成柱镜形的光栅板，将该光栅板贴合到印刷好的成品上。光栅线和印刷品上的相应线应精确对准，这样就能得到良好的立体显示。

二、全息照相印刷

全息照相印刷是一种常用的防伪印刷方式。它利用激光摄影制作全息照片的原理制作出全息印刷印版（模版），该印版上记录的不是客观景物的色彩信息，而是许多极细的干涉条纹，印刷后获得的印品在光的照射下，可以还原出原景物的立体图像。

全息照相印刷与传统图像的照相制版印刷原理和方法完全不同。普通照相术只能记录被摄体上光的强度（物体的明暗），得到的是二维的平面像。它与普通的立体图片也有着本质的区别。全息图像具有立体感的根本原因是：使用某一固定频率且具有相干性的激光作光源，感光材料所记录的是被摄体的立体信息。即不仅记录了被摄体上光的强度，而且记录了被摄体上光的位相（物体的凸凹），它记录的是构成景物的每一个质点射出的光波的全部信息（光波的振幅和位相），故得名"全息照相"。

（一）全息照相的基本原理

全息照相是根据光的干涉原理将景物上每一质点的振幅（光强）和位相同时记录下来，再根据光的衍射原理，将景物的每一个质点射出的光波的全部信息一一还原出来，得到全息照片的。为方便起见，下面以被摄景物上的某一点为例来说明它的成像过程。如图5-42所示，将一束激光经分光镜分成两束，一束激光直接照射在屏幕D上，称为参考光；另一束激光先照射在被摄体上，经漫反射后，再投射到屏幕D上，这束光称为物光。参考光与物光为两束相干光。根据光的干涉原理，它们在屏幕D上产生干涉，得到明暗相间的干涉条纹，这组干涉条纹就是被摄质点的全息图。若将感光版放在屏幕D的位置，干涉条纹就被记录在感光版上。经暗室处理后，即得到该质点的全息图。这张全息图很像一个按正弦规律明暗交替变化的光栅。

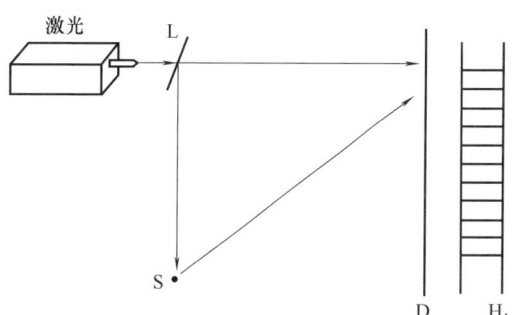

S—景物　D—屏幕　L—分光镜　H_1—感光版

图5-42　全息图的照相原理示意

如果再用一束与上述完全相同的激光直接照射已经记录了明暗干涉条纹的感光版H_1，由于感光版上干涉条纹光栅的衍射效应，将在全息图的后面射出一系列衍射光波。其中有一列衍射光波与原摄影质点S散射的光波一模一样。当观察者从全息图的后面对着全息图观察时，将会在原景物质点S的位置发现一个S的虚像S'，在全息图的后面，与虚像S'共轭的地方有S的一个实像S″。若把感光版放置在S″的位置上，就可以把S″记录下来。

如果用立体景物取代质点S，由于景物的各个质点在三维空间中所处的位置不同，各质点射出的光波到达感光版上的光程不同，各光波在感光版上的振幅和位相就不一样。在感光版上互相干涉的结果形成了一组十分复杂的干涉条纹。再现时，由于干涉条纹的光栅衍射效应，能把组成景物的每一个质点射出的光波的全部信息一一还原出来，如图5-43所示。

全息图虽然能再现原景物的全部光学信息，但观察全息图时，离不开全息照相的全部设备和技术，因此只能供少数人观赏。白光再现全息图的诞生，使观赏不再成问题，但全息照相仍然很难为社会生活所接受。为此，许多科学家都在探索快速复制全息图片的技术。现在比较成熟的全息印刷技术是模压彩虹全息图片。

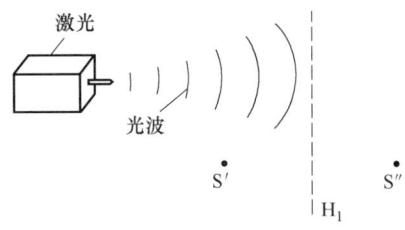

图 5-43 全息图还原示意

（二）模压彩虹全息图片的制作工艺

模压彩虹全息图片是根据光的干涉、衍射原理，在全息照片的基础上，经过特殊的加工处理，得到的用普通光可以观察到的立体图片。模压彩虹全息图片的制作工艺过程为：拍摄全息图→制作全息图母版→制作金属模压版→压印→真空镀膜→后处理。

1. 拍摄全息图

如图 5-44 所示，氦-氖激光经过分光镜后成为两束，一束为物光，一束为参考光。物光经反射镜 M_1 反射至扩束镜 K_1，扩束后，照射在被摄体 S 上，S 上的漫射光射向 H_1；参考光经扩束镜 K_2，扩束后投向反射镜 M_2，M_2 将光线反射至 H_1。在 H_1 上两束激光产生干涉，H_1 将干涉条纹记录下来，它是一组明暗交替、极为细密的干涉条纹，经暗室处理后，就成了景物 S 的全息图。所用感光材料应是微粒（高解像力）的感光材料。

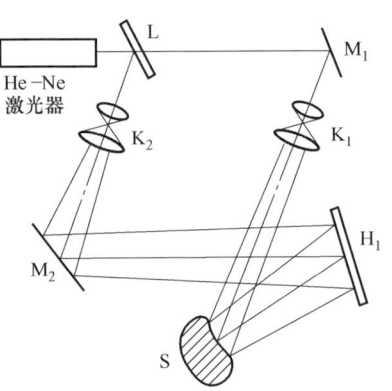

L—分光镜　M_1、M_2—反光镜
K_1、K_2—扩束镜　H_1—感光版

图 5-44 拍摄全息图光路图

2. 制作全息图母版

彩虹全息照片以普通全息照片为拍摄对象。如图 5-45 所示，在全息照片 H_1 与彩虹全息感光版 H_2 之间放一有水平狭缝的挡板 D。氩离子激光经过分光镜被分成两束，一束经反光镜 M_1 反射至扩束镜 K_1，扩束后照射在全息照片 H_1 上，经 H_1 衍射后，在 H_1 的后方产生一个 S 的实像 S′。用实像 S′作为物光波，通过狭缝 D 照射在涂有光致抗蚀剂的感光版 H_2 上。另一束激光经反光镜 M_2，由扩束镜 K_2 直接照射在 H_2 上。两束激光在 H_2 上产生干涉，形成实像 S′的干涉条纹。曝光后经暗室处理，在 H_2 上就得到了一张浮雕形位相信息图。它是一种密密麻麻、错综复杂、凹凸不平的条纹。这就是制作模压彩虹全息图片的母版。

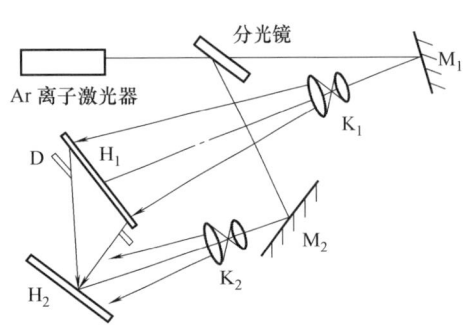

D—挡板　H_1—全息照片　H_2—感光版
K_1、K_2—扩束镜　M_1、M_2—反光镜

图 5-45 全息母版光路图

3. 制作金属模压版

为了能用电铸的方式在母版表面铸镍，首先必须在母版的表面镀上一层极薄的能导电的金属银，然后利用金属银的导电性能电铸上适当厚度的镍层（5mm）。剥去母版和金属银层，将电铸获得的与母版阴阳相反的浮雕图像镍层加工为一块坚硬的模压金属版，如图 5-46 中的（a）(b)(c) 所示。

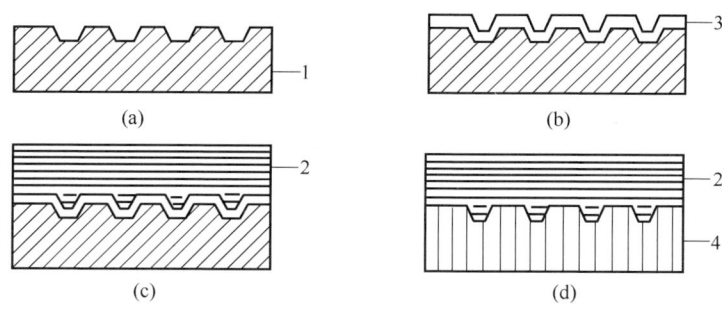

1—光刻胶全息母版　2—金属镍版　3—金属银版　4—PET薄膜

图 5-46　金属模压版和压印过程

（a）制作全息母版　（b）电镀金属银版　（c）电铸金属镍版　（d）镍版和PET薄膜压印

4. 压印

全息印刷采用的压印机与普通印刷机完全不同。它不用油墨，承印物也不是纸张，而是聚对苯二甲酸乙二醇（PET）薄膜。先将电铸出来的金属镍版挂在版滚筒上或固定在平压机上，将版滚筒或平压加热板加热至PET薄膜软化时，用很大的压力将版上的全息图案压印到PET薄膜上，达到"印刷"的目的，如图5-46（d）所示。

压印机有平压式和轮转式两种，压印原理如图5-47所示。

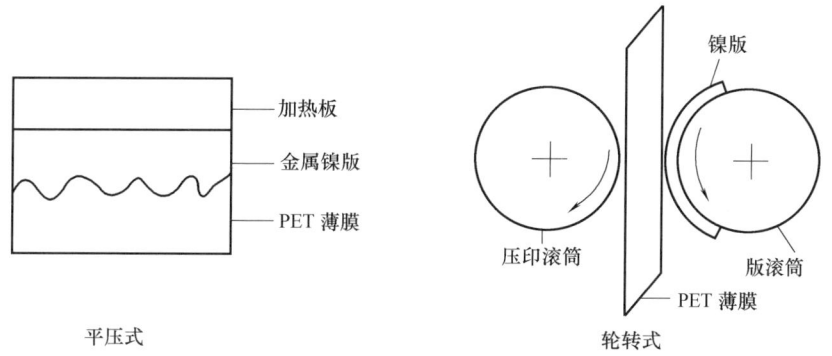

图 5-47　全息照相印刷压印原理

5. 真空破膜

压印好的PET薄膜上需镀铝膜。利用铝膜对光的反射作用，在反射光下观察会很容易地看到五颜六色的彩虹全息图。

真空镀铝是在高真空的条件下，将铝丝雾化，使之沉积在PET薄膜上，铝层厚度为40~50nm，通常是在专门的真空镀铝机内完成的。

6. 后处理

为了使成卷的PET薄膜上的全息图像便于用在不同的制品上，还应对图片进行后处理。常用的方法有两个（图5-48）：一是在镀铝膜之后涂布一层压敏胶，然后覆合上防黏纸，使用时经过裁切，便可将全息图逐个贴到制品上，如图5-48（a）所示；二是压印之前，在PET薄膜上涂布功能树脂层，镀铝膜后涂热敏胶层，如图5-48（b）所示，使用时用模版将全息图从PET膜上烫压转移到制品上。

全息产品发展很迅速，不仅可以用于全息防伪商标如全息信用卡、身份证等，还可以

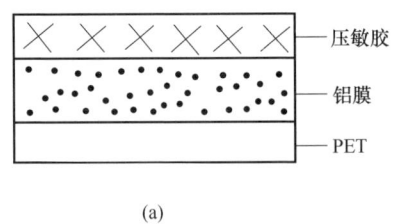 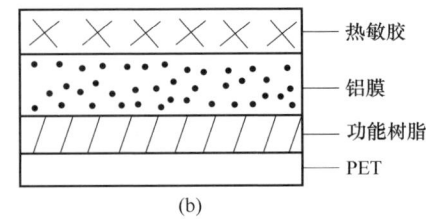

图 5-48 全息照相印刷后处理
(a) 方法一　(b) 方法二

用于全息封面装饰、高档包装材料、全息工艺美术等各个方面。全息产品以它特有的魅力和其他印刷品无法替代的优势取得了令人瞩目的成果。

三、电路板印制

印制电路板是现代电器安装和元器件连接的基板，是电子工业最重要的基础电子元件。它利用印刷工艺技术，将导线和某些电器元件根据预先设计好的线路图制成印版，采用专用油墨利用丝网印刷方式印刷在一块特殊的基板上，再经过钻孔、电镀、腐蚀焊接等电气加工处理而成。

（一）电路板印制原理

利用丝网印刷方式制作电路板的原理有三种。

1. 腐蚀法

腐蚀法是先印刷后腐蚀。先在覆有铜箔的基板上用抗酸性油墨印刷出线路图文，再用腐蚀液将外露的铜箔进行腐蚀，印有线路图文的部位受到覆盖在上面的抗酸性油墨保护，铜箔仍然完好，最后将印刷的油墨图文冲洗干净，即制成电路板，这是制作印制电路板常采用的方法。

2. 电镀法

电镀法是在基板上先用抗酸性油墨印刷出线路的阴图，未被油墨覆盖的部分即为线路的图文部分，然后将其置于电镀槽内镀铜，只有未被抗酸性油墨覆盖的部位可以镀上铜，形成线路图文，最后将印刷油墨层冲洗干净，即制成电路板。

3. 导电性印刷油墨法

导电性印刷油墨法是用含有铜粉的特殊油墨，通过网版印刷将线路图文直接印刷在基板上以形成印刷电路，这种方法工艺简单，如果能够在导电性油墨的研制上取得新的进展，可望有大的发展。

（二）电路板印制油墨

从上述三种丝网印刷制作电路板的原理不难看出，每种技术必须匹配有专门的油墨。在电路板印制技术中，通常可以将印刷全过程分成不同单元，每一单元在基板上印刷不同性能的油墨，从而对电路板基板表面进行不同目的的改性。电路板印制中常用的油墨有以下 4 种。

1. 抗蚀刻油墨

抗蚀刻油墨是印制电路板生产中最早开发和使用的最为普遍的油墨之一，在腐蚀法工艺中使用。抗蚀刻油墨通过丝网印刷方式印刷在铜箔上，保护线路图形不被蚀刻液蚀刻掉。

2. 抗电镀油墨

抗电镀油墨在电镀法中使用。在电镀之前,利用抗电镀油墨印刷负性线路图形,即凡是没有线路的区域都印刷上油墨,在电镀时阻止金属离子在其上面形成电镀层,而基板上的线路区域没有印刷油墨,电镀时可以镀上铜。由于抗电镀油墨和抗蚀刻油墨同为抗酸性油墨,前者也可以作为抗蚀刻油墨使用。

3. 阻焊油墨

阻焊油墨也是印制电路板最常用的油墨之一,通过印刷的方式,它可以在印制电路板表面有选择地涂布一层永久性的保护膜层,掩蔽导线图形不受损伤,也可以防止零件被焊到不正确的地方。同时成膜物质抗化学药品、耐溶剂、耐热、绝缘性能良好,有防潮、防霉、防烟雾的功能,并起到美观作用。阻焊油墨的主要颜色为绿色,也有红色、棕色、蓝色、透明等颜色。

4. 字符、标记油墨

字符、标记油墨用于印刷标识文字。电路板制作好之后,利用字符、标记油墨印刷上各种标识文字说明,方便电路板的使用和维修。

(三) 电路板印制工艺

电路板印制通常要经过印前准备→第一单元印刷→腐蚀→第二单元印刷→…→第 N 单元印刷。

1. 印前准备

电路板印制所用基板大多采用酚醛树脂板或玻璃(布)环氧树脂板,并在其双面或单面复合 0.035mm 或 0.07mm 厚的铜箔。印刷之前应使基板清洁、平整、粗化,使其具有良好的吸墨性能。

2. 印刷

第一单元印刷通常是利用抗蚀刻油墨在基板上印刷线路图文,印刷之后的基板可以置于 UV 干燥机中迅速干燥;然后用氯化铜腐蚀液对印刷抗蚀刻油墨后的基板进行腐蚀,腐蚀之后可以获得上面布有铜箔线路的基板;然后经过第二单元阻焊油墨印刷;第三单元对基板背面进行印刷;第四单元可以根据用户的要求进行配线板的正面标识文字印刷,最终获得印制电路板。

四、移　印

移印技术巧妙地利用印章原理,将凹版上的图形通过硅胶移印头转印到各种形状的表面上。它可以将图案直接印刷在平面、曲面、凹凸曲面等各种不规则的工件表面上,是实现曲面印刷的一种较好的方法。移印具有印刷范围广(可以广泛用于各种玩具、鞋、杯盘、罐、瓶、钟表盘、标牌、文化体育用品、日用化妆品及电子器件表面)、操作简便等特点。

移印印版大多是平面形的凹版,多以钢板作为版材,也可以用树脂凹版。

(一) 凹版印刷过程

凹版移印采用凹版为图文载体,并使用特殊配方的油墨,保证油墨能吸附在含有硅油的移印头上。凹版印刷原理和过程如图 5-49 所示。

（1）移印头移到已经上好油墨的凹印版上方。

（2）移印头下降压住凹印版，印版网穴油墨转移到移印头上。

（3）移印头提起，并移动到承印物上方。

（4）移印头下降，与承印物接触印刷。在移印头从印版提起到印刷的过程中，移印头上的油墨开始慢慢变干，在移印头和承印物接触时，油墨黏附在承印物的表面。移印头有弹性，可以很好地与各种物体表面接触。印刷时，移印头里的硅油可以保证移印头上的油墨全部转移到承印物上。

（5）在移印头印刷的同时，凹印版上墨并把多余的油墨刮去，移印头移回印版上方，新的印刷过程开始。

（二）着墨系统

着墨系统主要有开放式和封闭式两种。

1. 开放式

最初的凹版移印多采用开放式着墨系统，目前仍有凹版移印机在采用。开放式供墨系统如图 5-50 所示，在凹印版的旁边有一个墨槽。上墨过程如下：

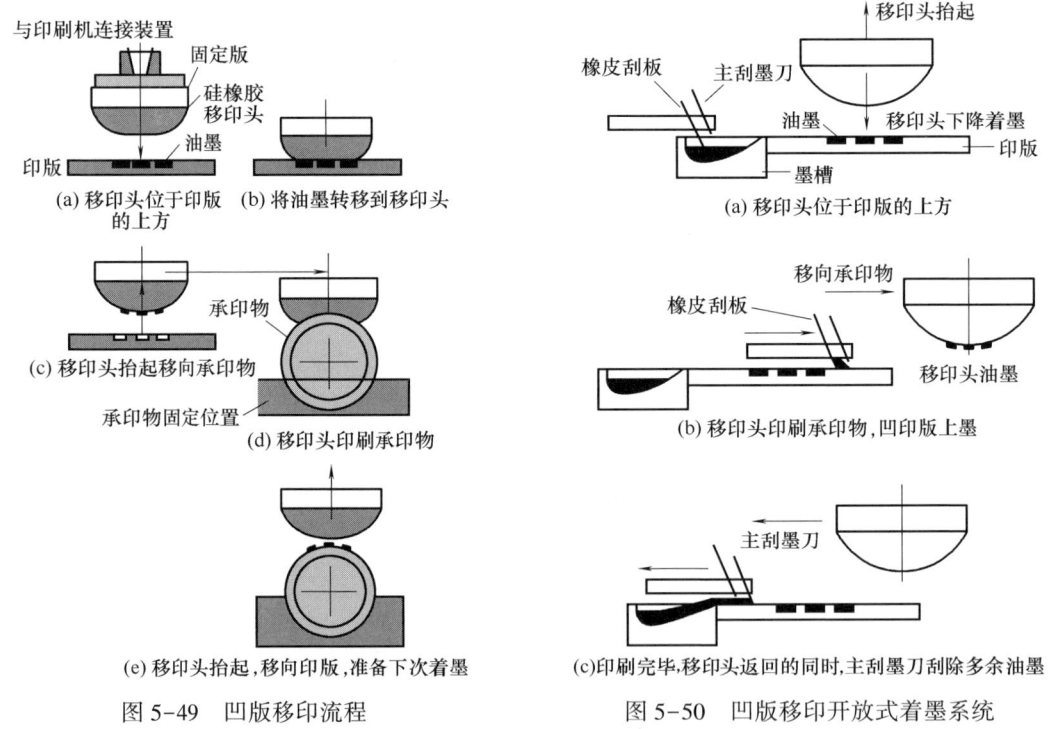

图 5-49　凹版移印流程　　　　图 5-50　凹版移印开放式着墨系统

（1）取墨。如图 5-50（a）所示，橡皮刮板在墨槽里，主刮墨刀（钢片）被提起，不与印版接触。当移印头与印版接触后提起时，橡皮刮板从墨槽中取出一定量的油墨。

（2）涂布。如图 5-50（b）所示，移印头移向承印物的同时，橡皮刮板将油墨涂在印版上。

（3）刮平。如图 5-50（c）所示，当移印头印刷完毕，开始向印版移动时，主刮墨刀立即下降到印版上，在移印头向印版移动的过程中，主刮墨刀将印版上多余的油墨刮去。移印头移到印版上方,主刮墨刀在接近墨槽时被提起。移印头下降,橡皮刮板进入墨槽,准备再次上墨。

2. 封闭式

封闭式系统用封闭的墨盒代替敞开的墨槽,结构和上墨过程如图 5-51 所示。

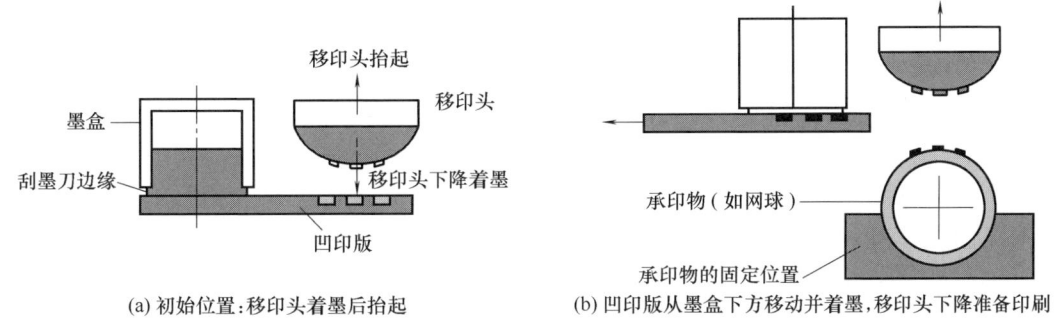

(a) 初始位置:移印头着墨后抬起　　　　(b) 凹印版从墨盒下方移动并着墨,移印头下降准备印刷

图 5-51　凹版移印封闭式着墨系统

(1) 如图 5-51 (a) 所示,封闭墨盒一般由金属材料制成,底部边沿起到刮墨刀的作用。凹印版向右移动,图文部分移至移印头下面,封闭墨盒下边刮墨后停在印版的非图文部分,移印头着墨后抬起。

(2) 如图 5-51 (b) 所示,凹印版向左移动,图文部分移至墨盒下面,给印版着墨。移印头下降印刷,在移印头印刷完成抬起后,凹印版向右移动,回到上一步状态。

封闭墨盒一直处于封闭状态,油墨溶剂不易挥发。如果是长版活印刷,还可以给墨盒配置一个溶剂和油墨综合供给系统。封闭式供墨系统的应用越来越广泛。

五、盲文印刷

盲文印刷是承印盲人专用文字、图画的印刷品。印刷品的图文是由凸起的小点子组成的。盲人凭靠手指触摸阅读盲文,因此盲文印刷有别于普通印刷。

盲文用手触摸的点子的大小和距离是根据盲人的心理特点设计的。凸点的形状多为半球形或抛物面形。凸点底部直径为 1~1.6mm,高度为 0.2~0.5mm,点距为 2.2~2.8mm。点子不能太小或相距太近,以免影响触摸速度和触摸的准确度。

盲文印刷的方法有模具压印法、油墨印刷法和发泡印刷法。

模具压印法是盲文印刷最早采用的印刷方法。它采用带有点子的凹、凸模具,将特种厚纸置于两模具之间,经加热加压,在厚纸上形成排列有不同圆点的盲文书页。这种印刷方法只能压印出凸点,不能压出图案,其凸点受热受压后容易平塌受损,而且体积大,携带不便,目前已很少使用。

油墨印刷法采用的是松香油墨,运用凸版印刷或丝网印刷的方法,把盲点或图案印刷在纸张上,经加热烘烤,油墨受热隆起,即形成盲文。这种方法又称松香凸文印刷。

发泡印刷法是目前应用最广泛的一种盲文印刷方法,其采用的发泡油墨是应用微胶囊化的特殊加工法制成的,中间充满低沸点溶剂,加热加压后低沸点溶剂立即汽化,油墨颗粒迅速膨胀,形成凸起图文,耐用、不易破损。发泡印刷法通常采用丝网印刷,当前被广泛用于一些新的以及特种图文印刷领域。

六、木刻水印

木刻水印是我国特有的一种传统印刷方法，它依照原稿勾描和分版，无须加网，在硬质木板上雕刻出多块套色版，用宣纸和水溶颜料逐版套印而成。印刷的成品能保持原作的风格达到乱真的效果，被誉为"再创造的艺术"。

早在 1340 年，我国工匠已开始采用朱、墨两色进行套色印刷，之后发展到数色套印，最后又改一版数色套印为分版分色套印，即饾版，为现代的彩色印刷奠定了技术基础。木刻水印的工艺流程为：勾描分版→雕刻木版→水印→装裱。

1. 勾描分版

勾描是木刻水印的基础。首先对原稿进行分析研究，根据色彩、层次的不同，画家的流派和风格，画面大小等进行分版分组设计。将原稿上同一色彩阶调的笔迹归纳到同一版内，原稿上有多少种色调，就分成多少套色版。然后用透明而不透水的胶纸覆在原作上，把画面上的点、线、色块、文字等如实地勾描下来。再用半透明的雁皮纸蒙在勾好的胶纸上，按照不同的层次、颜色用毛笔细致地描绘成一张张分色稿。把每一张分色稿分别反贴在木板上，并注明套色印版的颜色名称及套印次序。

2. 雕刻木版

雕刻所选用的木板一般为梨木、黄杨木和枣木，因为这些木质材料木纹细密，便于刻印，三者各具特点和用途。梨木吸水均匀，硬度适中，适合刻线条及山水画中的皴、擦、点、枯笔等。黄杨木木质细而硬，吸水量小，适合最细腻的线条。枣木硬度类似黄杨，木质易干裂，适合刻枯笔。

木板表面要平整光滑，待色稿印版干固之后，雕刻者运用各种刀具和刀法，把非图文部分一一刻去，精雕细刻出各种线条、枯笔、平版等图案，分别刻成各色凸版印版。雕刻工人必须具备鉴赏传统绘画的素养，仔细品味原作精神，加上精湛的雕刻技术，才能操刀自如、游刃有余。

3. 水印

木刻水印一般用宣纸，宣纸分生宣和熟宣两种。生宣吸水性能好，适于淋漓酣畅的大手笔写意画；熟宣吸水性能较生宣差，适于严谨工整的工笔画。

印刷时所用的色料是中国画用的水彩颜料，用棕刷上色，上色时的色调浓淡应与原画相同。木刻水印的主要技法有"刷、研、掸"。"刷"即上墨方式，用刷子蘸好颜料轻柔均匀地涂抹在印版上；"研"即施压方式，用一种柔软而富有弹性的"耙子"，在纸背稍用力走过，排除纸张与印版间的空气，使两者紧紧密合，促进纸张对颜料的吸附；"掸"是体现绘画笔触精神的一种方法，按照原稿的颜色和笔触，用颜料在印版相应位置画出来再进行印刷，从而增添了印品的视觉效果。

复制印品后，还必须根据原稿适当地对复制品进行艺术加工，充分利用水溶颜料的浸润现象，忠实还原原稿风貌。由于木刻水印的特殊性，印量很小，一次最多印 200～300 张。

4. 装裱

装裱是木刻水印的最后一道工序，也是中国画的传统工艺，它有保护、装饰、实用的功能。

（1）传统装裱方法。用稍大于原稿的宣纸，两层对敷，把印好的复制品按一定的工艺要求裱糊在上面，胶黏剂是浆糊，四周同时裱上绢、绫等装饰布，上墙壁绷平、干燥。待画彻底干燥后，用起子沿边缘将画取下，在画的上端装上天杆，在画的下端装上地杆及轴头。天杆上有画绳及丝带，画绳可以使画幅悬挂起来，丝带可以把画幅卷起来。

（2）现代装裱方法。用稍大于画稿的胶纸，使画稿的背面对准胶纸的胶面，放入裱画机中热化1min，取出后方裁画心，四周搭接绫子，搭接用胶膜，这是一种双面胶，胶纸和胶膜都是使用热熔胶，然后用胶纸上复背，最后安装天杆、地杆。这种方法也称快速装裱方法，目前应用很广泛，它具有速度快、质量好、不变形、防虫蛀等优点。

思 考 题

1. 什么是柔版印刷？为什么它特别适合包装印刷？
2. 解释平版印刷中水墨平衡的原理。如何实现水墨平衡？
3. 单张纸胶印机和卷筒纸胶印机的结构组成有何区别？
4. 凹版印刷的原理和特点是什么？它主要适用于哪些印刷用途？
5. 丝网印刷的特点是什么？它主要适用于哪些印刷用途？
6. 静电成像数字印刷有哪三种常见形式？基本原理分别是什么？
7. 喷墨成像数字印刷机的工作原理是什么，分哪两种类型？
8. 什么是特种印刷？
9. 立体印刷的基本原理是什么，有何应用？
10. 全息照相印刷的基本原理是什么？它和普通图像有何区别？
11. 电路板印制中使用了哪些特种油墨，它们各自的作用是什么？

第六章 印后加工

印后加工是印刷工艺流程中的最后一道工序，是使印刷品获得所要求的形式和使用性能的生产工序。数字化印后加工是 JDF 流程在生产过程最后的数据传递，包括书刊印刷折手、装订形式、标记、表面整饰等，以及包装印刷表面加工、材料复合、容器加工等数据的利用，完成后加工自动化控制过程。本章对书刊、包装等的印后加工逐一进行介绍。

第一节 书刊的装订技术

书刊装订是书刊印刷三个主要工序（制版、印刷、装订）中的最后一道工序。只有通过装订，才能使一张张的单个页面成册，成为便于人们翻阅和保存的书籍、画册等。应用最多的平装、骑马订和精装（图 6-1）是由古代卷轴装、经折装、旋风装、蝴蝶装、包背装、线装发展而来的。按照装订的方法分为手工装订、半自动装订和全自动装订联动机等。

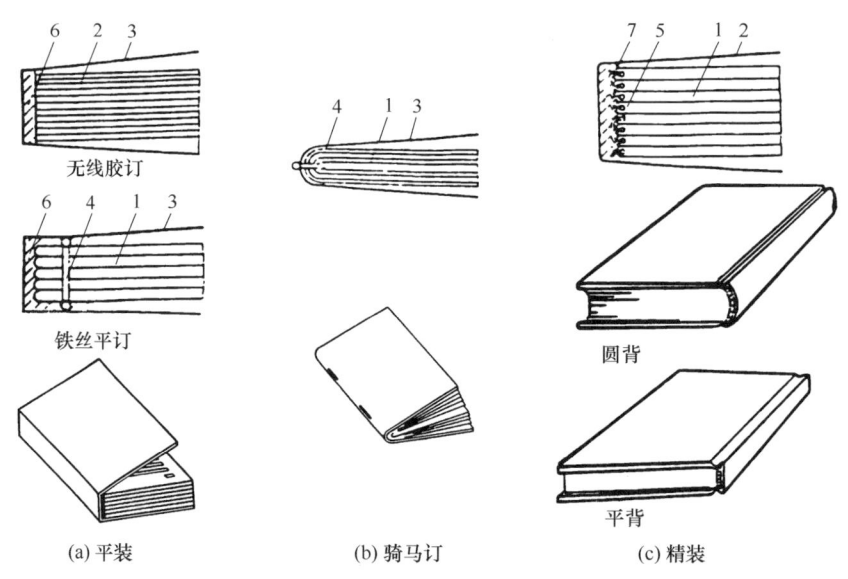

1—书帖　2—书页　3—封面　4—订脚　5—线　6、7—胶
图 6-1 平装、骑马订和精装

一、平装书刊工艺及设备

平装书刊封面分两种类型：一种是直接采用纸张做成的封面；另一种是在纸质封面上，用塑料薄膜做成塑封封面。由于环保原因，国家提倡用水溶胶上光方式替代覆膜。书刊较常见的形式是：封面与书芯裁切成同样大小，称为齐口封面书。书刊装订时，如果封面的前口边大于书芯的前口边，封面沿着书芯的前口边向里与其折齐，称为勒口书。通常

勒口长度为70~90mm，此处印有著书人简介等类似内容。所谓手工装订和半自动装订，是指一些工序采用人工作业，另一些工序由机器辅助完成。这种工艺简便、成本低廉的生产方式，在书刊装订车间采用较为普遍，特别是对于小批量生产更具优势。平装书刊流程包括：撞页裁切、折页、配帖、订书、包本、切书、包装等。对于常规产品来说，自动化、信息化技术应用于书刊加工设备后，流水线在自动控制下实现计算机排产生产，可以实现一本起订。

（一）撞页裁切

裁切又称"开料"。它将撞齐的印张，通过单面切纸机，裁切成符合要求的规格尺寸。

裁切工作的基本要求是：裁切的尺寸准确，同一开本规格的印张大小必须保持一致。

若是自动化的裁切系统，其纸堆升降台会根据纸堆的高度进行自动调节，叼牙式装纸系统、自动撞纸器、储纸台、装纸及卸纸系统等协同配合，整个裁切过程有条不紊，快速高效，自动化程度大大提高，特别适合多样化的广告产品样本。

单面刀由切纸刀、压纸器、刀条、工作台和推纸器等组成，如图6-2所示。切纸刀常见的有620mm、920mm和1370mm三种类型。纸张的裁切过程是：由人工将撞齐的纸页放在工作台上，根据所要求的幅面尺寸，使纸页紧靠推纸器的前表面和侧挡规，推送纸页到规定的裁切线上；放下压纸器，使纸页压平压实、定位；开动机器，切纸刀落下切纸；裁完后，切纸刀上升离开纸叠，压纸器也随之上升，然后将裁完的纸叠取出放到纸台上，完成裁切过程。

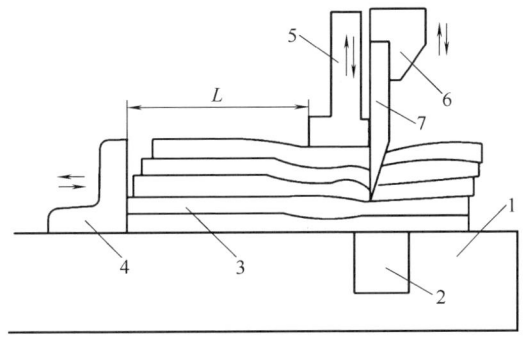

1—工作台　2—刀条　3—纸　4—推纸器
5—压纸器　6—刀架　7—切纸刀
L—推纸器4和压纸器5之间的距离，用于裁纸长度的计算
图6-2　单面刀工作原理

（二）折页

将印张按照页码顺序折叠成书刊开本大小的书帖，或者将大幅面印张按照要求折成一定规格的幅面，称为折页。

1. 常用的折页形式

书刊的装订方式不同，版面的排列方式也不同。折页的方式是随着版面的排列方式而变化的。折页的基本要求是折好的书页位置必须正确，书刊正文版芯外的空白边每页要相等。图6-3所示是书刊常见的几

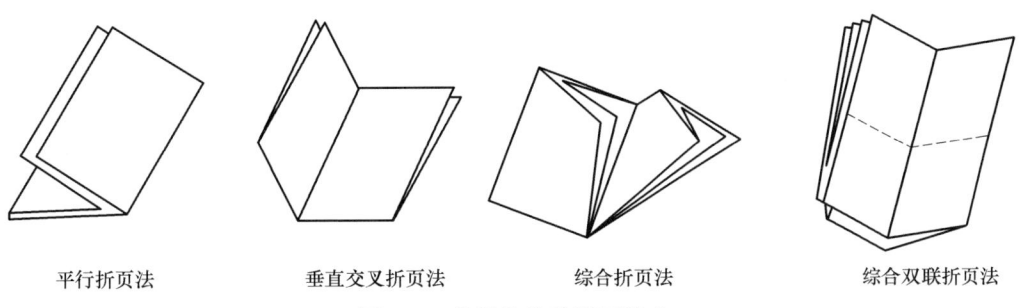

平行折页法　　垂直交叉折页法　　综合折页法　　综合双联折页法
图6-3　常见的几种折页形式

种折页形式。

（1）平行折页法。相邻两折的折缝呈平行状态的折页方式称为平行折页法。它有双对折、翻身折、连续折三种方法。一般用于纸张比较厚实的印刷品，如少儿读物、图片、画册等。

（2）垂直交叉折页法。这种方法的特点是前一折和后一折的折缝相互垂直。不论是多少折的书帖，前一折折好后，应先将书页按顺时针方向转90°，然后再对齐页码，折后一折，以此类推。垂直交叉折页法具有加工方便、折数和页数成比例的优点。

（3）综合折页法。在同一帖书页中，各折的折缝既有相互垂直的，又有相互平行的。这种折叠方式称为综合折页法。折页机大多采用这种折页方式。

此外，根据书帖不同的折叠方式，还可分为正折和反折、单联折和双联折等。除了常见的折页方式外，还有风琴折、关门折、加页折、弓形折、鱼形折、无订骑马折、宝塔包折、模切折、宝塔折、平行阶梯折、青蛙折等，都可以用机械自动完成。

2. 常见的折页机功能简介

折页机的种类有：刀式折页机、栅栏式折页机及栅刀混合式折页机。图6-4所示是折页机折页方式示意图。一般情况下，卷筒纸印刷机印制的书帖按书版要求折好页，直接用于配页。

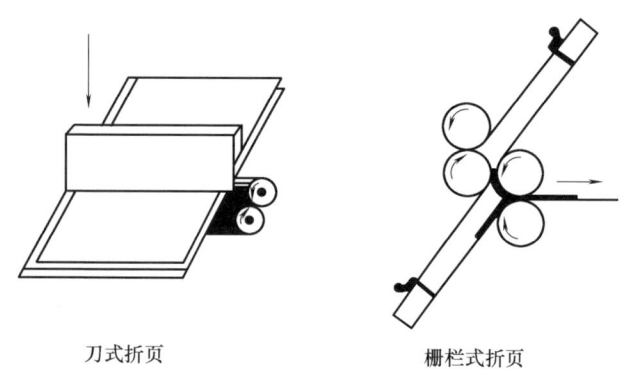

图6-4 折页机折页方式

（1）刀式折页机。当输页装置将纸张送入折页机的接页台，经过整理，获得准确的规格后，折刀落下，将印张从中心线处压入接页台狭窄的横缝里，横缝的下面有两个旋转方向相反的折页辊，折页辊的转动对纸张产生了摩擦力，使纸张通过折页辊而完成折页的过程。同时，纸张随传送带送入下一折的位置，直至加工成书帖。

（2）栅栏式折页机。该机由两组折页辊和一个折页栅栏配合完成折页动作。输页装置输送过来的纸张经过两个旋转方向相反的折页辊时，产生了与折页辊相等的速度，运动到上折页栅栏里，由于摩擦力的作用，到达栅栏内挡板时，纸张发生弯曲成对半形折入另一组旋转方向相反的折页辊中间，使折过一折的书帖又以折页辊的速度运动到下栅栏里，直至到达下栅栏挡板。在这里纸张又被迫弯曲，并由折页辊送出。完成二折书帖后，继续前进可进行三折、四折，直至完成整个折页工作。

栅栏式折页机机身小、速度高、操作便利，但所能折的幅面较小，纸张过薄时会影响折页精度。

（3）栅刀混合式折页机。该折页机的机构中既有刀式，又有栅栏式，故称栅刀混合式折页机。

（三）配帖

配帖就是将书帖或单张按页码顺序配集成书册的工序。书帖是指一个印张按书版尺寸折页后的多页形式。配帖的主要内容有：

（1）配书帖：把衬页、零头页、插页按页码顺序套入或黏在某一书帖上的过程。

（2）配书芯：把整本书的书帖按顺序叠配的过程。

配帖的方法有两种：一是套帖法，即将一个书帖按照页码顺序套在另一个书帖的里面形成二帖厚而只有一个帖脊的书芯。然后，将封面套在书芯的最外层，经装订成书。这种方法适用于帖数较少的杂志、小册子等的配帖。二是配帖法，即将各书帖按照页码的顺序叠摞在一起成为一本书刊的书芯。装订后再配上书刊封面。该法常用于各种平装、精装书籍或无线胶订的书刊。

手工配帖速度慢，劳动强度大，只适宜小批量生产。批量的配帖工作一般由配页机完成，图6-5所示是套帖和配帖两种配页机工作原理示意。套帖配页机一般配合骑马订书机使用；配帖配页机可以单独使用，或者连线使用。将要配的书帖按页码顺序分别放进书斗内，当机器运转时，书帖叠下面的吸页装置吸住书斗内最下面的一个书帖，叼出并放到传送链的隔页板上，随着传送带的移动，拨书棍将书帖带走，一本书配齐之后，送至收帖装置运走。

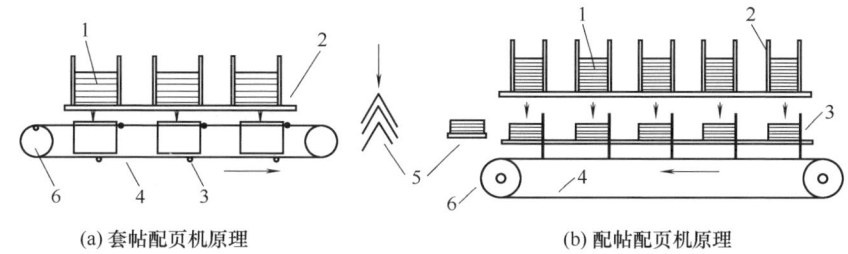

(a) 套帖配页机原理　　(b) 配帖配页机原理

1—书帖　2—储书台和书斗　3—挡书板和拨书棍　4—输送链　5—收帖装置　6—链轮

图6-5　配页机配帖原理

配帖时，必须严格按照页码顺序，不能有缺帖、多帖和前后颠倒。为了便于配帖和检查配帖中的错漏，印刷时，每一印张的帖脊处，按帖序印上一个小黑方块，即折标。通过配帖，书脊上就形成了明显的阶梯状的检查标记，如图6-6所示。检查时只要发现梯档不成顺序，就说明有错帖，应及时纠正。

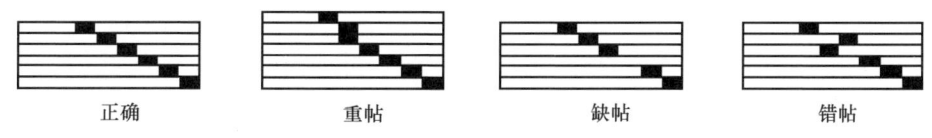

正确　　　　重帖　　　　缺帖　　　　错帖

图6-6　配帖折标

配帖后，除锁线订外，应将配齐的书芯捆扎，在背脊刷上稀薄的胶水或浆糊，干燥后使书芯初步粘连，便于订书。

（四）订书

把书芯的各个书帖订牢的过程称作订书。

订书的方法有订缝连接和非订缝连接两种。订缝连接就是用纤维或金属丝将书帖连接在一起，主要有骑马订、三眼订、铁丝平订、锁线订等多种形式，如图6-7所示，常用的是骑马订和锁线订。非订缝连接是用胶把书帖一帖一帖地粘连在一起的方法，又叫作胶黏装订法。

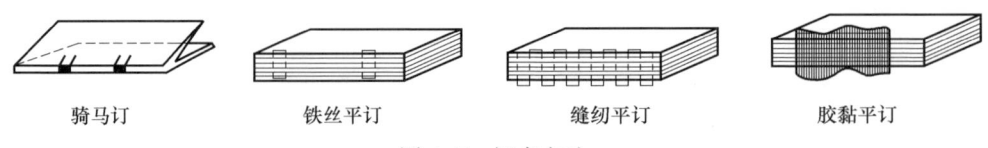

图 6-7 订书方法

1. 骑马订

将套帖配好的书芯连同封面一起，在书脊上由两个铁丝钉扣钉牢的方法称为骑马订。

骑马订成本低、速度快、生产效率高。但因书帖只由两个铁丝扣连接，因而牢度较低，翻阅次数较多后，封面和书页易脱落。一般用来订 64 页以下的薄本书籍、杂志、练习本、小册子等。

骑马订一般在骑马订书机上完成，骑马订书机有单机，也有骑马订书联动机。

2. 铁丝平订

铁丝平订又称铁丝订，是将配好的书芯在钉口附近钉上铁丝而成书册的方法。

铁丝订是用自动铁丝订书机完成订书的。它的优点是书脊平整美观，能订住许多单页，成本低，效率高。缺点是订脚紧，书本过厚时不容易翻阅。铁丝受潮易产生黄锈斑点，并渗透封页，造成书页的破损和脱落。铁丝钉适宜 100 页以下的书刊。

3. 缝纫订

缝纫订是把配帖后的整本书芯平放在工业用缝纫机上，在订口的边上沿书脊订住书芯而成书册。它是平装书中常用的订书方法，设备简单，并且不会因铁丝生锈而影响订书质量。它适宜 100 页以下的书刊。

4. 锁线订

锁线订又称串线订。它是按照顺序，用线将已经配好的书帖一帖一帖地串联起来，锁紧成整本书的书芯。为了增加锁线订的牢度，书脊处再黏一层纱布，然后压平捆紧。刷胶贴卡片，干燥后，割成单本，以备包上封面。

锁线订和骑马订一样都有不占订口的优点，摊得开，放得平，阅读时容易翻阅。但它比骑马订牢固，适宜各类较厚的图书和画册，是质量较高的订书方法，常用于精装书籍的书芯加工。

锁线订有手工锁线和自动锁线机锁线两种方法。自动锁线机能自动完成配帖、锁线、黏纱布、分本割线等工序。

5. 胶黏装订书芯

胶黏装订是不用铁丝或纤维线，而用胶黏合书芯的装订方法，简称胶订。

胶订的工艺过程是：铣背→捆页→刷胶→烘干→贴纱布、干燥→割本。

铣背：在折页机上加装花轮刀，将书帖的帖脊等距离地割开一小段，以便胶液渗透到每一帖中间。

捆页：将配帖后的书芯撞齐，扎紧成捆，每捆约为 50cm 厚。

刷胶：在书芯的背脊上涂刷胶水。

烘干：将刷胶后的书芯成捆地放入红外线干燥器内烘烤，迫使胶水向帖与帖和已经打穿之处的页与页之间的细缝中渗透，使书页之间黏合牢固。

贴纱布、干燥：烘过的书捆，经过一定时间的自然干燥后，再刷一层胶水，贴一层纱布和卡片纸,并让其自然干燥。技术发展后,平装书帖纱布见得少一些,通常刷胶烘干后直接到包封机包封面。

割本:将干燥彻底的书捆解开,经过裁本,成为一本一本的毛本。

6. 塑料线烫订

塑料线烫订所采用的特制塑料线是低熔点的丙纶线和高熔点的人造丝线的复合线。在折最后一折之前,将复合线穿进折缝,从里向外穿出。穿出的两端作为订脚,用加热元件将订脚烫熔,低熔点部分会黏合在书帖背脊上,而高熔点部分的线脚仍翘起保留在背脊上,经配帖成册。每个书帖上的高熔点线脚与刷背胶水黏合,共同起到拉紧各书帖的作用,并提高书脊的牢度和外形质量。

(五) 包本

将印好的书刊封面(有些还要复合塑料薄膜)包在书芯外面,做成毛本的过程,称为包本。骑马订的封面与书芯套帖,一次成书;平装书籍要经过制书芯和上封面两道工序成书。平装书籍包本分手工包本和机械包本。

手工包本的工艺过程:折封面→刷胶→粘贴包本→刮平。

机械包本有直线包本机、圆盘包本机、椭圆包本机等。机械包本工艺过程:手工或机械自动把书芯一本一本地送入书槽内→夹书器把书芯送到铣背工位进行铣背→夹书器把书芯送到胶水槽工位,底部滚轮上底胶,两侧滚轮上侧胶→夹书器把书芯送至包封面工位,手工或自动送来的封面精准地粘在书背上→夹书器继续夹住,与上封面装置一起把书芯与封面加压黏合→书被传送到接书台上,自行落下,由人工收集成叠,如图6-8所示。

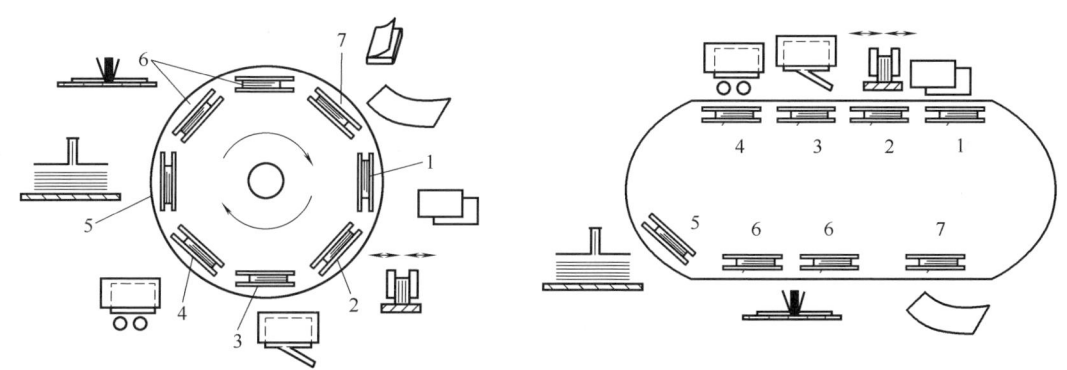

1—储书芯 2—书芯夹紧定位 3—铣背 4—涂胶黏剂 5—上封面 6—夹紧定位 7—输出

图6-8 圆盘包本机和椭圆包本机原理

平装书籍的封面应包得平整牢固,不能有空泡、拖浆或拱皱。书脊上的文字应居中并成直线,封面应清洁、完整无损,无折角或折皱。

(六) 切书

切书的目的是将毛本的天头、地脚、切口按照开本规格尺寸裁切整齐,使毛本变成光本,成为可阅读的书籍。

切书由单面切纸机或三面切书机来完成。图6-9所示为三面切书机,工作时,夹书板夹住书→推书器推书到裁切位置→压书杆推动压书板压住书→两把边刀同时下降切书→两边切完边刀回位→中刀下降切书→中刀回位时推书器继续推书→出书后推书器回位。书刊切好后，需要逐本进行质量检查。合格产品经点数包装即可出厂。

以上是手工或单机完成平装书装订的过程。为了提高工作效率，提高产品质量，减少体力劳动，现已采用联动订书的方法。

（七）书刊平装联动订书机

常见的联动订书机有：骑马联动订书机、胶订联动订书机、塑料线烫订联动订书机。

1. 骑马联动订书机

骑马联动订书机能自动完成配页、订书、三面切书及叠积计数、输出等连续的多道工序。

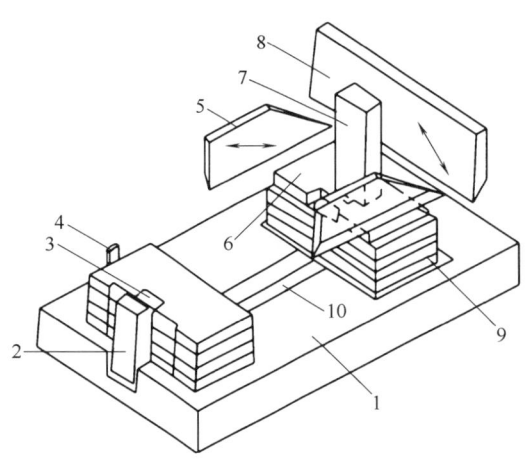

1—工作台 2—推书器 3—夹书板 4—侧规 5—边刀
6—压书板 7—压书杆 8—中刀 9—书 10—导轨
图6-9 三面切书机

骑马联动订书机的工作过程是：将折页完成后的书帖，按顺序配帖后依次套叠在集书链上，完成配页后由测厚检测装置自动检测，对于不合格的书帖，由废书剔除机构传送至废书储存斗，合格的书帖经订书机构订书后送至三面切书机，将毛本切成光本。最后进行计数堆积，达到一定数目后自动输送出来。

2. 胶订联动订书机

一般的平装书籍装订联动机都是胶黏装订的。图6-10所示为平装胶黏装订工艺流程，可由手工和机械辅助完成装订工作。在自动化控制下，若干能完成不同工作步骤的单机组合成联动机进行工作，包括：连续完成配页→计算机检测废页剔除→振齐→铣背→打毛→刷胶→黏纱布→卡纸刷胶→包封面→三面切书→堆积计数等装订工序。联动线各机组

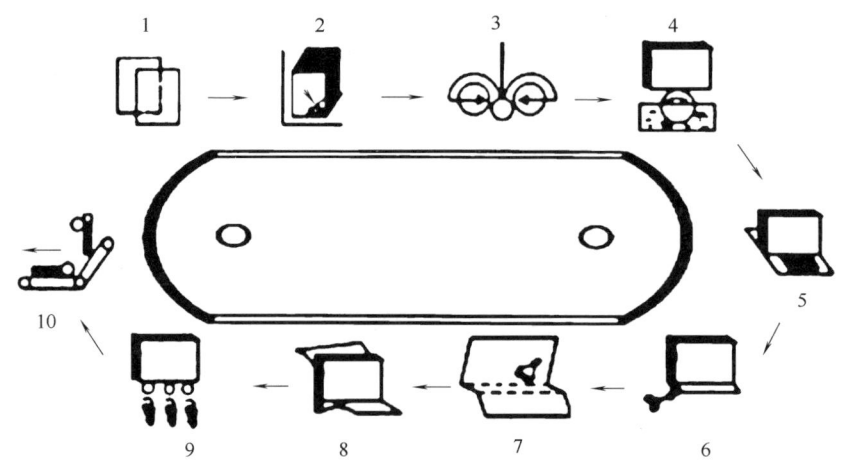

1—配页 2—撞齐 3—定位夹紧 4—上书芯胶 5—贴纱布 6—帖卡片纸
7—上封面胶 8—给封面 9—烫背 10—出书
图6-10 平装胶黏装订工艺流程

140

之间都保持着同步联系，使全线在统一的节拍下运行。联动机的型号不同，其功能也有一些差异。例如，有些联动机是由手工输入书芯和封面的；有些联动机带烫背，有些则不带烫背；有的用热熔胶，有的用冷胶；等等。随着胶订机工艺改进，除了做无线精装书外，黏纱布、卡纸刷胶已经不用了。

图 6-11 所示为无线胶装联动线，是一种用胶黏剂代替各种连接线将书帖连接成册的一种平装生产联动线。它可以将配页、撞齐、夹紧、铣背、一次涂胶黏剂、二次涂胶黏剂、包封面等十多道工序连接在一起，形成一条自动生产线。无线胶装联动线是一种高速的、适用于大批量生产的装订设备，装订质量稳定、节省人力，由于加工速度快，出版周期有一定保证，是一种很受欢迎的联动生产线。目前我国使用的无线胶装联动线型号有多种，区别是速度的快慢和配页形式，工作过程与操作要求基本相同。8000 本/h 生产时，通过 60m 以上输送干燥，书本堆积 100mm 以内直接送入三面切书机裁切。

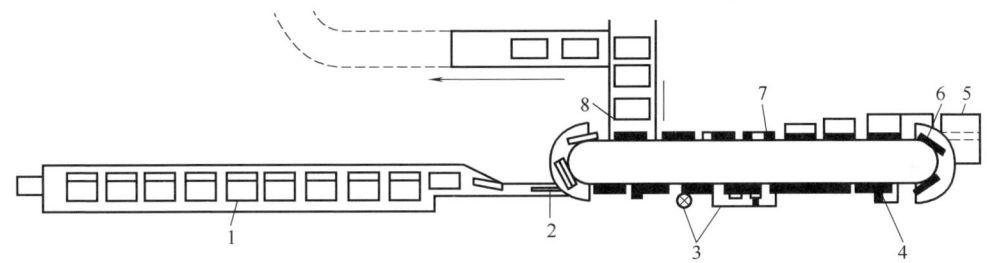

1—自动配页机　2—导书芯装置　3—铣背刷胶装置　4—二次刷胶
5—上封面装置　6—夹紧成型　7—导书装置　8—输送装置
图 6-11　无线胶装联动线

3. 塑料线烫订联动订书机

塑料线烫订的联接方法，是在折页机进行最后一折之前，以类似骑马订的穿线原理，在每一书帖的最后一折缝上，从里向外穿出一根特制塑料线，穿好的塑料线被切断后，两端（两订脚）向外形成书帖外订脚，然后在订脚处加热，使一订脚塑料线熔化并与书帖折缝粘合（另一订脚留在外面准备与其他书帖粘联），再经配页、包封面、烫背、压紧成型后，各帖之间的另一订脚互相粘连牢固订在书背上，达到联结书册的目的。塑料线烫订将列线胶黏订的低成本及锁线订的高品质融为一体，并与现代高速折页设备联机完成。采用塑料线烫订的书帖经配页后即可进行无线胶黏订，无须对书背进行铣背打毛处理，是近年来受到热捧的装订新技术。

二、图书精装工艺和设备

精装书籍的装帧装潢比平装书籍要精致美观，封面、封底一般选用丝织品、漆布、人造革、皮革、纸张等材料。如果封面粘贴在硬纸板表面制成书壳，然后与书芯配套成册，称为死套书（封面粘死在书壳纸板上）。精装书书芯的书背经加工后带有圆弧形或平直形，又称为圆背和平背，具有挺括坚实的特点。圆背和平背都可分为腔背、硬背和柔背三类。按照封面的加工方式，又分为有书脊槽和无书脊槽，如图 6-12 所示。这种精装书籍造型美观，坚实牢固，翻阅方便，久藏耐用。但因其成本高，加工周期长，一般只用于需要反复阅读、长久保存或质量要求较高的书籍。另外一种精装书是用塑料预先加工成书壳，再将与书芯、上下环衬粘贴在一起的卡纸，套入塑料书壳的套层中成册，称为活套书。

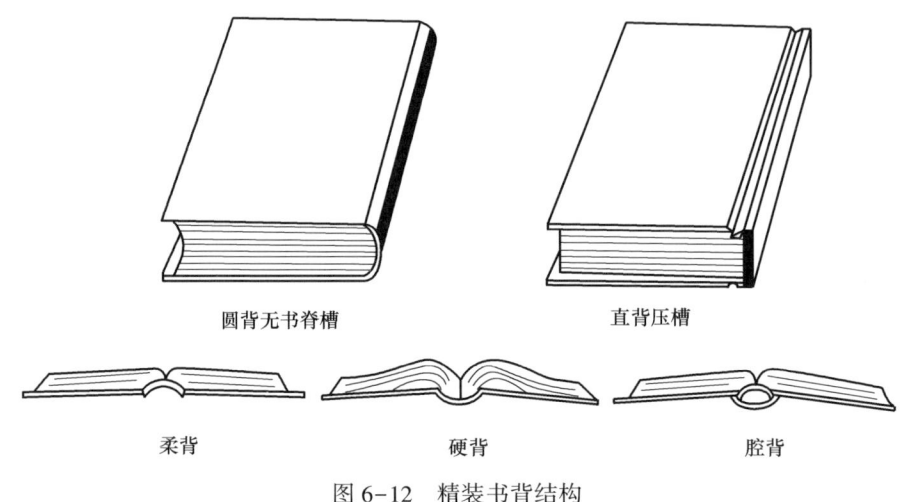

图6-12　精装书背结构

精装书的装订工艺主要由制书芯、制书壳、上书壳三个工序组成。精装书制作较为烦琐，每个工序都需要十几个工作步骤，各个工序可以分开独自完成。在自动化系统控制下，可以由单机组合成联动机，或者由三个工序集成为全自动联动机。

(一) 制书芯

精装书的书芯制作一般采用锁线和胶黏两种形式。无线胶黏书芯制作较为简单，在胶订联动线上不上封面直接输出书芯，用三面刀或切纸机进行裁切；或者，手工配好书芯，在手动胶订机铣背上胶，用三面刀或切纸机进行裁切。锁线书芯制作工艺流程：书帖压平→贴衬纸→锁线→撞背→刷胶、干燥→裁切→扒圆→起脊→刷胶→贴纱布→刷胶、贴脊头→干燥。

1. 书帖压平

手工折页后，在专用的压平机上进行，其作用是使书芯平整、结实便于锁线。

2. 贴衬纸

精装书封面与书芯中间，一般通过衬页相连，锁线前需要把衬页与书芯第一帖和最后一帖粘在一起。也可在书芯做完后手工粘上。

3. 锁线

锁线机有手动、半自动和全自动三种形式。锁线是把配好的书芯用线连接在一起，每本书锁线完成，机器会进行自动分本输出。图6-13所示是普通平锁工艺过程。当书帖送至订书架定位后，底针向上运动，沿书帖折缝从里向外打孔，如图6-13 (a) 所示。接着穿线针和钩线针一起向下，从相应的订孔中将纱线穿入书帖内，同时底针退回，如图6-13 (b) 所示。牵线钩爪从左向右移动，把穿线针上的纱线拉成双股，并将纱线送入钩线针的钩槽中，如图6-13 (c)、图6-13 (d) 所示。钩爪随即退回原位，如图6-13 (e) 所示。然后穿线针和钩线针同时被带动回升，此时，钩线针钩出的纱线在书帖外面绕成一个线圈后，退回到原来位置，如图6-13 (f) 所示。至此完成一帖书的锁线过程。当第二帖书帖到位后，重复上述运动，只是钩线针从第二帖钩出的活扣被套在第一帖的活扣中。各帖相继连接,待一本书订完后,机器空转一次,打结、割线,完成一本书的锁线工作。

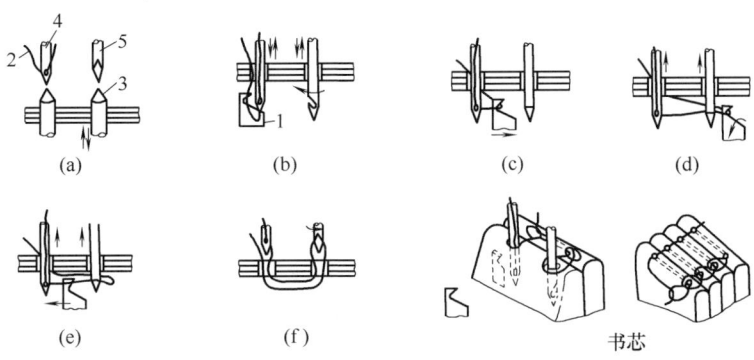

1—牵线钩爪 2—纱线 3—底针 4—穿线针 5—钩线针

图 6-13 普通平锁工艺过程

4. 撞背

锁线完成后的书芯,其书脊一般都会高出一些,不利于书的平整性,要用撞背机进行撞背压平处理。

5. 刷胶、干燥

通过刷胶使书芯达到基本定型。为了下道工序加工时,书帖不发生相互移动,在书背处刷一层稀薄的胶并干燥。刷胶的方法有手工刷胶和机械刷胶。

6. 裁切

沿天头、地脚、切口三个方向,用三面切书机裁切,得到光本书芯。

7. 扒圆

书芯由平背加工成圆弧形的过程称为扒圆。圆背书芯都必须经过扒圆。扒圆的方法是用扒圆机将书芯的背脊做成圆弧形,使整本书的书帖在翻开时互相错开,以便阅读。

8. 起脊

起脊是在上书壳前用夹板把书芯夹紧压实,在书芯正反两面接近书脊与环衬连线的边缘处压出一条凸痕,使书脊略向外鼓起的工序。

起脊的加工有人工起脊(敲脊)和机械起脊(扎脊)两种方法。

9. 刷胶、贴脊头

也称贴花头、贴堵头。将装饰布条贴在书芯背脊的天头和地脚两端,使书帖更加牢固,并美化了书芯的外观。

有些精装书中还带有丝带(书签带)。丝带应在贴脊头之前,粘在书芯背脊的纱布上。图 6-14 所示是精装书芯的一些名称标记。精装书书芯的加工除手工制作外,还可以用精装书芯联动机,实现自动化的连续生产。

(二)制书壳

精装书的封面称书壳,它有整面书壳和接面书壳两种,如图 6-15 所示。

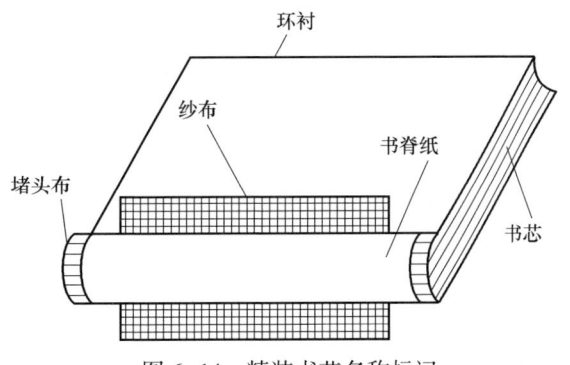

图 6-14 精装书芯名称标记

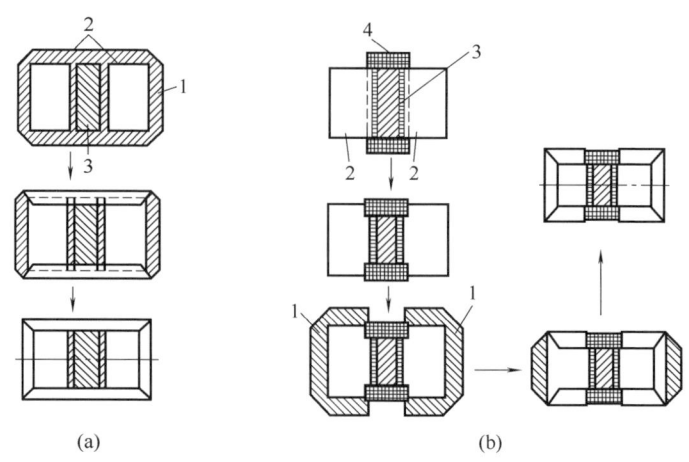

1—封面材料　2—纸板　3—中径纸　4—书腰材料
图 6-15　精装书壳形式和制作工艺
（a）整面书壳　（b）接面书壳

1. 整面书壳

图 6-15（a）所示为整面书壳，一般用于直背精装书。前封、后封、背脊三部分是由一张完整的材料做成的。整面书壳的制作工艺是先在材料的背面涂布胶水，再把前封、后封的纸板和背脊衬置于书壳材料的背面，然后包好材料的四个边，压平、干燥后即成书壳。

2. 接面书壳

图 6-15（b）所示为接面书壳，一般用于圆背精装书。前封、后封、背脊三部分是由三块材料拼合而成的。前封、后封常采用纸张，背脊衬用布条。接面书壳的制作工艺是：先在背脊衬上涂布胶水，然后将前封、后封分别粘贴在织物上，再粘贴背脊衬并折上背脊的织物边，最后把涂有胶水的封面纸贴上，折好三边。压平、干燥后即成书壳。

制好的书壳需进行整饰加工，即在前封、后封、背脊处加印书名和图案。为突出书名和装饰效果，常用电化铝进行烫印，或用阴模和阳模加以挤压进行压凸，做出凹凸图案。

书壳完成后需要把中径压圆，制作成圆背书精装书壳，使其与书芯一致。

（三）上书壳

把书芯和书壳黏合在一起的过程称为上书壳。手工上书壳时，在书芯的前后衬页上分别涂抹胶水，然后将书壳放在书芯的适当位置，并使书壳与书芯牢固地粘在一起，所上书壳必须结实平服。图 6-16 所示为机械上书壳工艺流程，人工手动或机械自动把书壳送到定位台上→人工手动或机械自动把书芯送到定位台→书芯升起，刷胶辊进行环衬刷胶→当书芯接触到书壳时，在定位机构和书芯上升机构的推动下，书芯和书壳快速上升→书芯环衬与书壳黏合成书册。上书壳完成后，随即进行压平，挤出书芯环衬与书壳之间的残余空气，衬纸和封面完全贴合。精装书最后一道工序是压书槽。

前面已经介绍了制作精装书的十几道工序，精装书籍各部分名称如图 6-17 所示，可以对精装书各工序，做进一步了解。

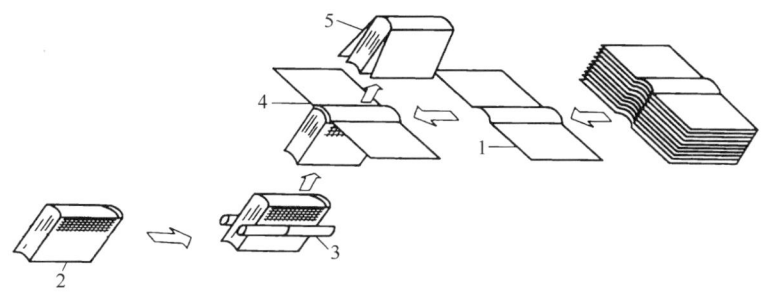

1—上封壳　2—上书芯　3—环衬上胶　4—书芯和书壳黏合　5—套合成书

图 6-16　机械上书壳工艺流程

(四) 精装书籍的联动装订工艺步骤

精装书籍工序多、工艺复杂。如果用手工装订，装订速度慢，生产效率低。目前，我国制造的精装书籍自动装订线，能将经锁线或无线胶订的书芯进行连续、自动的流水作业，最后将成品输出，大大加快了装订速度，提高了工效。自动生产线能完成供书芯、书芯压平、刷胶烘干、书芯压脊、书芯堆积、三面切书、扒圆起脊、输送翻转、书芯贴背、上书壳、压槽成型等一系列精装书装订工作。图 6-18 所示的精装联动线包含后半段工序：扒圆起脊、输送翻转、书芯贴背、上书壳、压槽成型等。各制造商制造的生产线，其结构、安装方式、智能控制等会有些差异。

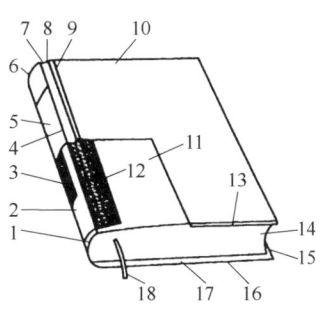

1—堵头布　2—中径纸标　3—锁线线迹
4—书脊　5—书背　6—中径　7—书槽
8—厚纸板　9—布腰　10—纸面　11—前衬
12—纱布　13—封面　14—书芯
15、17—飘口　16—封底　18—书签带

图 6-17　精装书籍各部分名称

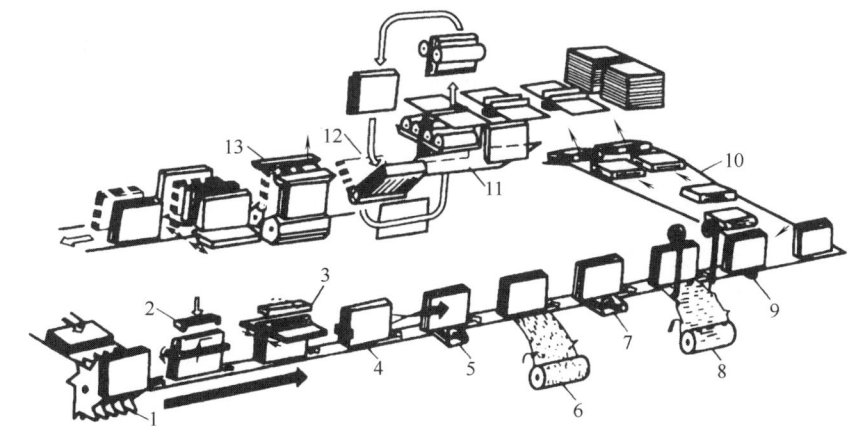

1—进书　2—扒圆　3—起脊　4—输送翻转　5—粘背刷胶　6—粘纱布　7—刷胶　8—粘背纸和堵头布　9—托打　10—皮带运输　11—上书壳　12—输出　13—压槽成型

图 6-18　精装联动线

三、书刊的包装

印刷厂印好的书刊在到达读者手中之前，要经过多次的搬运和输送，过程中必须防止

书刊破损丢失。将书刊适当包装后再出厂，是解决这一问题的简便有效手段。

过去包装是由人工来完成的，费时费力，工效低下。现在这一工序已由专门的图书包装机械来完成，常用的包装材料有纸张（80~120g/m²）或热缩薄膜材料。

采用纸张进行包装时，有平面成型包装和直线式成型包装两种方式。平面成型包装是通过包装机将一摞书先从底面将切口、书脊所处的两个侧面包住，然后再把上表面包住，最后在图书的天头、地脚所处的侧面，将包装纸做角粘牢。直线式成型包装是通过带有直线式成型通道的包装机将一摞书先从切口或书脊所处的侧面将书摞上表面的底面包住，然后将天头地脚作角包住，最后将剩下的一个侧面包住即可。

利用热缩薄膜包装机包装的主要工艺是：将书摞用热缩薄膜从四面包起，烫合各面的接缝，然后将书摞加热，薄膜因受热而产生收缩，再通过冷空气冷却，使包装起来的图书紧紧地挨在一起成为一个整体。常用的热缩膜有聚乙烯、聚丙烯、聚氯乙烯等。包好的书用粘条带、细绳、合成塑料绳捆扎后，即可送入书库或出厂。

第二节　印刷品的表面整饰

表面整饰就是对印刷品的表面进行适当的加工处理，从而提高印刷品表面的耐光、耐水、耐热、耐折、耐磨、耐化学药品性；增加印刷品的光泽和艺术感；起到保护印刷品和美化印刷品的作用，提高印刷品的价值。

常见的印刷品表面整饰方法有覆膜、上光、凹凸压印、烫箔等。

一、覆　　膜

覆膜又称过塑、裱胶、贴膜等，属于纸张印刷后加工工艺。是指在印刷后的纸张上覆盖一层0.012~0.020mm的透明塑料薄膜，形成纸塑合一的产品的加工技术。经过覆膜的印刷品，表面更加光亮、平滑，色彩更为鲜艳夺目，并加强了印刷品的耐磨、耐折、抗拉、耐湿及防潮性能，提高了商品的外观效果和使用寿命，广泛用于中高档包装装潢印刷品及样本、挂历、地图、书刊封面等。覆膜是一项综合性的技术，它涉及许多因素，如塑料薄膜、黏合剂溶剂、印刷品表面墨层状况、机械控制及环境条件等。要获得高质量的覆膜产品，就必须在工艺过程中控制上述各因素的变化，并协调好它们之间的关系。覆膜过程分半自动操作和全自动操作两类。

半自动操作除上胶、热压复合等部分是机械操作外，输纸、分切等部分作业都由人工操作，劳动强度大，生产效率不高。全自动操作从输纸开始，到涂胶、复合、分切、成品收齐均由机械完成，省时省工，生产效率高。尽管有上述差异，但它们的工艺流程却是相同的。先用辊涂装置将黏合剂均匀地涂布在塑料薄膜上，经过烘箱（道）将溶剂蒸发掉，然后将已印刷好的印刷品牵引到热压复合装置上，并在此将塑料薄膜和印刷品压合，成为纸塑合一的覆膜产品。

覆膜工艺按所采用的原材料及设备的不同，可分为即涂覆膜工艺和预涂覆膜工艺。即涂覆膜工艺操作时先在薄膜上涂布黏合剂，之后再热压，目前国内普遍采用这种工艺。预涂覆膜工艺是将黏合剂预先涂布在塑料薄膜上，经烘干收卷后，在无黏合剂涂布装置的覆膜设备上进行热压，从而完成覆膜过程。它们分别由即涂型覆膜机和预涂型覆膜机完成覆膜。即涂型覆膜机适用范围宽、加工性能稳定可靠，是广泛使用的覆膜设备。预涂型覆膜机无上胶和干燥部分，体积小、造价低、操作灵活方便，不仅适用于大批量印刷品的覆膜加工，而且适用于自动化桌面办公系统等小批量、零散的印刷品覆膜加工。覆膜产品的污染主要来源于两个方面，一方面是产品回收污染；另一方面是黏合用胶溶剂残留和加工过程中溶剂挥发污染。

二、上　　光

上光是在印刷品表面涂布透明光亮材料的工艺。分为局部上光和整面上光。一般印刷机都可加装专用 UV 上光机组，称为联机上光。当纸张印刷完成后，进入上光机组上光。联机上光的特点是速度快、效率高、加工成本低，减少了印刷品搬运，克服了很多印刷带来的质量问题。

与 UV 油墨一样，UV 上光油利用紫外线使其固化，使印品表面形成具有网状化学结构的亮光涂层。新型的 LED UV 干燥光油的应用，基本上解决了固化挥发性气味和臭氧污染问题。所以，UV 上光不愧为绿色环保印刷工艺，符合当今国际潮流。

还有专门的水性光油上光机，替代塑料覆膜解决环保污染问题。脱机上光是指印刷、上光分别在各自的专用机械设备上进行。在脱机上光设备上只能完成上光涂布或压光的工作。根据设备组合的情况，又可分为普通脱机上光设备和组合式脱机上光设备。前者指的是上光涂布机和压光机均为单机，加工时，印刷品先由上光涂布机涂敷上光涂料，待干燥后，再在压光机上压光。而组合式脱机上光设备，是由上光机、压光机等以积木式或其他形式组成的上光机组。其最大特点是可以根据被加工印刷品工艺性质的需要，形成不同的组合形式。组合式脱机上光设备的各部分既能连成整体工作，又能分别独立工作，使用灵活，操作方便，维修容易，是印刷品上光加工的理想设备。

三、凹凸压印

凹凸压印是在已印有图文或没有图文的承印物上不用油墨只利用凹凸两块印版，把印刷品压印出浮雕状图像的加工过程。它具有层次分明、立体感强的特点，已被广泛应用于书刊封面的装帧、商标、明信片、广告及各种包装装潢等。凹凸压印的承印物是纸张。

压版做法是在两块 1.5~3mm 厚的铜板上，用机械金属雕刻机或激光雕刻机分别雕出需要制作图文的阴图和阳图，压印过程中，把阴图和阳图合在一起进行对压。也可以用照相法制作压版。

凹凸压印一般在平压式凸版印刷机、平压平型模切压痕机或特制的压凸机上进行。其操作方法也与普通凸版印刷相同，即将已印好的印刷品放在凹版与凸版之间，用较大的压力直接压印。压轧较厚的硬纸板时，可利用电热器将铜（钢）凹版加热，以保证压印质量。

四、烫　　箔

烫箔是将金属箔或电化铝箔通过热压转印到印刷品或其他物品表面，以增添装饰效果，亦称烫印电化铝。

烫箔所用的印版是凸版铜版或凸版锌版，烫印版制作一般采用激光电子雕刻，也可采用照相制版法获得。烫箔时，把印版粘在电热板上，印版通过电热板加热，经压印便把图文部位的金属箔烫印到印刷物的表面。烫印时的温度要适宜，温度过高易使金属箔变色，温度过低容易出现烫印不上或烫印图文断画缺笔的弊病。一般温度控制在120~150℃，最高为180℃。

烫箔的装置，一般在平压式凸版印刷机、平压平型模切压痕机或特制的压凸机上使用。

五、上　　蜡

上蜡处理就是在印刷品的表面涂布一层石蜡，起到防潮、防霉、隔水耐油的作用，主要用于防水纸的制作。例如，用于食品包装纸或纸容器等。

上蜡工艺较简单，一般是在专门涂蜡机上进行的。在涂蜡机中将石蜡加热熔化，然后涂布在印刷品的表面，冷却后即凝固形成一个蜡纸层。

第三节　包装印刷印后加工

包装印刷是以各种包装材料为载体的印刷复制，在包装上印刷装饰性花纹、图案或文字，使产品更有吸引力或更具说明性，从而起到传递信息、增加销量的作用。包装印刷已经成为印刷术的重要组成部分，它涉及生活的方方面面，按用途分为包装纸箱、包装瓶、包装罐等的印刷，按使用属性分为卷烟、食品、医药等包装的印刷，按印版形式分为凸版印刷、平版印刷、凹版印刷、丝网印刷等。包装常用的覆膜、上光等共同的印后加工形式已在上一节中介绍，这一节主要介绍包装印刷的材料复合、模切和成型。

一、包装材料复合

包装材料复合是指把纸张、塑料薄膜或金属箔等两种或两种以上材料复合在一起，外层可以满足印刷的要求，内层可以起到保味保险的作用，两层复合可以适应更多用途要求的包装。包装材料复合广泛应用于卷烟、食品、医药等包装业。环境保护是包装材料复合难以克服的障碍，污染物质残留必须控制在行业标准之内。

复合包装材料的方法有干式复合法、湿式复合法、热熔复合法、挤出复合法、无溶剂复合法等。图6-19所示是几种常见的复合机原理示意图。

（一）干式复合法

图6-19（b）所示干式复合法是将聚醋酸乙烯酯、聚氯乙烯、氯乙烯-乙烯基醋酸酯共聚物、合成橡胶、环氯树脂等溶解于醋酸乙酯、醇类等有机溶剂中制成的胶黏剂，先涂布于第一基材上，在干燥机上将溶剂挥发后，再在加热的条件下将第二基材加热复合的方法。这种方法适合于塑料薄膜、纸、铝箔的复合。

在复合膜的各种加工技术中，干式复合是我国最传统、应用最广泛的一种复合技术，广泛应用于食品、药品、化妆品、日用品、化学品、电子产品等的包装。

干式复合是用涂布装置（一般采用凹版网线辊涂布）在塑料薄膜上涂布一层溶剂型胶黏剂（分单组分热熔型胶黏剂和双组分反应型胶黏剂），经复合机除去溶剂而干燥，在热压状态下与其他基材复合，如薄膜、铝箔等黏合成复合膜。复合过程是将已印刷好的面

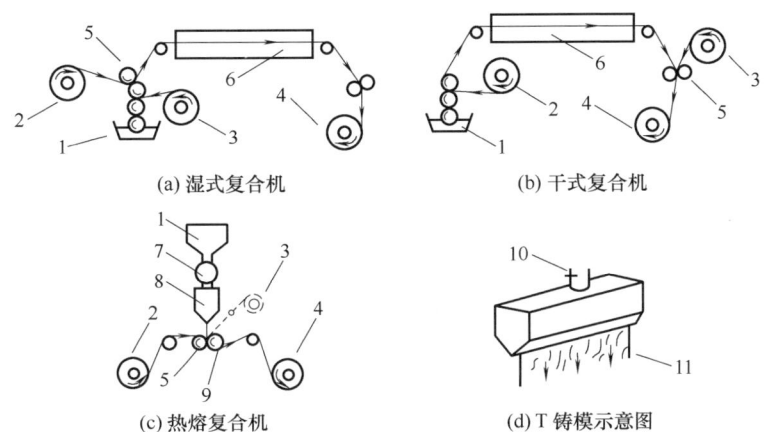

(a) 湿式复合机　　　　　　　(b) 干式复合机

(c) 热熔复合机　　　　　　　(d) T铸模示意图

1—胶斗　2—第一给料装置　3—第二给料装置　4—收料装置　5—夹紧辊　6—热烘干装置
7—热熔胶挤出辊　8—T铸模　9—冷却辊　10—热熔胶　11—T铸模挤出复合热熔胶帘

图 6-19　几种常见的复合机原理示意图

膜放卷→张力辊→凹涂辊涂布胶液→60～90℃烘道干燥→张力辊→同已经电晕处理的底膜复合压贴→冷却→熟化室熟化→收卷。由于它是在胶黏剂"干"的状态（无溶剂状态）下复合的，故得名。聚氨酯型胶黏剂因具有优良的综合性能，是干式复合生产所使用的主要胶种，且一般都采用双组分溶剂型胶黏剂。

干式复合适用于多种复合膜基材以及薄膜与铝箔、纸之间的复合，应用范围广，抗化学介质侵蚀性能优异，广泛用于内容物条件较苛刻的包装，其中耐121℃以上高温蒸煮的塑塑、铝塑复合材料，更是独具优势。该方法复合强度高、稳定性好、产品透明度好，既可生产高、中低档复合膜，又能生产冷冻、保鲜或高温灭菌复合膜；使用方便灵活，操作简单，适用于多品种、小批量的生产。干式复合还可以把印刷油墨放在二层薄膜的中间，避免印刷品在使用过程中被擦拭破坏掉。

但是，干式复合自身也存在安全卫生差、有环境污染、成本较高等缺陷，醇溶性、水溶性胶黏剂的发展在一定程度上缓解了溶剂型胶黏剂在安全卫生、环境污染、成本方面的压力。干式复合在复合材料加工中仍占据很大的比重，现阶段仍然是挤出复合、湿式复合、无溶剂复合无法取代的复合加工方式。

（二）湿式复合法

湿式复合法是生产复合薄膜历史较长久的方法之一，是在复合基材（塑料薄膜、铝箔）表面涂布一层水溶性胶黏剂，在胶黏剂未干的状况下，通过压辊与其他材料（纸、玻璃纸）复合，再经过热烘道干燥成为复合薄膜，如图6-19（a）所示。

湿式复合剂的种类很多，如聚醋酸乙烯乳胶、丁烯乳胶、合成树脂、天然树脂、乳胶等乳胶型和维尼纶、淀粉、阿拉伯树胶、糊精、骨胶等水溶液。

这种方法成本低廉，常用于纸/纸、纸/玻璃纸、纸/塑料薄膜、纸/铝箔等的复合。但因选用水溶胶，这种复合材料没有耐水性，只能用于干燥物品的包装。

湿式复合法的特点是工艺操作简单，胶黏剂用量少，成本低，复合速度快，适于大批量生产。湿式复合法要求两种基材至少有一种基材具有较好的透气性，这样有利于复合后干燥时胶黏剂中溶剂或水的挥发透过，而使其充分干燥固化，提高复合强度。因此，湿式复合法几乎只适用于铝箔或镀铝膜基材与纸基材的复合、塑料基材与纸基材的复合、纸基材与纸基材的复合等。

湿式复合法工作原理与干式复合法基本相似，所不同的是干式复合法是将涂布胶黏剂的薄膜经过烘道加热，待胶黏剂中有机溶剂挥发后，再与复合材料热压黏合；而湿式复合法是将涂布胶黏剂的薄膜直接与复合材料复合后，再进入烘道干燥。其复合过程是将已印刷好的面膜放卷→张力辊→凹涂辊涂布胶液→张力辊→同已经电晕处理的底膜复合压贴→60~90℃烘道干燥→冷却→熟化室熟化→收卷。

（三）热熔复合法

图6-19（c）所示热熔复合法是将乙烯-醋酸乙烯酯共聚物、低分子聚乙烯、聚醋酸乙烯酯、聚氨酯、松脂、丁基橡胶、异丁烯、石蜡等加热使其呈溶液状态，经过T铸模狭缝［图6-19（d）］，挤出帘状热熔胶涂布于第一基材上，第二基材直接贴合其上，再用冷却滚筒冷却而复合。这种方法不需要干燥装置，设备简单，适宜于纸/铝箔、玻璃纸/玻璃纸、铝箔/玻璃纸复合材料使用。

（四）挤出复合法

挤出复合法是将聚乙烯等热塑性塑料在挤出机内熔融后挤入扁平模口，成为片状薄膜流出后立即与另一种或另两种薄膜通过冷却辊和复合压辊复合在一起。与其他复合方法相比，挤出复合法具有设备成本低、投资少、生产环境清洁、复合膜可以不存在残留溶剂、生产效率高、操作简便等优点，挤出复合在塑料的复合加工中占有很重要的位置。

其优点为复合速度快，适合大批量生产；可自由选择基材；省去了一道热封膜生产工序，胶黏剂使用极少；可任意设定挤压厚度。其缺点为初期设备投资较大；在升温、更换挤出树脂时损耗较大；生产控制、质量控制较困难；所用LDPE（低密度聚乙烯）等原料耐热性低，制品有异味；产品平整度较差。

（五）无溶剂复合法

材料复合工艺因其使用的胶黏剂易造成环境污染不可控而备受关注。无溶剂复合法的出现，给材料复合工艺和环境保护带来希望。在欧美等发达国家和地区，无溶剂复合法已成为软包装复合材料生产的主要方法。它是采用无溶剂型胶黏剂涂布基材，再直接与第二基材进行贴合的一种复合方式，虽同干式复合法一样使用胶黏剂，但其胶黏剂中不含有机溶剂，不需烘干装置。其拥有优越的环境友好性，产品性能也可做到同干式复合法一样，是材料复合未来的发展方向。其缺点为：涂布时整个系统需加热，涂布机需保温；胶黏剂混合后的适用期短，有效使用时间不超过30min；对重包装、耐介质要求高，超高温杀菌的产品还难以达到要求；初黏力低，固化时间长；涂布精度要求高。

二、模　　切

模切是用模切刀条根据产品设计要求的图样组合成模切版，在压力作用下，将印刷品或其他板状坯料轧切成所需形状。压痕是利用压线刀和压线模，通过压力在板料上压出线痕，或利用滚线轮在板料上滚出线痕，以便板料能按预定位置进行弯折成形，用这种方法压出的痕迹多为直线型，故又称压线。压痕还包括利用阴阳模在压力作用下将板料压出凹凸或其他条纹形状,使产品更加精美并富有立体感。

大多数情况下,模切压痕工艺往往是把模切刀和压线刀组合在同一个模版内,在模切机上同时进行模切和压痕加工,故可简单称之为模压。各类纸板、皮革、塑料等材料在制成包装盒、袋之前都需要进行压模。

模压工作程序:产品图纸设计→制造模切刀、压线刀→用钢刀(即模切刀)和钢线(即压线刀)或钢模组合模切压痕版(简称模压版)→模压版装到模压机上→模压机在压力作用下,将纸板坯料轧切成型→输出带折叠线或其他模纹的成品→清废、收成品。图6-20所示为模切压痕工作原理。

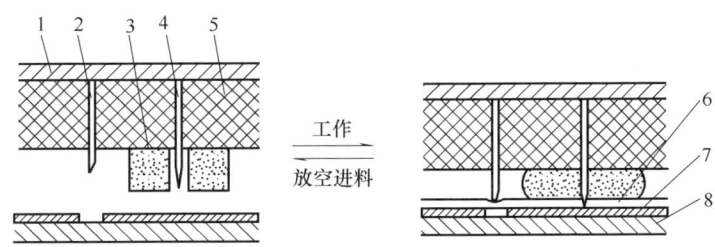

1—版台 2—钢线 3—橡皮 4—钢刀 5—衬空材料 6—被模切包装材料 7—垫版 8—压版

图6-20 模切压痕工作原理

钢刀轧切是一个剪切的物理过程,钢线或钢模则对坯料起到压力变形的作用,橡皮用于使成品或废品易于从模切刀刃上分离出来,垫版的作用类似砧板。根据垫版所采用材料的不同,模切又可分为软切法和硬切法两种。

模压版分为分体式和一体式。分体式由模切刀、压线刀和隔条隔块组成,只能进行平压模切,加工完一种产品,拆卸后组装另一种产品的模压版。一体式模压版制作法与凹版印版类似,有照相、电雕、激光、3D打印等制作方法。模压设备有平压平、平压圆和圆压圆三种结构类型。

三、裱 卡

早先裱卡是指生产彩盒包装时,为了降低成本,加强彩盒的挺度、冲击承受力和承载力,将有底纹的灰卡、白卡或瓦楞纸底面均匀涂上糊精胶水,裱到印刷图文的薄卡纸或金、银卡纸上,经适当加压,即成对裱卡纸。后来,一些高端商品包装利用平版胶印质量稳定、色彩丰富的特点,先在铜版纸上印刷设计好的图文,再通过裱卡的方式与卡纸复合。还有一些少量其他包装也常用裱卡方式加工。裱卡有手工、半自动和全自动三种加工方式。

四、容器加工

容器加工有纸容器加工和软包装加工两类。纸容器加工是指用包装商品的纸板制成纸箱或纸盒,不仅能够包装固体,而且纸与其他材料复合(例如与塑料或铝箔复合)还能盛装液体。软包装加工是指用软包装材料做成袋状,将内装物密封起来。一般来说,单一软包装材料对内装物的保护性较差,多使用前面介绍过的复合材料进行软包装。

(一) 纸容器加工工序

纸容器式样较多,图 6-21 所示是几种常见纸盒图例和用途。

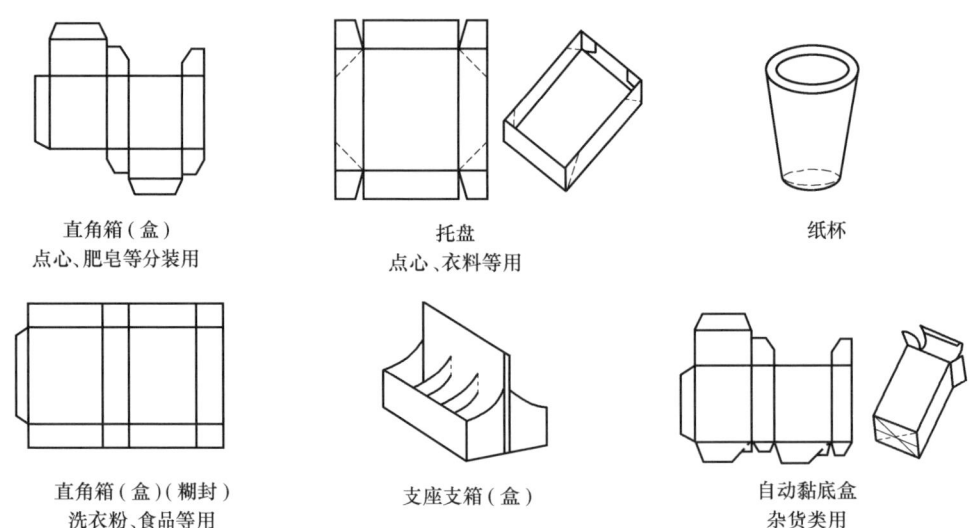

图 6-21 几种常见纸盒图例和用途

纸容器加工的工艺流程为:设计→制版、印刷→表面加工→模切压痕→制盒。

1. 设计

物品包装样式通常都是大小不同的四方体,比较单一。包装设计要根据企业文化、产品质量,以及它的消费层次、对象、市场、区域等,选择包装装潢的色彩图案,使得产品内秀外美,给人以好感,从而扩大产品知名度和市场占有率。

2. 制版、印刷

可采用凸、平、凹、孔等各种制版印刷方法。

3. 表面加工

根据需要在纸张的表面复合聚乙烯、铝箔等薄膜,涂蜡、上光及压箔、压凹凸、裱卡等后加工处理。

4. 模切压痕

用刀模和压线机轧出必要的形状,同时做出折痕。

5. 制盒

用制盒机折叠或手工折叠做成箱状。瓦楞纸箱加工:先在瓦楞纸上进行柔性版印刷,然后模切压线、刷胶或用铁丝订,做成箱子的形状。平常是平面折叠放置,使用时拉起呈箱状。

(二) 软包装加工工序

软包装是指在充填或取出内装物后,容器形状可发生变化的包装。用纸、铝箔、纤维、塑料薄膜及它们的复合物制成的各种袋、盒、套、包封等均为软包装。软包装加工的工艺流程为:设计→制版印刷→复合→裁切→制袋。

1. 设计

软包装设计是一个综合性的设计体系,包括结构设计、造型设计和装潢设计三大部分。结构设计就是根据包装产品的特征、环境因素、用户要求等,选择一定的材料,采用一定的技术方法,科学地设计出内外结构合理的容器;造型设计是应用艺术手段,使选用的包装材料具有实用功能和符合美学原则的三维立体设计;装潢设计则是应用美学原则和视觉原理,通过绘画、摄影、图案、文字、色彩、商标及印刷等进行平面的外观设计。这三部分设计内容不仅具有一定的独立性,而且具有相互融合、相互协调的关联性。通过三者的完美结合,实现包装设计"科学、美观、适用、经济、促销、环保"的要求。

2. 制版印刷

一般多采用凹印和柔性版印刷方式,在单一的软包装材料上印刷图文。

3. 复合

按照需要,将具有不同性能的材料通过前面介绍的复合方法复合,得到复合软包装材料。复合薄膜的作用是使多层薄膜复合在一起,既克服了单层薄膜的缺点,又集成各层薄膜的优点而成为比较理想的包装材料。另外,薄膜先里印后复合,由于油墨夹在膜层中间,墨层免受直接摩擦、划伤及各种腐蚀性物质的破坏作用,既比较好地解决了塑料印刷中渗色、掉色问题,又避免了油墨直接接触食品、药品带来的卫生安全问题。

4. 裁切

将复合半成品按照宽幅要求分切复卷成小卷,经过收缩膜包装为成品。

5. 制袋

用制袋机进行热封。热封的方法主要有侧封式、合掌封式和起褶式,如图6-22所示。

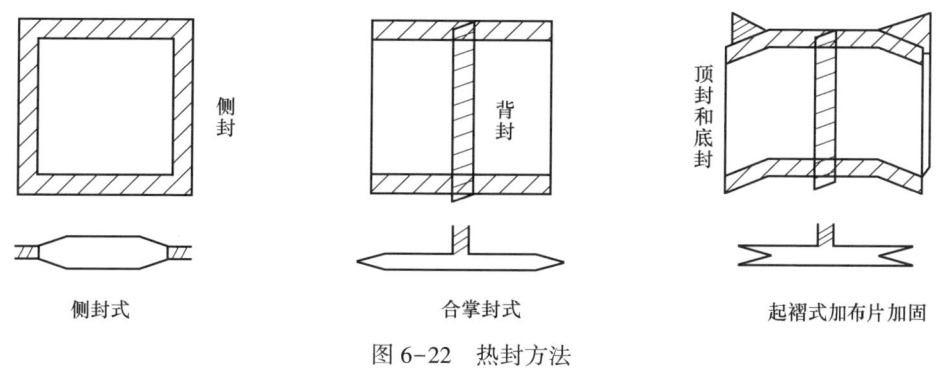

图6-22 热封方法

第四节 数字印刷印后加工

进入21世纪,数字印刷已经成为印刷术的重要组成部分,特别是在碎片化市场,数字印刷市场占比逐渐提高,数字印刷印后加工同样引起了人们的关注。数字印刷按印刷属性主要分为静电印刷和喷墨印刷两类,按产品属性分为数字文印、写真、UV打印等。

一、数字文印加工

数字文印是指以纸张加工为主的数字印刷形式。目前,数字文印幅宽为330mm左右,印后加工方式与普通印刷相同,有平装胶订、骑马订、锁线订等加工形式。

二、写真、UV 打印切割

写真是喷墨打印技术发展起来后出现的一种高品质印刷品,常用水溶性墨水在灯片等塑料类薄膜上打印,印品图文遇水会溶化,需要在表面覆上一层透明的薄膜。由于环境污染因素减少,弱溶剂墨水得到了推广应用,开始替代水溶性墨水。覆膜方式也发生了变化,采用一种能结膜的液体进行覆膜,或不用覆膜也可以直接使用。产品按设计尺寸裁切,有手工裁切和机械裁切两种方法。

UV 打印常用来打印室外大型宣传画,图文用卷对卷形式打印在刀刮布上。用手工裁切或机械裁切两种方法对产品进行裁切,边缘用缝纫机缝合一条加强布,并打好穿绳子用的牛眼洞。

UV 打印技术可以制作亚克力标识、标牌,打印后采用激光切割机或三维雕刻机按设计图纸进行切割,切割机可以安装寻边摄像。如图 6-23 所示,数字三轴切割机由 x 轴支架、y 轴支架、z 轴支架、刀支架、切割刀、图像图形寻边摄像头等组成。数字印刷印后雕刻步骤:用绘图软件设计图样→输出 dxf 格式文件→输入专业软件(如维宏)转变为刀路 nc 格式文件→图形雕刻转换设备运行语言→驱动雕刻机→成品。不同制造商生产的雕刻机组成基本相同,结构有些差异。各类雕刻机用途不同,制造商会突出其主要功能。雕刻刀分振动刀、铣刀、画线刀、压痕刀、激光刀等几种形式。

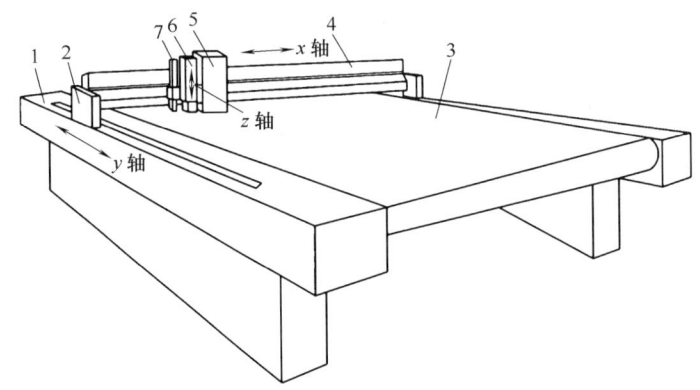

1—y 轴支架 2—z 轴支架 3—切割平台 4—x 轴支架 5—刀支架 6—切割刀 7—图像图形寻边摄像头

图 6-23 数字三轴切割机

思 考 题

1. 简述书刊平装的基本工艺。
2. 精装图书时扒圆起脊的作用是什么?简述图书精装的工艺。
3. 印刷品表面加工的常见方法有几种,各有何特点?
4. 什么是复合包装材料?包装材料复合的方法有哪些?
5. 简述纸容器加工和软包装加工的一般工艺过程。

第七章 印刷过程的清洁生产

印刷企业使用的原材料及生产过程中的排放问题早已引起了环保部门的重视。清洁生产是对产品生产过程与产品本身采取整体预防的环保策略,减少或者消除它们对人类及环境的可能危害,是满足人类需要,使经济效益和社会效益实现最大化的一种生产模式。清洁生产包含了生产全过程和产品整个生命周期全过程控制。本章主要介绍印刷行业涉及的一系列三废治理方法,以及目前国内印刷业常用的一些污染治理策略。

第一节 VOCs废气回收与处理

一、印制过程VOCs废气排放源

VOCs即挥发性有机化合物(volatile organic compounds),它一般被当用溶剂使用,在使用过程中会挥发,每年有大量的溶剂挥发飘散到大气中,给空气质量带来不利影响。

印刷,尤其是包装印刷,在生产过程中会产生大量的有机废气。常见的溶剂型油墨中含有大量挥发性组分,如乙醇、乙酸乙酯、乙酸丁酯、乙酸丙酯及甲苯、二甲苯等,占油墨总量的50%~60%,这些溶剂的挥发会对周边环境和人体健康产生很大危害。据估算,全国包装印刷企业VOCs的年排放总量已达200多万吨,主要集中在印刷、烘干、复合、清洗等生产工艺过程中,即油墨、胶黏剂、涂布液、润版液、洗车水等材料中所含有机溶剂的自然挥发和烘干挥发。我国从事包装印刷的企业近4万余家,占全国印刷企业总数的40%以上,工业总产值占印刷工业总产值的50%以上,但包装印刷业产生的VOCs的排放量却超过整个印刷行业总排放量的80%。据调研,我国大中型包装印刷企业多使用欧洲生产的印刷机,印刷速度快,但只有少数企业对有机废气进行收集净化,大多数企业采用通风排放。因此,企业产量越大,其通过无组织逸散排放的VOCs量也越大。有效治理包装印制过程中产生的VOCs废气已经成为亟待解决的重要问题。

平版印刷、柔版印刷、凹版印刷和网版印刷是目前最主要的四种传统印刷方式。尽管它们的印刷工艺不同,但是VOCs来源和排放方式基本相同,可能的排放途径主要有油墨调配过程、印刷过程、烘干阶段、复合过程及设备清洗过程中溶剂的挥发。各种印刷方式VDCs排放特点如下:

(1) 平版印刷企业所使用的油墨包括溶剂型油墨、植物大豆油墨、UV固化油墨和水性油墨,其中溶剂型油墨挥发性有机化合物含量较高,是平版印刷企业主要的VOCs排放源。此外,平版印刷在生产过程中所使用的有机溶剂型洗车水及润版液等也是VOCs排放源之一。平版印刷一般通过在印刷机上添加燃烧装置对废气排放进行治理,其他排放源也有针对性的处理方案。

(2) 柔版印刷通常用于产品包装印刷,对于色彩要求不高的瓦楞纸包装箱一般使用水性油墨,几乎不存在VOCs排放;对于色彩鲜艳的薄膜制品一般使用醇溶性油墨,对于印刷过程中产生的污染，最常用的解决方法是催化氧化燃烧处理。

（3）凹版印刷广泛应用于包装和特殊产品印刷领域，适用于薄膜、复合材料及纸张等介质的印刷，通常使用低黏度、高VOCs含量的油墨，印刷过程中产生大量的VOCs，且成分复杂，对其可采用溶剂回收设备回收。其中，冷凝法是最简单的回收方法，但很少单独使用，常与其他方法如吸附法、焚烧法和溶剂吸收法等联合使用，可以降低运行成本。

目前，凹印酯溶性油墨和醇溶性油墨广为应用，譬如PVC标签材料大多使用酯溶性油墨，酯溶性油墨中含有乙酸乙酯、乙酸丙酯、乙酸丁酯、丙二醇甲醚、异丙醇等组分，且耗量较大，而醇溶性油墨中大部分溶剂为乙醇。它们的排放特征是浓度低、风量大，浓度为$300 \sim 800 mg/m^3$，每台印刷机的排风量为$30000 \sim 50000 m^3/h$。由于其油墨组分多，故VOCs排放成分复杂。针对这种油墨的VOCs排放问题，许多专家都在寻求合理的解决方法，例如用水性油墨、UV油墨来进行替代。

（4）丝网印刷VOCs主要来源于油墨及清洗剂，网印溶剂型油墨含有50%~60%的挥发性成分，印刷调配油墨时需要添加稀释剂，会再增加10%~30%的有机溶剂。所以，网印使用溶剂型油墨印刷时VOCs排放浓度相对较高。吸附法是网印车间常见的净化方法。

（5）复合工艺是指使用胶黏剂将不同的基材通过压贴黏合形成两种或多种材料复合的一种印后加工方式，包括干式复合、湿式复合、挤出复合、热熔复合等工艺。其中干式复合工艺需要使用大量的胶黏剂和稀释剂，排放特征是浓度较高、风量相对较低，浓度为$1000 \sim 3000 mg/m^3$；由于胶黏剂配方为单一的乙酸乙酯，所以排放的VOCs成分也简单。近年来，包装行业对环保生产越来越重视，建议采用水溶性复合胶水代替传统乙酸乙酯胶水。随着环保型原料的技术进步，复合工艺的VOCs排放有望在不远的将来得到彻底改善。但就目前来说，采用乙酸乙酯胶水复合仍然是主要的生产方式。

二、VOCs废气收集与处理技术

目前对VOCs的治理方法有很多，如吸附法、吸收法、冷凝法、膜分离法、焚烧处理、光催化降解（氧化法）、生物降解（生物法）、等离子体技术（电晕技术）等。

1. 吸附法

吸附法去除VOCs的原理是利用比表面积非常大的粒状活性炭、碳纤维、沸石等吸附剂的多孔结构可吸附污染物的特性，将VOCs给予截留。当废气通过吸附床时，VOCs组分吸附在固体表面，利用吸附剂不断吸附、脱附的循环，达到净化回收目的。吸附材料可分为两类，一类是活性炭（普通活性炭、破碎状碳素纤维蜂窝等），另一类是无机类吸附材料（沸石、硅石等）。

吸附法应用于VOCs污染的控制具有明显的优点，与其他回收技术相比，吸附法在处理低浓度的VOCs方面显示出了效率和成本优势，是有效和经济的回收技术之一。它具有净化效率高、可回收各种浓度的须回收的溶剂类VOCs、设备简单、操作方便等优点，常与吸收、冷凝、催化燃烧等方法混合使用，应用于印刷行业对异丙醇、醋酸乙酯和甲苯的吸附回收。但吸附法处理VOCs废气也存在一定缺陷：一方面，吸附剂需要定期再生处理和更换，工艺过程复杂，体积大，费用相对较高；另一方面，在处理过程中VOCs有散逸的风险，废气中存在大量的杂质，工作人员可能会存在中毒的危险。因此，在采用这种处理方式时，需要选择性能好的吸附剂。

根据吸附装置形式不同可将吸附技术分为固定床吸附法、流动床吸附法、转轮浓缩吸附法等。目前应用最多、最成熟的是蜂窝轮浓缩法，即通过蜂窝轮旋转，轮子一侧吸附废气，另一侧脱附废气。该方法能连续不断地将低浓度、大气量废气中的 VOCs 吸附，再用小风量的热风脱附得到高浓度的废气，这样在一个系统内就可以完成吸附和脱附操作，大大降低了设备投资，但存在投资后运行费用较高且有产生二次污染风险的缺陷。

2. 吸收法

吸收法也是净化气态污染物常采用的方法，它是根据有机物相似相溶的原理，采用低挥发或不挥发溶剂（水或化学吸收液）对 VOCs 进行吸收，利用有机分子与吸收剂物理性质的差异进行分离的 VOCs 控制技术。吸收法按其机理可分为物理吸收和化学吸收，通常 VOCs 的吸收为物理吸收，使用的吸收剂常为高沸点、低蒸气压的油类物质如柴油、煤油和其他溶剂。当吸收液为水时，采用精馏处理就可以回收有机溶剂；当为非水溶剂时，一般需进行吸收剂的再生。

吸收技术是一种成熟的化工单元操作过程，吸收效果主要取决于吸收剂的吸收性能和吸收设备的结构特征。吸收装置种类有很多，如喷淋塔、填充塔、各类洗涤器、气泡塔、筛板塔等。吸收法的优点在于可以回收有用成分，缺点在于对吸收设备的要求较高，吸收剂很难选取，而且需要定期更换，过程较复杂，吸收范围有限，费用高，且容易造成二次污染。吸收法通常适用于中等浓度、排气量大的 VOCs 的处理。

3. 冷凝法

冷凝法是最简单的回收方法，它是通过将操作温度控制在 VOCs 的沸点以下将 VOCs 冷凝下来，从而达到回收 VOCs 的目的。冷凝过程可在恒定温度条件下通过提高压力强化实现，也可以利用降低温度来实现，一般多采用后者。冷凝法的优点是冷凝后有机废气可得到比较彻底的净化，缺点是操作难度很大，所需费用昂贵。冷凝法是用来回收 VOCs 中有价值成分、资源化再利用的处理方法，对高沸点 VOCs 的回收效果较好，通常适用于浓度比较高（大于 5% 的情况）、气体量较小的有机废气的一级处理，不适宜处理低浓度的有机气体。在实际应用中，冷凝法常与吸附、吸收等过程联合使用，以吸收或吸附手段浓缩 VOCs，以冷凝法回收该有机物，达到经济且回收率较高的目的。工业上应用的冷凝器有很多种，不同之处主要在于从气流中移除热量的方法，目前通用的冷凝设备采用表面冷凝和接触冷凝两种方法。作为辅助处理技术，大多数情况下都采用接触冷凝法。

表面冷凝也称间接冷却，表面冷凝的常用设备是壳管式热交换器。典型情况下，冷却剂通过管子流动，而蒸气在管子外壳冷凝，被冷凝的蒸气在冷却管上形成液层后被排到收集槽进行储存或处理。冷却剂既不与蒸气接触也不与冷凝液接触，因而冷凝液组分较为单一，可以直接回收利用。

接触冷凝也称直接冷却，是指在接触冷凝器中被冷凝气体与冷却剂（通常采用冷水）直接接触而使气体中的 VOCs 组分得以冷凝，冷凝液与冷却剂以废液的形式排出冷却器。接触冷凝有利于强化传热，但冷凝液须进一步处理。

4. 膜分离法

膜分离法是一种新型高效的分离技术，采用对 VOCs 具有选择性渗透的高分子膜，在一定压力下使 VOCs 渗透而被分离，分离后的 VOCs 气体需要通过其他回收系统进行回收处理。膜分离法的核心部分为膜元件，常用的膜元件为板式膜、中空纤维膜和卷式膜，又可分为气体分离膜、液体分离膜等。

膜分离流程：先将 VOCs 和空气混合物压缩，再将压缩的混合气流输入冷凝器中冷却，然后进行膜蒸气分离。当 VOCs 气体进入膜分离系统后，膜选择性地让 VOCs 气体通过而被分离，其中冷凝下来分离的 VOCs 气体可去冷凝回收系统进行有机溶剂的回收，余下未冷凝的部分通过膜分离单元分成两股，一部分回流至压缩机，另一部分脱除了 VOCs 的气体留在未渗透侧，可以达标排放。采用上述压缩冷凝和膜系统相结合的工艺，可使 VOCs 的回收率达到 95%~99%，而非深冷的压缩冷凝工艺只能回收 60% 左右的 VOCs。

膜分离法除了在流量和 VOCs 浓度方面适应范围较宽之外，也弥补了吸附法和冷凝法的不足，扩大了 VOCs 回收的种类。膜分离法已成功地应用于许多领域，用其他方法难以回收的有机物，用该法可有效地解决。该方法正迅速发展成为包装印刷等行业回收 VOCs 的有效方法，同时也是保证排气达到环保要求的好方法。膜分离法最适合于处理 VOCs 浓度较高（含量高于 $1\times10^{-3}\mathrm{mg/m^3}$）、小流量和有较高回收价值的有机溶剂的回收，回收效率可以达到 97% 以上，但其设备投资较高。该方法的优点还在于操作简单、能耗低、不会产生二次污染，缺点是膜的成本较高。目前采用膜分离法可以回收大部分 VOCs，且随着高效分离膜的开发和价格的降低，膜分离法的应用会越来越广泛。

5. 焚烧处理

焚烧处理是一种利用 VOCs 易燃烧的性质进行 VOCs 处理的方法，VOCs 气体进入燃烧室后，在足够高温度、过量空气、湍流的条件下完全燃烧，最终分解成 CO_2 和 H_2O。焚烧的效果主要决定于焚烧的温度、停留时间、废气在炉膛内的湍流程度等，催化剂可降低焚烧的温度，下降幅度和催化剂的类别有关。焚烧法适用于成分复杂、高浓度的 VOCs 气体处理，具有效率高、处理彻底等优点，在处理石油化工废气、印刷和油漆生产的废气及制药废气等方面具有广阔的应用前景。但若废气含有 Cl、S、N 等元素，采用焚烧法会产生 HCl、SO_2、NO_2 等有害气体，造成二次污染。在美国，多数印刷企业都采用氧化作用（在高温或催化剂的条件下）来消除 VOCs，催化氧化作用已成为美国最常用的解决柔性版印刷业废气发散控制的方法。

焚烧处理方式有直接燃烧、催化燃烧、蓄热式燃烧（regenerative thermal oxidizer，RTO）和蓄热式催化燃烧（regenerative catalytic oxidation，RCO）四种，其中催化燃烧是目前比较经济且有效的处理技术。

（1）直接燃烧。焚烧技术最初采用的是直接燃烧法，也称为直接火焰燃烧，是利用助燃剂，在 650~800℃ 的高温下使 VOCs 燃烧分解为二氧化碳、水等物质，助燃剂使用煤油、重油、轻油等液体燃料，或者天然气、液化气等气体燃料，其去除效率可超过 99%。

直接燃烧法所需温度较高，仅适用于治理含高浓度 VOCs 的废气，含高浓度 VOCs 的废气在氧化过程中所释放出的热量才能维持体系温度，取而代之的是氧化温度较低的催化燃烧法。直接燃烧法的优点是装置便宜、容易保养、不分 VOCs 种类，其缺点是低浓度的话需要添加助燃剂，且会产生二氧化碳。直接燃烧法通常用于涂装、印刷、化学成套设备等行业。

（2）催化燃烧。催化燃烧是以适当的催化剂（Pt、Pd、CuO、NiO），使有机废气在较低的温度下（150~450℃）氧化分解成 CO_2 和 H_2O。催化燃烧也称为无火焰燃烧，与直接燃烧法相比，可使反应温度下降200~400℃，时间也比较短，催化燃烧完全，催化氧化作用对VOCs的破坏比例比较高，脱除污染物效率高，不会产生CO等剩余可燃气体，不易生成高温下的二次污染物，而且还可以回收热量节约能源。但燃烧后要对其进行清理，清理不彻底会影响下次使用，因此这种方法显得比较麻烦。而且，催化剂很贵，部分催化剂易受硅、磷、硫黄等影响失去活力。催化燃烧法通常用于印刷、化学成套设备等行业。

VOCs催化燃烧处理流程如图7-1所示，在燃烧室里装入了催化剂，从燃烧室出来的气体再与入口有机废气进行热交换。有机废气被加热至起燃温度后进入催化剂床层，然后进行催化氧化反应，最终生成CO_2和H_2O。催化燃烧所释放的热量足以维持催化反应所需的温度，无须外加热源，燃烧后的热空气又可以用于对吸附剂的热脱附再生。

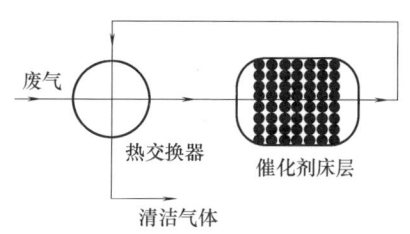

图7-1 催化燃烧工艺流程

在VOCs污染控制技术里，吸附是有效且经济的回收技术之一，而催化燃烧是目前最常用的销毁技术，所以经常将两者结合起来治理VOCs污染，而其中的吸附剂和催化剂成了关键，需要进一步开发和研究。另外，催化燃烧时，当废气中VOCs的浓度较低（低于1000mg/m³），氧化反应释放出的热量不能维持催化剂床层的温度达到起燃温度以上时，需要从外部施加一定的热量。

（3）蓄热式燃烧。基于蓄热式燃烧法的蓄热式热氧化器在场地空间、技术成熟性、废气达标排放与成本控制等方面具有明显的优势，成为VOCs处理的首选设备。RTO的原理是在蓄热室里填充蓄热陶瓷，VOCs在进入燃烧室之前通过蓄热室吸收蓄热陶瓷的热量预热至600℃左右，再进入燃烧室进行充分的氧化，分解成CO_2和H_2O。VOCs及燃料氧化产生的高温气体通过另外一个蓄热室排出时，与蓄热陶瓷换热使蓄热陶瓷升温而"蓄热"，排出的净化气体的温度可大幅度降低。蓄热室"放热"后应立即引入洁净气体对该蓄热室进行反吹"清扫"（以保证VOCs去除率在95%以上），将残留的VOCs反吹至燃烧室进行氧化，"清扫"完成后才能进入"蓄热"程序。此"蓄热"用于预热后续进入的有机废气，从而大幅节省废气升温的燃料消耗。陶瓷蓄热体分成两个以上（含两个）的区或室，每个蓄热室依次经历蓄热—放热—清扫等程序，周而复始，连续工作。这种氧化反应很像化学上的燃烧过程，只不过由于VOCs浓度很低，所以反应中不会产生可见的火焰。现阶段，蓄热式热氧化器的热回收率已经达到了92%，且其占用空间比较小，辅助燃料的消耗也比较少。由于当前的蓄热材料可使用陶瓷或其他高密度惰性材料，可处理有腐蚀性或含颗粒物的VOCs气体。

蓄热燃烧法的优点是热效率高（90%~95%），废气处理量大，自燃浓度低，运行费用省；其缺点是装置很贵，不能间断运转，需要采取对策处理蓄热材料的网眼堵塞问题。蓄热燃烧法通常用于涂装、印刷、化学成套设备等行业，是目前相对而言最为简单的能处理多种溶剂油墨VOCs排放的方法，国外很多同行也是使用这个办法来处理VOCs。当使用蓄热燃烧法时，一个关键的问题是VOCs的浓度，需要判断VOCs的量在燃烧过程中能否产生足以维持陶瓷储热体800℃以上温度的热量，让新进入装置的VOCs能自热式循环，而无须添加燃料去加热升温。

RTO 装置分为旋转式和阀门切换式两种，其中，阀门切换式是最常见的一种，由 2 个或多个陶瓷填充床组成，通过切换阀来达到改变气流方向的目的，详见图 7-2。两床式 RTO 主体结构由燃烧室、两个陶瓷填料蓄热床和两个切换阀组成。当 VOCs 废气由引风机送入蓄热床 1 后，该床放热，VOCs 废气被加热，在燃烧室氧化燃烧，气体再通过蓄热床 2，该床吸热，燃烧后的洁净气被冷却，通过切换阀后排放。在达到规定的切换时间后，阀切换，VOCs 废气从蓄热床 2 进入，蓄热床 2 放热，VOCs 废气被氧化燃烧，气体再通过蓄热床 1，该床吸热，燃烧后的洁净气被冷却，通过切换阀后排放。如此周期性切换，就可连续处理 VOCs 废气。

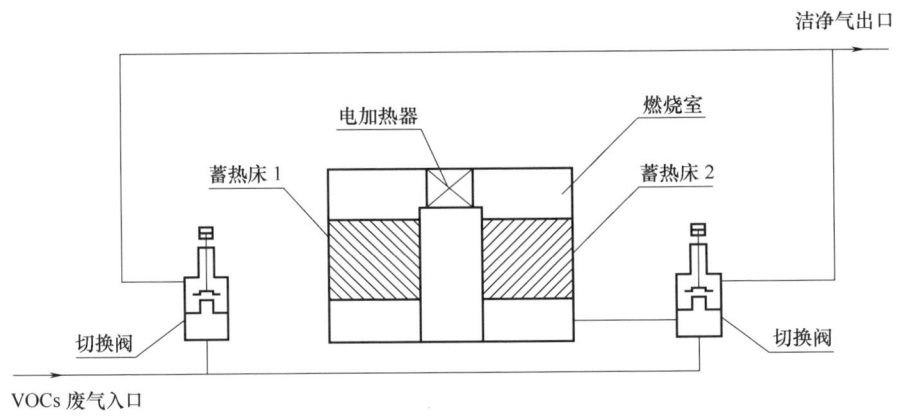

图 7-2　阀门切换式 RTO 装置

（4）蓄热式催化燃烧。蓄热式催化燃烧是将蓄热式燃烧与催化燃烧两种工艺结合，即将催化剂置于蓄热材料的顶部，用来使净化到达最优，其热回收率可达 95%。其系统性能优良，更关键是使用专用的、浸渍在鞍状或蜂窝状陶瓷上的贵金属或过渡金属催化剂，氧化发生在 250~500℃ 低温，既降低了燃料燃烧温度，又降低了设备造价。现在有的国家已经开始使用蓄热式催化燃烧替代催化燃烧对 VOCs 进行处理，很多蓄热式燃烧设备也已开始转变成蓄热式催化燃烧设备，这样可以降低操作费用 33%~50%。

无论是蓄热式催化燃烧还是蓄热式燃烧，都需要注意两个问题，一是选择好的蓄热材料，这关系到能源消耗；二是切换阀的材料选择，因为其切换频繁，切换速度一般为 0.5s/次，也就是说，每年要切换上千万次，所以需要其材料有优异的耐磨性和密封性。

6. 光催化降解（氧化法）

光催化降解 VOCs 的基本原理是在特定波长光照射下，光催化剂被活化，使 H_2O 生成—OH，然后—OH 将 VOCs 氧化成 CO_2、H_2O 和无机物质。由于气相中具有较高的分子扩散和质量传递速率及较易进行的链反应，光催化剂对一些气相反应的光效率接近甚至超过水相反应。光催化降解技术主要适用于低浓度（小于 0.1%）、气量小的 VOCs 的处理。其优点是反应过程快速高效、能耗低、无二次污染、彻底净化，对绝大部分 VOCs 都能起作用，在常温下可以实现，不存在饱和问题，但仍存在一些缺陷，如光催化反应量子产率比较低，催化剂对激发源特征波长要求苛刻，且当污染物浓度高时，需要很大的催化面积，这使得其与其他方法相比变得不经济。

VOCs 光催化降解的速率主要受吸附效率和光催化反应速率的影响，具有较高吸附性能的 VOCs 不一定有较快的降解速率，因此光催化剂的选择至关重要。常用的金属氧化物光催化剂有 Fe_2O_3、WO_3、Cr_2O_3、ZnO、ZrO_2、TiO_2 等。由于 TiO_2 的化学性质稳定、催化活性高且无毒价廉、货源充足，是目前最常用的光催化剂之一。TiO_2 催化的原理是纳米级的半导体二氧化钛（TiO_2）通过紫外线催化产生游离电子及空穴，光致空穴具有很强的氧化性，可夺取半导体颗粒表面吸附的有机物或溶剂中的电子，使原本不吸收光而无法被光子直接氧化的物质，通过光催化剂被活化氧化。它可氧化分解各种有机化合物和部分无机物，使之分解成为无害的 CO_2、H_2O 和无机酸。

近年来，光催化降解技术去除低浓度 VOCs 已接近商业化使用阶段。研究结果表明，许多 VOCs 均可在常温常压下光催化分解，包括脂肪烃、醇、醛、卤代烃、芳烃及杂原子有机物等，因此，该技术有着较高的开发价值和广阔的应用前景，已成为 VOCs 处理技术中一个活跃的研究方向。

7. 生物降解（生物法）

生物法处理废气最早应用于脱臭，近年来逐渐发展成为 VOCs 的新型污染控制技术，其实质就是在适宜的环境条件下，将含有 VOCs 的气体通过微生物填充层，微生物会以 VOCs 组分作为能源与养分，经代谢降解，将 VOCs 转化为无毒的 CO_2 和 H_2O，或细胞组成物质，这是一种无公害的有机废气处理方式。生物法废气净化技术是为了解决回收利用价值低的低浓度工业有机废气（小于 $5g/m^3$）的净化处理而开发的，是目前人们广泛关注的研究方向和前沿课题之一。该技术已在德国、荷兰得到规模化应用，有机物去除率大多在 90% 以上。

生物降解法具有流程和设备简单、一般不消耗有用原料、运行能耗和费用较低、安全可靠、较少形成二次污染等优点，特别是在处理低浓度、生物可降解性好的气态污染物时更显其经济性。但生化反应速率较低、设备体积较大、有压力损失、对温度和湿度变化敏感是生物法的主要问题，同时该法对成分复杂的废气或难以降解的 VOCs 去除效果较差。随着膜技术的发展，微生物降解法又有了新的发展方向——膜生物法，它综合了膜技术与生物技术的优点，不同于传统的微生物法，成为极具前景的新方向。目前生物处理技术在欧洲及美国已得到广泛应用，设备及工艺多，技术较为成熟，而目前我国这方面的研究不多，技术的应用也比较少。

低浓度有机废气生物法处理工艺流程如图 7-3 所示，含有 VOCs 的废气首先进入增湿器进行加湿处理，加湿后的废气通过生物过滤器，在停留时间内，气相物质通过平流效

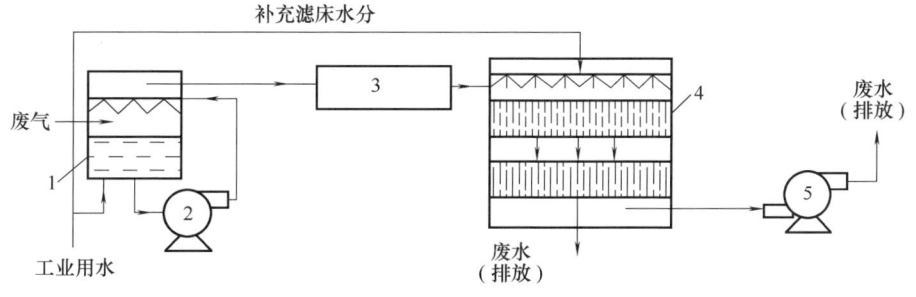

1—增湿器　2—回流泵　3—调温装置　4—生物过滤器　5—风机
图 7-3　低浓度有机废气生物法处理工艺流程

应、扩散效应、吸附等综合作用，进入包围在滤料表面的活性生物层，与生物层内的微生物（主要为细菌）发生好氧反应，进行生物降解，最终生成 CO_2 和 H_2O。微生物净化法处理 VOCs 一般要经历 3 个步骤：一为 VOCs 同水接触并溶解于水中（即由气膜扩散进入液膜）；二为溶解于液膜中的 VOCs 在浓度差的推动下进一步扩散到生物膜，进而被其中的微生物捕获并吸收；三为进入微生物体内的 VOCs 在微生物自身的代谢过程中作为能源和营养物质被分解，经生物化学反应最终转化成为无害的化合物。

生物法中用于降解的微生物种类很多，根据能源结构可分为自养菌和异养菌，自养菌利用无机碳作为能源，因此一般存在于生物除臭塔中；异养菌则是通过氧化有机物来获得能量，在适宜的温度、pH 和有氧条件下，能较快地完成降解过程。需要注意的是，任何对微生物有毒性的化学物质都会影响其效率，卤素和有毒金属也会使其性能降低。根据微生物在 VOCs 处理过程中存在的形式，可将处理方法分为生物洗涤法（悬浮态）、生物过滤法（固着态）和生物滴滤法（同时具备悬浮态与固着态）。

8. 等离子体技术（电晕技术）

等离子体不同于物质的三态（固态、液态和气态），被称为物质的第四种形态，是由电子、离子、自由基、中性粒子等组成的集合体，电离度大于 0.1%，是导电性流体，总体上保持电中性。等离子体中的粒子能量一般为几个至几十个电子伏特（eV），足以提供化学反应所需的活化能。

等离子体技术处理环境污染是一种高新技术，是目前国内外研究的热点问题。根据粒子温度，等离子体可分为高温等离子体和低温等离子体，VOCs 处理用的是低温等离子体。低温等离子体技术处理 VOCs 有其独特的优点：可在常温常压下操作；有机化合物最终产物为 CO_2、CO 和 H_2O，无须考虑催化剂失活问题，对 VOCs 的去除率高、适应性强；工艺流程简单，运行费用是直接燃烧法的一半。由于其开发难度大，目前该技术难以成熟并取得商业化应用。它是利用高能电子射线激活、电离、裂解 VOCs 中各组分，从而发生氧化等一系列复杂的化学反应，将有害物转化为无害物或有用的副产物的一种处理技术。

产生等离子体的方法和途径有很多，除自然界本身产生的等离子体外，人为产生等离子体的方法主要有气体放电法、射线辐射法、光电离法、热电离法、冲击波法等，其中在化工应用中最为常见的是电子束辐照和气体放电两类。

三、印制过程 VOCs 废气治理方案

由于 VOCs 废气成分及性质的复杂性和单一治理技术的局限性，实际 VOCs 废气治理中需要利用不同治理技术的优势，采用组合治理工艺以满足排放要求，降低净化设备的运行费用。下面以北京某公司 GS-VOCs 达标排放装置为例，介绍其采用 UV 高效光解技术有效地解决了胶印废气的收集与治理问题，为印刷厂员工提供了良好的工作环境，帮助印刷厂实现了清洁生产。

1. 工艺流程

VOCs 废气收集与治理工艺如图 7-4 所示，整个工艺过程主要分为四个部分：空气过滤器过滤、UV 紫外线光束分解、GS-微波和等离子体电解。

（1）空气过滤器过滤。废气经过空气过滤器可有效除去废气中的颗粒性粉尘、水汽、油滴等，使过滤后的空气粉尘密度低于 $5g/m^3$。

第七章 印刷过程的清洁生产

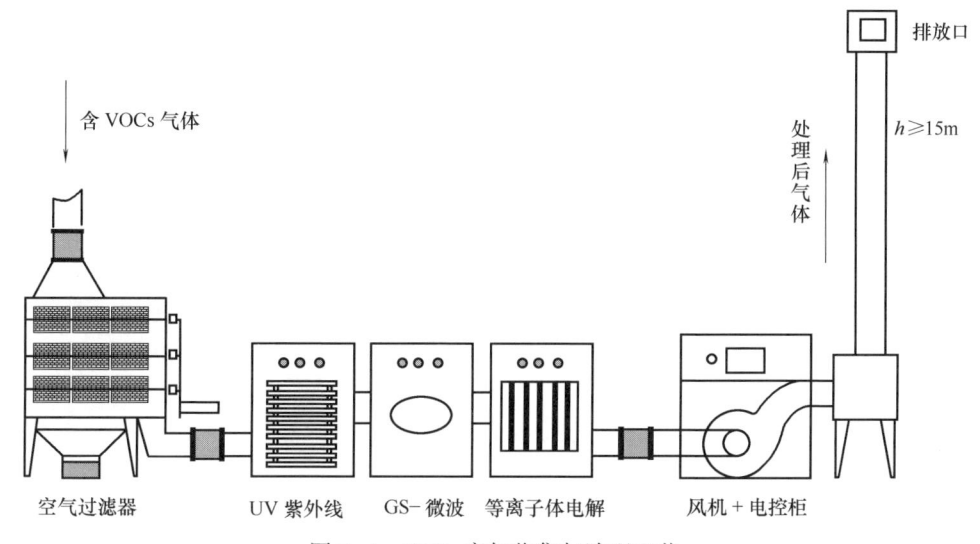

图 7-4 VOCs 废气收集与治理工艺

（2）UV 紫外线光束分解。利用德国进口的超强 172nm 微波综合高能 UV 紫外线光束分解废气气体，改变 VOCs 废气的分子链结构，使其降解转变成低分子化合物，如 CO_2、H_2O 等。

（3）GS-微波促进拆分分子结构。GS-微波被物体表面吸收后，有机物分子结构的 DNA 核酸产生大量的热量，分子链吸收光波发生断裂，而吸收了波长为 172nm 的紫外光子后的原子氧极其活泼，这些原子氧会与被切断的有机物原子结合，并将之游离成氧自由基（如—OH，—CHO，—COOH），促进分子的再次组合。

（4）等离子体电解氧化。设备中的低温等离子体反应区富含能量极高的物质，如高能电子、离子、自由基、激发态分子等，废气中的污染物质可与这些具有较高能量的物质发生反应，使污染物质在极短的时间内发生分解，并发生后续的各种反应，以达到降解污染物的目的。低温等离子体去除污染物的基本过程为：高能电子的直接轰击→氧原子或臭氧的氧化→氢氧自由基的氧化，如图 7-5 所示。

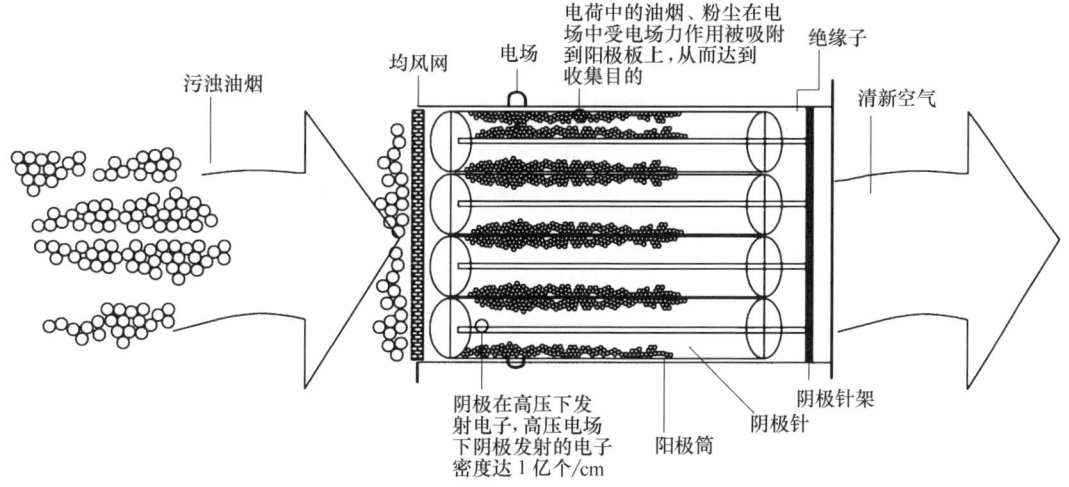

图 7-5 低温等离子体去除污染物过程

2. 设备的性能优势

(1) 高效除废气。能高效去除挥发性有机物（VOCs）、无机物、硫化氢、氨气、硫醇类等主要污染物，以及各种异味，效率最高可超过99%。

(2) 无须添加任何物质。只需要设置相应的排风管道和排风动力，使工业废气通过设备进行分解净化，无须添加任何物质参与化学反应。

(3) 适应性强。工业废气UV高效光解废气净化设备可适应高浓度、大气量及不同工业废气的净化处理，可24h连续工作，运行稳定可靠。

(4) 运行成本低。工业废气UV高效光解废气净化设备无任何机械动作，无噪声，无须专人管理和日常维护，只需作定期检查。同时，设备能耗低，并且设备风阻极低（<50Pa），可节约大量排风动力能耗。

(5) 占地面积小。设备占地面积小，自重轻，适合于紧凑、狭小等特殊场地条件。

3. 设备适用的废气种类

该设备适用于：丙酮、丁酮、乙酸乙酯、甲醛、乙醛、乙酸乙酯、苯系物、苯、甲苯、二甲苯、苯乙烯、烷烃、烯烃、炔烃、芳香烃、酚、硫化氢、硫醇、硫醚、氨、胺、吲哚、硝基等臭气和废气（即VOCs）的处理。

第二节 废液、废水的回收与处理

一、印制过程废液、废水排放源

印制过程废液、废水排放主要涉及制版过程和印刷过程。制版过程的显影、腐蚀、冲洗等工艺，印刷过程的润版液、油墨、助剂等，均会排放一定量的废液，特别是包装印刷过程还会掺杂一些胶液，使得印制过程产生的废液、废水较难处理。

（一）制版过程产生的废液、废水

制版过程由于使用感光材料而产生大量废液。传统的胶片及PS版仍然有少部分存在，胶片和印版的显影冲洗过程会产生显影液、定影液及冲版水等废液，胶片的显影液、定影液中含有银、酸、碱等，PS版显影液以碱为主，含氮系物等；即便是胶印CTP制版省略了胶片环节，直接制版版材仍然需要显影和冲洗，产生废液、废水。柔性印版作为一种高分子化合物，所用的显影液为一种多组分有机溶剂的混合液，其中一些溶剂是对人体有害的物质，如甲醇、甲苯、二甲苯等。凹印制版经过腐蚀、镀铬等工序产生的腐蚀液和电镀液，其中含有镉、铜、镍、锌、酸等（有的甚至仍采用氯化物电镀方法）。丝印制版中会产生包含Cr^{6+}、汞、铅、酸碱等的废液。因此，无论哪种制版方式都会产生污染问题，必须加以治理。

针对印刷制版过程中的废液、废水进行无害化处理，对保护环境、促进经济发展具有重要意义。国外对于制版废液有着比较完善的管理制度，有专门的机构负责回收处理，建设投资大，维护管理复杂。处理方法主要有混凝沉降、离子交换等物化法，化学沉淀、化学氧化等化学法，以及活性污泥法、厌氧生物接触氧化等生化法。但这些方法对高浓度感光废水的处理效果不太理想，还有待进一步研究。随着环保意识的加强，这项工作正在国内大力推进。譬如CTP免处理版材的推广和应用，可从源头上有效解决胶印制版过程中的废液、废水问题。

(二) 印刷过程产生的废液、废水

印刷过程中的废液、废水主要是印刷油墨废水及清洗废水，特点是色度高、组分复杂多变、化学需氧量高、pH 变化异常，属于污染负荷高且难以处理的一类废水。废水中主要含有各种染料、颜料、有机溶剂、表面活性剂等。

包装印刷中的废水情况尤其复杂，如包装纸箱的印刷废水是油墨和胶黏剂的混合液。一方面，由于瓦楞机的进出料存在冲洗过程，大量淀粉胶黏剂进入水中，形成浆料废水；另一方面，瓦楞纸板印刷中较多地使用水性油墨，其中着色用的有机颜料通常选用不溶性偶氮类（含杂环取代基）、稠环酮类、酞菁类颜料等，这些颜料一般具有良好的分散性、亲介质性及色彩鲜艳、黏度低等特性，这些颜料随着冲洗过程进入废水。因此，瓦楞纸板印刷废水是一种 COD_{Cr}①（化学需氧量）、BOD_5（五日生化需氧量）、SS（悬浮物）和色度都较高的生产废水，直接排放会对水体造成严重污染。在软包装印刷生产中许多环节都要使用溶剂，例如生产设备、印版滚筒和作业工具等大多采用易燃的有机溶剂清洗，清洗后这些溶剂废液在储存过程中挥发，会严重污染环境，直接或间接地影响人体健康。其他印刷方式也同样会产生类似问题，印刷废液、废水危害严重，必须严格加以治理。

二、废液、废水回收与处理技术

目前对印刷废水处理研究和应用的方法有很多，主要有物理法、电解法、离子交换法、混凝法、气浮法、SBR 生化法、生物接触氧化法、纳米材料等处理方法。

1. 物理法

物理法包括过滤法、沉淀法与磁分离法。印染废水中一般含有大量的颗粒悬浮物，在预处理过程中常采用过滤法和沉淀法来除去水中的这部分污物。磁分离法是近年来发展的一种水处理新技术，该法是将水体中微粒先磁化再分离，国外高梯度磁分离技术（HGMS）已从实验室走向应用，HGMS 一般采用过滤－反冲洗工作方式，是分离<50μm 铁磁性物质的先进技术，其过滤快（100~500m/h），占地少（为沉淀法的 1/20~1/10）。

2. 电解法

电解法是一种对各种污水处理适应性强、高效、时间短、无二次污染的处理方法。电解法处理废水是氧化作用、还原作用、凝聚作用、气浮作用的共同结果，该方法不仅用于去除重金属离子，还常用于有机污水的处理，具有设备简单、管理方便、去除效果显著等特点，是一种常用的污水处理方法。对于含有机污染物的废水，电解法可以将有机污染物完全降解为 CO_2 和 H_2O，此过程被称为电化学燃烧；有机污染物也可以不完全降解，即发生间接电化学反应，利用电极反应产生强氧化作用的中间物质，将有机污染物（不可降解物质）氧化转变为可降解物，然后再进行生物处理，最终将其彻底降解。电解法对废水的色度去除效果较好，但往往因进水水质的变化，致使其处理效果的稳定性较差，同时存在不能去除废水中可溶解污染物的缺陷。但电解法作为一种预处理手段显示出了较好的性能，可以提高废水的生物降解性，经预处理后的废水生化性大幅提高，因此它既可以单独处理，又可以与其他生化处理相结合。高压脉冲电解法对油墨染料废水的脱色效果尤

---

① COD_{Cr} 是以重铬酸钾为氧化剂测得的化学需氧量。

为明显，脱色率在90%以上。

3. 离子交换法

离子交换法是利用固体离子交换剂的离子交换作用来置换废水中的离子态污染物，是一种特殊的吸附过程。在工业废水处理中，主要用于回收贵重金属离子，也用于放射性废水和有机废水的处理。离子交换剂是一种不溶于溶液，同时又能与此溶液中电解质进行离子交换反应的物质。离子交换剂是由分子骨架和交换基团所组成的，交换基团在溶液中能电离出自由移动的可交换离子，可与溶液中相应的其他同类型离子进行离子交换，称为交换反应。离子交换反应为平衡可逆反应，反向进行时称为再生反应，可通过人为控制适宜的条件使可交换离子与其他同类型离子进行离子交换，达到分离、提纯、浓缩、净化等目的。离子交换剂分为无机和有机两类，无机离子交换剂如方钠石、片沸石、方沸石等，有机离子交换剂多为人造树脂经化学处理引入活性基团而形成的产物。离子交换处理废水的典型例子是从电镀废水中回收铬和铜，当含铬废水过滤后，经阳离子交换树脂（RSO_3H）除去铬金属离子，然后进入阴离子柱（ROH）除去铬酸根离子和重铬酸根离子。阳离子树脂可用1mol/L的HCl再生，阴离子交换树脂可用2%的NaOH再生，阴离子树脂再生液经H型阳离子交换后转变为铬酸，经蒸发浓缩后即可重新利用。

4. 混凝法

混凝法是对不溶态污染物的分离技术，在混凝剂的作用下，胶体的稳定性被破坏，废水中胶体污染物和细微悬浮物脱稳凝聚，形成易于泥水分离的絮凝体，再借助物理方法进行泥水分离而除去污染物质。混凝法是去除废水中胶体及尺寸小于$10\mu m$的悬浮颗粒的主要方法之一。混凝法除了能够促进浑水澄清外，还能降低水的色度和去除各种难降解有机物、某些重金属毒物和放射性物质。它是一种经济、常用的水处理方法，已在工业废水处理中得到了广泛应用，既可以作为独立的处理工艺，也可以作为预处理或中间处理工艺。混凝法处理废水的过程较为复杂，其关键是混凝剂。混凝剂有无机金属盐类和有机高分子聚合物两大类，前者主要有铁系、铝系等高价金属盐，可分为普通铁、铝盐和碱化聚合盐；后者则分为人工合成的和天然的两类。油墨废水由于含多种类型颜料，可以选用多种混凝剂复合使用。混凝法的主要优点是工程投资低，处理量大，对疏水性油墨染料脱色效果很明显；缺点是随着水质变化需改变投放混凝剂的条件，对亲水性油墨染料脱色效果低。此外，生成大量的泥渣且脱水困难，是影响其广泛使用的主要原因。

5. 气浮法

气浮法是依靠高度分散的微小气泡，使废水中细小颗粒形成的絮体与微气泡黏附，从而使絮体视密度下降，并依靠浮力实现絮粒的强制性上浮，形成浮渣由刮渣机刮除，从而实现固液或液液分离以净化废水，其悬浮物去除率可超过90%。气浮法具有如下特点：占地少，节省基建投资，投建快；处理效率高，出水水质好；浮渣含水率低，一般在96%以下；可增加废水溶解氧浓度，有预氧化作用且有利于后续生化处理；对表面活性剂、臭味等有去除作用；电耗大，设备维修费用增加，溶气释放器容易堵塞。而对于油墨废水，常用电解气浮法，是在外加直流电作用下，惰性阳极和阴极极板表面不断产生氧气和氢气，并以微小气泡逸出，从而产生气浮作用；同时，电解过程产生的OH^-与有机物反应产生CO_2。电解法产生的气泡尺寸小（气泡直径为$30\sim 60\mu m$），而且不产生紊流。该法去除的污染物范围广，对于有机物废水除了能降低COD（化学需氧量）、BOD（生化需氧量）外，通过极板产生的新生态氧气和氢气还有氧化、脱色和杀菌作用，近年来发展很快。但电解气浮法存在电解能耗及极板损耗较大、运行费用较高等问题，限制了该法的推广使用。

6. SBR 生化法

SBR（sequencing batch reactors）是一种间歇操作的活性污泥法，在我国通常称为序批式活性污泥法，是在国内外引起广泛重视、研究日趋增多的一种污水生物处理新技术。SBR 生化工艺将厌氧法与好氧法相结合，利用厌、好氧不同环境下的生物菌群对废水污染物的生化作用而去除其中污染物，它主要针对有机废水中可生化性很差的高分子物质，期望它们在厌氧段发生水解、酸化，变成较小的分子，从而改善废水的可生化性，为好氧处理创造条件。SBR 工艺将进水、曝气、沉淀、排水和闲置五个基本工序集成于一个反应器中，周期性地完成对污水的处理，具有过程简化、操作灵活、抗负荷冲击能力较强等优点，目前主要应用于城市污水处理，以及包括味精、啤酒、制药、焦化、餐饮、造纸、印染、洗涤等领域的工业废水处理。SBR 生化法一般适用于中低浓度的废水，对于高浓度的油墨废水来讲，其 BOD/COD 的比值小于 0.3，可生化性较差，直接使用生化工艺效果不太理想，特别是对色度的去除率较低。其基本工艺流程见图 7-6。

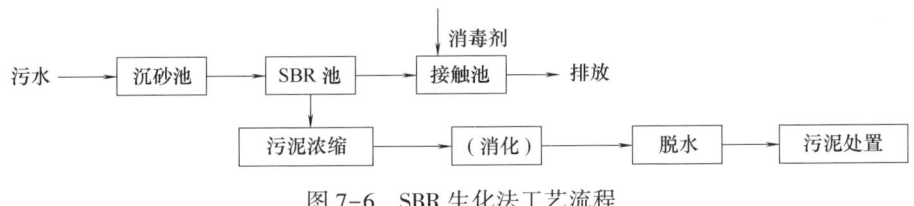

图 7-6 SBR 生化法工艺流程

7. 生物接触氧化法

生物接触氧化法的处理构筑物是浸没曝气式生物滤池，也称生物接触氧化池，其基本工艺流程见图 7-7。生物接触氧化池内设置填料，填料淹没在废水中，填料上长满生物膜，废水与生物膜接触过程中，水中的有机物被微生物吸附、氧化分解和转化为新的生物

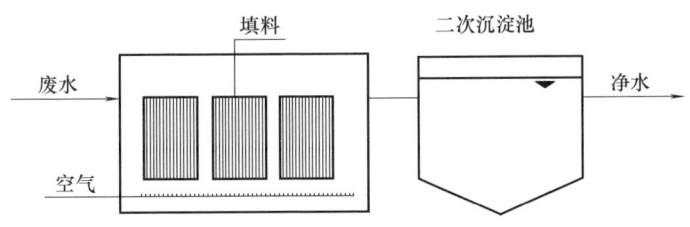

图 7-7 生物接触氧化法工艺流程

膜。从填料上脱落的生物膜随水流到二次沉池后被去除，废水得到净化。在生物接触氧化池中，空气通过设在池底的穿孔布气管进入水流，当气泡上升时向废水中供应氧气。生物接触氧化法的装置由生物接触氧化池、二次沉淀池组成。生物接触氧化池的主要组成部分有池体、填料和布水布气装置。

生物接触氧化池具有下列特点：无须污泥回流，也不存在污泥膨胀问题，运行管理简便；生物固体含量多，加之水流属于完全混合型，因而其对水质和水量的骤变有较强的适应能力；有机容积负荷较高，其F/M值保持在较低水平，污泥产量较低。

8. 纳米材料处理法

纳米材料处理印刷废水主要发挥以下两个作用，一是吸附，二是光催化。纳米材料的表面界面效应是纳米粒子吸附有机污染物的基础，巨大的比表面积使纳米材料表面活性高，容易与其他原子结合，具有很强的吸附性能，图7-8所示为应用纳米材料吸附性能处理印刷污水的流程。纳米半导体光催化剂在价带和导带之间存在一个禁带，当光子能量高于半导体吸收阈值时，半导体的价带电子跃迁到导带，从而产生光生电子（e^-）和光生空穴（h^+），而利用光生电子（e^-）和光生空穴（h^+）的氧化反应和还原反应，就可以实现有效降解包装印刷废水中有害物质的目的。

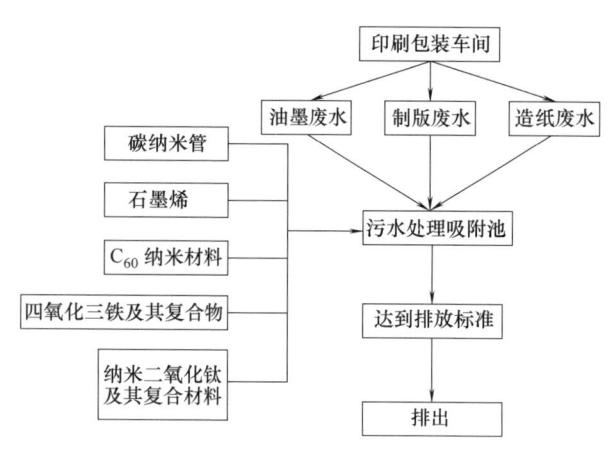

图7-8 应用纳米材料吸附性能处理印刷污水的流程

利用纳米材料来处理印刷废水具有操作简单、价格便宜、可重复利用、不产生二次污染物等优点。经过纳米材料处理以后的废水能够达到国家废水排放标准，响应了国家绿色印刷的发展要求。此外，与传统的废水处理方式相比，其处理包装印刷废水能耗少，可以减少包装印刷企业处理废水的投入成本，促进包装印刷行业的可持续发展。

可以看出，在上述处理方法中，由于印刷废水污染物成分复杂、浓度较高，废水中有机的和无机的、易生物降解的和难生物降解的污染物并存，而且水质随印刷制版的更换、油墨种类的不断变化而波动，任何单一方法都不能满足处理要求，往往需要结合多种方法。例如，单级的气浮或沉淀等物化方法难以处理可溶性COD、BOD，必须通过生化方法才能有效去除。因此对于排放量较低、废水含COD较高的油墨废水，可采取物化+生化的组合工艺。有工程实践表明，利用电解法预处理并结合SBR生化法具有操作简便、占地面积小的特点，适合小型企业使用，只要严格按设计工艺进行操作，并加强管理，处理的废水可完全达标排放。另外，由于具体的印刷废水处理工艺还与油墨的种类和特性有着非常密切的关系，在此不赘述。

三、印制过程废液、废水处理方案

（一）制版过程废液、废水的循环利用

目前，胶印制版方式普遍采用CTP版作为印版，CTP版的感光层主要是由感光剂及成膜物质、染料等组成的。在显影过程中，由于显影液与CTP版见光部分感光层发生了化学反应，使显影液溶液本身由无色透明逐渐变成绿色、墨绿色以至更深的颜色。在同一个显影槽里连续进行多次印版显影，随着处理版基数量的增加，显影液的显影能力会逐渐降低。其原因是显影液的浓度因逐步消耗而降低，另外，显影过程中还会吸收空气中二氧化碳而使碱性显影液中和，使得显影能力逐渐衰退，直至无法显影。

为了实现良好的显影效果，必须了解显影液的变化规律。当显影液的显影能力降低到标准值以下时，就必须对显影液进行处理，添加部分新液或更换显影槽中的显影液。通常来讲，如果不经处理直接排放显影废液，不仅会污染环境，而且造成资源浪费。因为，该废液中还有85%以上的显影液主要成分未能得到充分使用。同样，冲版水用量更大，如果不加处理循环使用，会严重浪费水资源。为此，工程技术人员经过多年的研究和试验，开发了用于CTP显影液和冲版水的循环使用设备。其工艺流程见图7-9，系统能够监控显影液使用过程中的衰退程度，确保药液自动补充量的精确计量，达到印刷网点还原的目的，大大提高了印刷产品的质量。

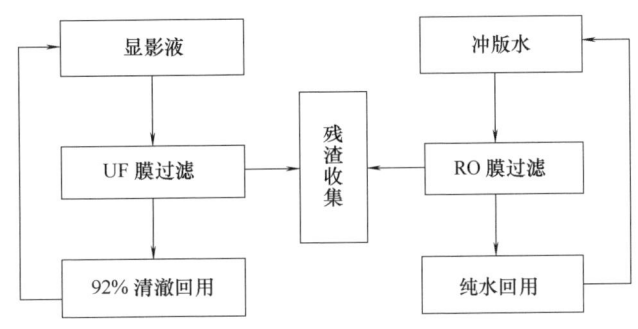

图7-9 显影液、冲版水循环使用工艺

自行纺丝显影液渗透膜过滤的新材料是针对CTP显影液废液的成分而研制的，它能够适应渗透膜过滤的孔径大小，可以实现显影废液中的杂质、染料等物质被膜孔阻挡分离出来成为浓缩液，而显影废液中有用的碱性物质等则直接通过膜渗透供回收再使用。分离出来的浓缩液再经过固液系统处理，形成可回收的固体物质，残液则回流再处理。如此周而复始的膜过滤循环，不仅能够回收显影液的有用成分供循环使用，而且实现显影废液零排放的目的。显影液循环处理系统如图7-10所示。

据某票据印刷企业绩效分析，其年印刷产量为90961.62令，制版过程产生显影废液2000L/月，如果发外处理，环保费用较高。该方案实施后显影液浓缩为原来质量的25%，年显影废液量减少18t，节约处理成本11.22万元/年。

CTP版经过显影系统后进入冲版流程，主要由喷淋管向版面上面及下面喷淋清水，冲去附着在版面上剥落的感光胶、杂质及多余的显影液，并通过挤压辊挤去版面上的水分，流入室外排放掉。冲版废水中含有有毒有害的物质，若不经过处理任意排放，不仅造成环境污染给人类带来危害，而且冲版水没有得到充分利用，浪费了水资源。

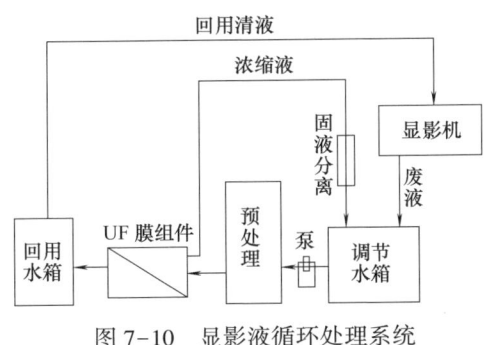

图7-10 显影液循环处理系统

针对冲版废水所含有的物质成分开发的特殊高分子膜材料自行纺丝膜，经过两组不同的膜组件将冲版废水中的有害物质去除，产出纯净的水质，供冲版机循环使用，系统如图7-11所示。该系统采用闭路循环的"零排放"工艺技术，显影后冲洗印版的污水经过系统内循环处理，大部分加工成为纯水，而其他无机离子、细菌、病毒、有机物及胶体等杂质则无法通过膜而被过滤掉。

据某票据印刷企业绩效分析，其年印刷产量为694205箱票据。制版过程每冲一张印版需要消耗15~20L水，用水量较大，排放的废水较多。该方案实施后，平均每冲洗一张印版仅用 2L 水，年节约用水 780t，减少废水排放 620t，节省水费 4680 元。

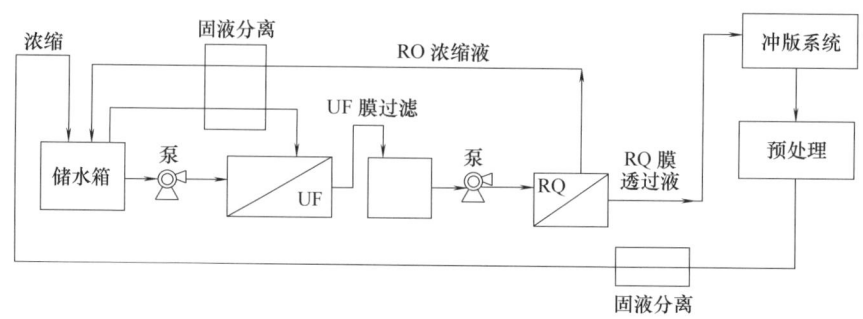

图 7-11 冲版水膜过滤循环使用系统

（二）印刷过程润版液、油墨的循环利用

1. 润版液的循环利用

润版液是胶印独有的，它的作用是在印版表面的空白部分形成水膜阻止油墨的黏附和扩散，防止空白部分上墨起脏。胶印中印版空白部分的水膜要始终保持一定的厚度，既不可过薄也不能太厚，而且要十分均匀。润版液使用是否得当对网点是否扩大、墨色深浅及产品质量好坏都有直接的影响。在生产过程中，一方面由于机器高速运转，墨辊、印版、橡皮布、压印滚筒表面温度会有所上升，油墨黏度降低，会影响到印刷质量；另一方面，印刷过程中产生的纸粉、纸毛会上行到墨路系统，甚至进入到墨斗当中，影响油墨纯度，严重时无法进行正常生产。润版液的使用可以保持印版空白部分的润湿性，起到降低温度、清洁版面的作用。常见润版液主要有普通润版液和酒精润版液两种，目前无醇润版液正在大力推广应用。无论哪种润版液在使用过程中总是存在被污染的隐患，影响印刷质量。另外，无醇润版液正在大力推广应用。但是，无论哪种润版液在使用过程中均存在被污染的隐患，会影响到印刷质量。

润版液的污染往往在不知不觉中增加了印刷成本和风险。造成不良润版液的因素，除了供货商所提供的润版液成分配比与印刷油墨冲突，以及现场操作人员未依照供货商要求的比例调配外，受到外来物质的污染也是造成不良润版液的重要因素之一，这些污染物的来源有：纸粉、纸毛、油墨、墨皮、喷粉、清洁剂、油渍等。

由于胶印机润湿系统的水箱一般只配置有仅能过滤诸如大颗粒墨皮、纸毛污染物的装置，因此有必要借助专业且高效能的润版液净化装置来持续过滤水箱中的细微污染粒子，避免这些污染物污染水箱中的润版液，并防止污染物回流到胶印机中，进而造成设备及材料的损伤。

下面以北京某公司印刷机润版液循环净化装置为例，说明其可在胶印生产过程中实现长期无须清理水箱和更换润版液，并且能够保持润版用水的 pH 和电导率的稳定性。

每台多色胶印机每周会产生约 100L 的废润版液。传统的处理方式是直接排放和更换，这种方式会使得水源、环境受到污染，而且浪费生产材料与工时。利用专业且高效能的润版液净化装置来杜绝污染物，可以维持润版液的理化指标与良好的润版效果，从而无须排放更换，并且能够有效控制酒精（或异丙醇）的使用量，最终达到不排放污水，保护环境，实现清洁生产、绿色印刷的目标。该装置的使用为企业增添了以下经济效益和社会效益。

（1）润版液水质的改善。安装润版液净化装置之后，胶印机的润版液平常不需更换，只有在年度设备大保养的时候，才会因为润版液可能会受到清洗剂的严重污染而更换；胶印机润湿系统的水箱底部无印刷过程中所产生的脏污沉淀；在长时间（6个月以上）不更换润版液的情况下，润版液仍能维持极佳的透光性及印刷适性；润版液的润湿效能可以获得有效的维持，酒精（或异丙醇）的添加量可以获得有效控制并降低了其用量；版面润湿速度加快，水墨平衡控制稳定，使得印刷校色时间缩短，校色次数减少，长版印刷时，也不至于因水质的变化而产生偏色等故障。

（2）成本分析。以传统单台对开4色胶印机每周清理一次水箱为例，一年共计52次。更换、清洁水箱每次需花费3.5h，每年累计共182h的停机损失与人力浪费；每次耗费酒精12L、润版液3L、纯净水85L，每年浪费酒精624L、润版液156L、纯净水4420L；酒精的添加量可减少15%以上。润版液净化装置的使用不仅能够让这些经济损失降到最低，同时也降低了环境治理费用。

（3）质量、效益及成本改善。安装润版液净化装置之后印刷质量有所提升，表现为印刷网点、线条清晰，实地密度提高，图像色彩稳定且色差缩小，无墨皮、脏点；企业效益提高，表现为生产效率可以提升5%~10%，正常印刷速度可以提高1000~2000转，印品不良率明显下降；生产成本降低，表现为每年可节省48~50次润版液的更换费用，水辊和橡皮布的寿命可延长15%~25%，平均每单可节约10~20张跑版校色用纸，可减少10%~20%的油墨浪费，酒精使用量大约可以减少15%。

2. 油墨的循环利用

油墨质量及其稳定性直接影响印品质量，几乎大部分印刷常见故障与油墨及其使用有关。例如，油墨在长时间的印刷过程中，由于少量颜料下沉，造成色浓度下降产生色差，下沉的颜料会聚集结块引起刀丝；油墨中的树脂长期接触空气而氧化形成较粗颗粒，也会引起刀丝故障；没有参与流动的死角部位油墨黏度很大，会造成堵版、反粘现象；墨路长期暴露在外，灰尘、纸粉、纸毛上行，造成油墨污染；等等。所以，每印刷一段时间就需要进行清洗，油墨的损耗较大，同时，废弃的油墨直接排放所造成的污染也比较严重，不仅不符合国家规定的节能减排政策，还增加了生产成本。因此，目前部分企业对油墨实行循环使用。油墨循环装置有很多种，其原理基本相同。一般先收集可循环使用的油墨，通过检测添加助剂或辅料，使回收的油墨不断满足印刷要求，实现油墨的循环使用。

油墨循环系统如图7-12所示，该系统包括设置在油墨槽的出口处并用于盛装废弃油墨的容器；与容器相连通的处理器，处理器能够向容器所排出的油墨中添加助

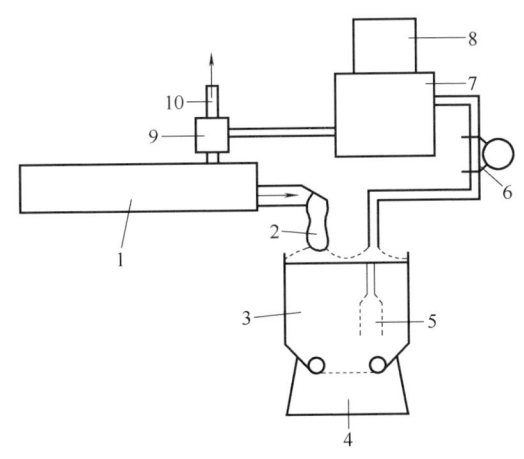

1—油墨槽 2—滤网 3—容器 4—磁力搅拌器 5—过滤器 6—抽送泵 7—存储单元 8—检测单元 9—混合器 10—油墨管道

图7-12 油墨循环系统

剂或辅料，使得处理后的油墨与加入印刷机中的油墨品质相同；防止容器内油墨凝固或沉积的磁力搅拌器；其中处理器包括存储单元、检测单元、用于将容器内的油墨输送至存储单元的输送单元、能够根据检测单元所检测的信息向存储单元内的油墨中加入助剂或辅料的添料单元；以及与加入印刷机的油墨管道相连通的排料单元。

系统使用原理如下：回收油墨先经过滤网进行初步过滤，到达容器中，由磁力搅拌器带动搅拌至均匀，再经过滤器进一步过滤，由抽送泵抽至存储单元，经检测单元检测并根据检测信息向回收油墨中加入助剂或辅料，而后新加油墨与处理过的回收油墨于混合器混合，经油墨管道输送至印刷机。该系统在保证油墨品质的前提下，不仅能够减少油墨的损耗，而且能够反复使用，降低成本。

3. 包装印刷废水处理

以瓦楞纸箱印刷为例，印制过程产生的废水包括油墨废水和浆料废水。其中浆料废水的COD、BOD含量比较高，可生化性好，可采用生化方法进行处理，但该类废水的悬浮物浓度较高，在生化处理前应先进行预处理。有研究指出，对于瓦楞纸箱包装印刷油墨废水，可将油墨废水与浆料废水分别进行物化预处理后再合并进行生化处理，油墨废水因进水水质波动大，宜采用间歇式方法进行，这样可使反应进行得比较完全；而浆料废水较稳定，宜采用连续式方法进行，以减轻后续生化处理的负荷。

图7-13所示是采用"混凝气浮-微电解-SBR"处理油墨与胶黏剂混合废水的工艺流程。废水先经栅格除去较大漂浮物后汇于沉淀池，由于废水中不溶性污染物较多，且具有一定自絮凝特性，通过自然沉淀，可以削减10%~30%的污染负荷，并可避免后续处理设备设施堵塞现象的发生。在此阶段加入PAC（聚合氯化铝，即无机高分子混凝剂），混凝气浮后的出水采用微电净水器-气浮设备组成的微电解处理工艺进行后续处理，主要针对油墨废水中色料品种多变、溶解性色料较多、成分复杂、色度深、不易生物降解等特点，通过微电净水器自发产生的电化学氧化还原、吸附、絮凝沉淀等综合作用，以及气浮的固液分离作用，达到进一步削减污染负荷、提高废水可生化性和脱色的目的。经过多步物化处理，废水仍不能达标排放，必须采用生化处理方能达标。根据废水水量少、间歇排放的特点，采用SBR工艺较为简捷有效，操作运行和维护管理均十分方便。

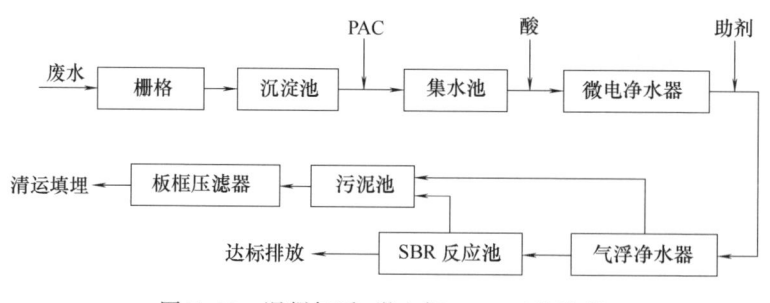

图7-13 混凝气浮-微电解-SBR工艺流程

第三节 固废回收与处理

印刷包装制品在生产过程中，除了废气、废水污染外，还有大量的固体废弃物，如纸花、旧版材、塑料薄膜、金属、玻璃等。废料的产生是不可避免的，但是可以通过优化选材及有效的回收处理来减少废料造成的危害，大部分印刷包装废弃物都可以回收再利用，是非常宝贵的二次原料。欧美国家从 20 世纪 80 年代起就开始实行严格的工业废弃物回收标准，不仅涉及工业废弃物的排放，而且对废弃物的处理环境和回收途径都有极为严格的规定。目前，ISO 14001 标准作为国际社会针对日益严重的工业污染而提出的一项新的环境保护措施，对工业废弃物的处理和回收制定了非常严格的标准，这也给我国长期处于无序状态的印刷包装废弃物问题提出了要求。以下介绍常见的几种废品处理加工方法。

一、废纸处理技术

在纸制品印刷生产过程中，需要经过试印、正式印刷、质量检查、模切加工等工序，其中试印阶段的产品将成为废纸，质量检查中会出现废品废料，模切中会产生废纸边角料等。对于这些有回收价值的废纸、废边角料，企业应进行有效的回收后交由专门公司处理。

废纸的处理方法主要分为两大类：一类是将其制成纸浆供再造纸时使用；另一类是将回收的废纸进行粉碎、制浆，制成农用育苗钵（制造时纸浆中加入营养剂），或经模压制得花钵或花盆等各种制品。

制成纸浆的工艺过程是将废纸经过软化、碎解分散后，再通过过滤、离心分离除去铁钉、胶、塑料膜和其他异物，最后得到纸浆。由于包装印刷生产过程中的废纸是经过印刷的，有各种痕迹或墨色，如碎解时墨色脱除不彻底，造出的纸浆是无法使用的，因此，废纸脱墨是废纸制浆再生的关键环节。废纸脱墨过程是一个化学反应和物理反应相结合的过程，是使用脱墨药剂降低废纸上印刷油墨的表面张力，从而产生润湿、渗透、乳化、分散等多种作用，其综合效果使油墨从纸面上脱离下来。脱墨的方法有浮选法、蒸煮法、洗涤法、超声波法等多种，目前使用最多的是浮洗法和洗涤法。

1. 浮洗法

浮洗法是清洗油墨粒子的一种较有效的方法，其原理是采用表面活性剂絮凝油墨粒子，通过体系内的放气管产生的气泡吸附油墨粒子后上浮而将油墨粒子分离。浮选可去除浆料悬浮液中的印刷油墨、杂质和某些填料。在特定的杂质颗粒尺寸范围内，分离杂质是基于纤维与油墨等杂质颗粒的湿性和疏水性的差异，因此气泡尺寸的大小决定了脱墨效率的高低。浮选效果取决于许多因素，首先废纸原料和印刷方法、油墨性质在很大程度上影响浮选效果；其次为有效地去除浆料悬浮液中的油墨颗粒，在浮选中要强化上升气流的分布，以提高油墨与纤维的分离；最后，在高浓度碎浆中选用适宜的化学品是非常重要的，因为必须用特殊的化学品、在一些基本条件（如水的硬度）下，才能有效地把油墨与纤维分离开。

2. 洗涤法

洗涤法是一种最简单的脱墨方法，其工作原理是一边分散脱过墨却又附着许多油墨的纤维，一边加入表面活性剂，利用表面活性剂的亲油端与油墨强烈作用而吸引在一起，利用表面活性剂的亲水端与水介质强烈作用而溶于水介质中，这样使油墨粒子与纤维分开而分散于水介质中，以利于通过冲洗过滤将油墨除去。此法所用设备是各种浓缩洗涤机，利用浓缩与反复冲洗，过滤浆料除去其中的油墨粒子。过滤的废水可经澄清循环再用。这里面有一个问题值得注意，往往直径为 1~10μm 的油墨粒子易被洗涤掉，尺寸大了易渗入到纤维的网体中，不易洗掉，若粒子尺寸小于 1μm，它便更易附在纤维表面，造成洗涤困难。

出于经济利益、水的管理和浮选后废弃物的堆积等方面的原因，洗涤是应用最多的脱墨方法，在全球范围内占主导地位。脱墨废水处理要解决的主要问题是去除 SS、色度和非溶解性 COD。

二、废塑处理技术

关于塑料包装材料废弃物的回收处理方法，目前研究和应用已经有很多，依照有益于生态环境持续发展的前提对它们进行排序，首先是回收再利用，其次是焚烧获取能量或重获原料，最后是实行填埋。

1. 回收再利用

回收再利用是一种最积极的、促进材料再循环使用的方法，是保护资源、保护生态环境的有效回收处理方法。即不需要加工处理过程，而是通过清洁后直接重复利用，能有效节约原料资源和能源、减少废弃物产生量。回收再利用又可分为回收循环复用、机械处理再生利用、化学处理回收再生三种方法。

（1）回收循环复用。回收循环复用是指再用作包装的直接回收利用，是将回收来的塑料包装不加任何物理与化学的变性与变形处理，而是利用其原有的结构、形状和功能，直接用于原来的包装产品或其他相关产品的包装，即清洁后直接重复再用。这种方法主要针对一些硬质、光滑、干净、易清洗的较大容器，如托盘、周转箱、大包装盒，以及大容量的饮料瓶、盛装液体的桶等。这些容器经过技术处理，卫生检测合格后才能再次使用。技术处理工艺如下：先将它们分类和挑选，合乎基本要求的才进行水洗→酸洗→碱洗→消毒→水洗→亚硫酸氢钠浸泡→水洗→蒸馏水洗→50℃烘干→待用（成为成品包装物）。

（2）机械处理再生利用。机械处理再生利用包括直接再生和改性再生两大类。直接再生工艺比较简单，操作方便、易行，所以应用较为广泛。但是，由于制品在使用过程中的老化和再生加工中的老化，再生制品的力学性能比新树脂制品低，所以一般用于档次不高的塑料制品上，如用于农业、工业、渔业、建筑业等领域。

直接再生主要是指废旧塑料经前处理破碎后直接塑化，再进行成型加工或造粒（有些情况需添加一定量的新树脂）制成再生塑料制品的过程。它可采用现有技术、设备，既经济又高效率。在这过程中还要加入适当的配合剂（如防老剂、润滑剂、稳定剂、增塑剂、着色剂等），改善外观及抗老化性能并提高加工性能，但对材料的力学强度和性能无所帮助。塑料包装原料直接再生利用工艺路线为：粗洗→破碎→清洗→干燥→塑化→均化→造粒。

针对废塑料，大量的再利用是复合改性利用，它能改善再生料的力学性能，满足再生专用制品的质量需要。改性的方法有多种，可分为三类，一类为物理改性，即通过混炼工艺制备复合材料和多元共聚物；一类为化学改性，即通过化学交联、接枝、嵌段等手段来改变材料性能；最后一类为双改性。

（3）化学处理回收再生。化学处理回收再生是直接将包装废弃塑料经过热解或化学试剂的作用进行分解，其产物可得到单体、不同聚体的小分子、化合物等高价值的化工产品。此种处理再生方法有显著的优点：其一，分解生成的化工原料在质量上与新的原料不分上下，可以与新料同等使用，实现了再资源化；其二，具有相当大的处理潜力，能真正治理塑料所形成的白色污染。此种回收再生需要比较复杂、昂贵的设备，操作也有难度，开发周期长，所以一般工业发达的国家才多数采用，但其为世界经济发展后的必然趋势。

迄今为止化学处理再生的方法有很多，如气化、加氢、裂解等，但根本原理相同，即采用气密系统设备，将废弃塑料置于其中，在能量的作用下使其分解，分解出来的产物经化工分离等工艺形成新的化工原料。归纳起来，化学处理再生主要有热分解和化学分解两大类。废弃塑料包装的热分解，即利用塑料的热不稳定性，在无氧或缺氧条件下，利用热能使化合物的化合键断裂，由大分子的有机物转化成小分子的可燃气体、液体燃料、焦炭等的过程。废弃塑料包装的化学分解，即通过化学方法把废弃塑料分解成小分子单体。它的特点是分解设备简单，分解产物标准、均匀、易控制，产物一般不需要分离和纯化。但是这种分解法只能用于单一品种的塑料，而且必须是经过预处理较洁净的废旧塑料。因为作为分解用的化学试剂对被分解物有严格的选择性，不干净会影响分解效率和分解质量。化学分解可用于多品种的废旧塑料，但目前只用于热塑性聚酯类、聚氨酯类等具有极性的废旧塑料。

2. 焚烧获取能量或重获原料

焚烧法是一种最简单方便的处理方法。它是将不能用于回收的混杂废塑料与其他垃圾的混合物作为燃料，将其置于焚烧炉中焚化，然后充分利用热量。燃烧后的残渣体积小、密度大，填埋时占地极小也很方便，同时又稳定，还易于在土壤之中解体。焚烧工艺十分简单，无须前期处理，废物可直接入炉，节省了人力资源又获得高价值的能源，有效地保护了生态环境。但是焚烧法投资大，设备损耗及维修运转费用高，需要对燃料产生的排放气体进行控制，防止产生二次污染物对大气环境造成影响。因为焚烧及配套设备较庞大，加之要实现连续焚烧，必须有源源不断的垃圾储备，以达到大规模的处理量，所以占地面积很大，而且要方便运输。

3. 填埋

填埋是一种最消极又简单的处理方法，是将废弃塑料填埋于远郊的荒地或凹地里，使其分解。但即便普通塑料也要经 200~400 年方可分解消失，因此填埋是最不理想的处理方法。填埋法虽然是不得已而为之的处理方法，但毕竟还是有一定的作用。使用填埋法主要有这样几个原因：一是不需设备，不用投资，方法简单，对于一些经济不发达的发展中国家来说是十分适用的；二是垃圾深埋后，短期内不会对地表的植物构成危害；三是暂缓环境的污染状态。但是此种方法随着各国科技和经济的发展一定要被淘汰。目前，许多国家还是部分采取了这种方式，连美国、日本、德国这些在废旧塑料处理方面做得很好的国家也是如此。不过它们采用了更积极一点儿的办法，如在填埋前将这些废弃塑料粉碎促进分解风化，然后再埋。

三、废金属处理技术

废弃金属制品的回收处理主要有循环复用及回炉再造两种方法。

1. 循环复用

将各种不同规格、不同用途的储罐钢桶先翻修整理,然后洗涤、烘干、喷漆再用。

2. 回炉再造

将回收的废旧空罐、铁盒等分别进行前期处理,即除漆、铝罐去铁等工序,然后打包送到冶炼炉里重熔铸锭,轧制成铝材或钢材。因为铁、铝、钢的回炉重铸与钢、铁、铝的原始制造是一样的,不再赘述。

四、废玻璃处理技术

废弃旧玻璃的回收处理与再利用主要有三种方式:循环复用、回炉熔融再造及直接再加工。

1. 回收复用

主要是将回收的玻璃瓶进行初步清理分类→水洗→洗涤剂洗→水洗→121℃烘干→消毒→再用。

2. 回炉熔融再造

此过程经历三个阶段:初步的清理、清洗等预处理;回炉熔融,与原始制造过程相同;回炉再生的料通过吹制、压制等不同工艺方式制造各种玻璃制品。

3. 直接再加工

直接再加工意味着旧材料不必回炉即可直接通过加工转换为可应用的材料。这种处理方法多用于建筑业,制成建筑材料或一些小型的工艺装饰品。处理方法如下:先将回收的破旧玻璃经过清洗、分类、干燥等预处理,然后采用机械方法将它们粉碎成小颗粒,或研磨加工成小玻璃球,它们有的直接与建筑材料成分共同搅拌混合,制成整体建筑预制板;有的用于建筑材料表面,使其具有美丽的光学效果;还有的可以直接研磨成各种造型,然后粘合成工艺美术品或小的装饰品。

思 考 题

1. 分析印制过程的 VOCs 废气排放源。
2. 印制过程 VOCs 废气收集方法与处理技术分别有哪些?
3. 分析印制过程的废液、废水排放源。
4. 印刷过程废水处理方法有哪些?
5. 举例说明制版过程废液、废水的循环利用。
6. 润版液的循环利用对胶印质量有哪些积极影响?
7. 油墨的循环利用对印刷质量有哪些积极影响?

第八章 智能印刷

随着人工智能技术的发展，机器学习和自动化使得信息索取更为便捷、人工成本更为低廉、生产过程更为高效。人工智能技术正在向传统印刷包装领域快速渗透，智能印刷在不久的将来会成为现实。

第一节 智能印刷现状分析

在工业4.0、工业互联网、物联网、云计算等热潮推动下，全球众多优秀制造企业都开展了智能工厂建设实践。例如，西门子安贝格电子工厂实现了多品种工控机的混线生产；FANUC公司实现了机器人和伺服电机生产过程的高度自动化和智能化，并利用自动化立体仓库在车间内的各个智能制造单元之间传递物料，实现了最高720h无人值守；施耐德电气实现了电气开关制造和包装过程的全自动化；美国哈雷戴维森公司广泛利用以加工中心和机器人构成的智能制造单元，实现大批量定制；三菱电机名古屋制作所采用人机结合的新型机器人装配产线，实现从自动化到智能化的转变，显著提高了单位生产面积的产量；全球重卡巨头MAN公司搭建了完备的厂内物流体系，利用自动导向车（AGV）装载待装配部件和整车，便于灵活调整装配线，并建立了物料超市，取得明显成效。

在印刷工业互联网领域，同样出现了一些比较成熟的国内外优秀企业。例如，日本小森智能物联系统KP-Connect和DoNet系统，通过数字化、自动化、智能化操作系统替代人工作业，为印刷企业实现了精益生产、高效智能的预期目标。海德堡智能平台为客户提供了从印前准备工作、印刷色彩控制、工序流程检测到印品质量管理等完整的自动化工作流程解决方案。陕西北人智能工厂包含企业资源计划（ERP）、制造执行系统（MES）、仓库管理系统（WMS）、地面控制系统（AGVs）、数据采集、智能生产设备及其配套装置等，还包括设备与设备、设备与人之间的互联互通，实现了设备信息、生产信息与物流信息的高度统一，完成从产品、设备到生产车间全方位的把控。裕同科技利用ERP、MES、WMS等系统集成，从人员、物料、订单、设备、仓储等各个方面实现实时控制管理、实时数据交互，为企业提供了自动化决策支持。显然，智能工厂是一项庞大的系统工程，需要全方位的技术支持共同完成。

印刷业是我国经济社会重要的组成部分，改革开放以来，印刷产业实现了跨越式发展。虽然印刷产业目前正面临着前所未有的挑战，但这挑战同时也是实现行业改革的一次重大机遇。一直以来，传统印刷产业存在着自动化水平低、人力成本高等问题。印刷车间生产流程落后，厂房内原料、半成品和成品放置混乱，原料从缓存立体库到印刷产线，特别是在印后加工工序，需要大量的人工操作，员工劳动负荷大，能源消耗大。因此，寻求智能印刷工厂的解决方案，完成印刷工厂的转型升级是传统印刷行业的迫切需求，也是未来行业发展的方向。

目前，印刷业在推进智能工厂建设方面普遍存在一些误区，企业需要做好自身评估，对智能印刷有一个正确的认知，不能盲目投资。如果是小微企业，建议先做好信息化、数字化工作，为后续发展奠定基础；如果是规模以上一般企业，可以进一步考虑标准化、自动化方面的建设工作，完善现代化企业管理体制；如果是条件成熟、运营良好的企业，可以对照智能化条件考虑智能工厂的建设。然而，任何智能工厂的建设绝非易事，需要充分认识智能的内涵。如果现有产线不能够满足业务需求，可以再添置其他更高级的自动化设备，但仅仅增加产量或提高自动化水平还不能代表智能；如果只推进单工位的机器换人，加工或装配单一产品的刚性自动化生产线，也许只是起到一只机械臂的作用；如果现有生产设备没有得到充分利用，常常带故障运行，或长期不运行，建议先把设备运转起来，稳定和提高设备利用率是智能化发展的前提条件；所购置设备需要有开放数据接口，能自动采集数据，并且能够车间联网，才能避免信息化孤岛和自动化孤岛的存在；自动化是智能化的前提，自动化生产线需要进行统一规划，并能够接受数字信息控制平台的驱动，方能集大成为智能。

因此，智能印刷是将现代信息通信技术、计算机技术、网络技术、人工智能技术与传统印刷技术相结合，并通过智能生产设备、智能信息交换系统、智能物流管理平台的相互配合而构建出的集约化程度更高的新型智能印刷生产模式。

本章以上海某公司智能印刷系统为例作简要分析。该系统为国内印刷行业的信息化和智能化建设提供了思路，内容包括印刷电商平台、微信平台、报价系统、智能文件处理、印前自动化、印刷ERP、数字车间建设、印刷MES系统及印刷智能工厂整体解决方案等一系列服务。

第二节　印刷企业信息化升级

一、专业印刷ERP

针对规模以上印刷企业面临的业务逐年下降、生产计划管理混乱、信息不畅等问题，基于专业版ERP的某智能印刷系统在为印企解决产品研、产、供、销、财一体化精细管理的同时，打通管理运营的各个环节，可以为企业提供信息化支撑，如图8-1所示，图中SCADA为监控与数据采集（Supervisory Control and Data Acquisition）的缩写。企业首先应该从ERP的实施开始做起，专业而又完整的ERP系统可以为印刷企业实现管理业务全覆盖、过程全记录、结果可预测，继而逐步实现信息化与自动化的融合。

二、MES系统

MES系统是位于企业上层计划管理与设备底层工业控制之间、面向车间层的制造过程管理信息系统。作为车间层的先进生产管理技术，MES的集成性、柔性、开放性、自组织、自适应和重构能力对车间制造过程的优化运行和敏捷性发挥着重要的作用。该MES系统面向印刷行业生产现场，包括生产建模、高级排程（APS）、质量管理、看板管理、生产过程控制、物料管理等，能为企业打造一个扎实、可靠、全面、可行的制造协同管理平台。

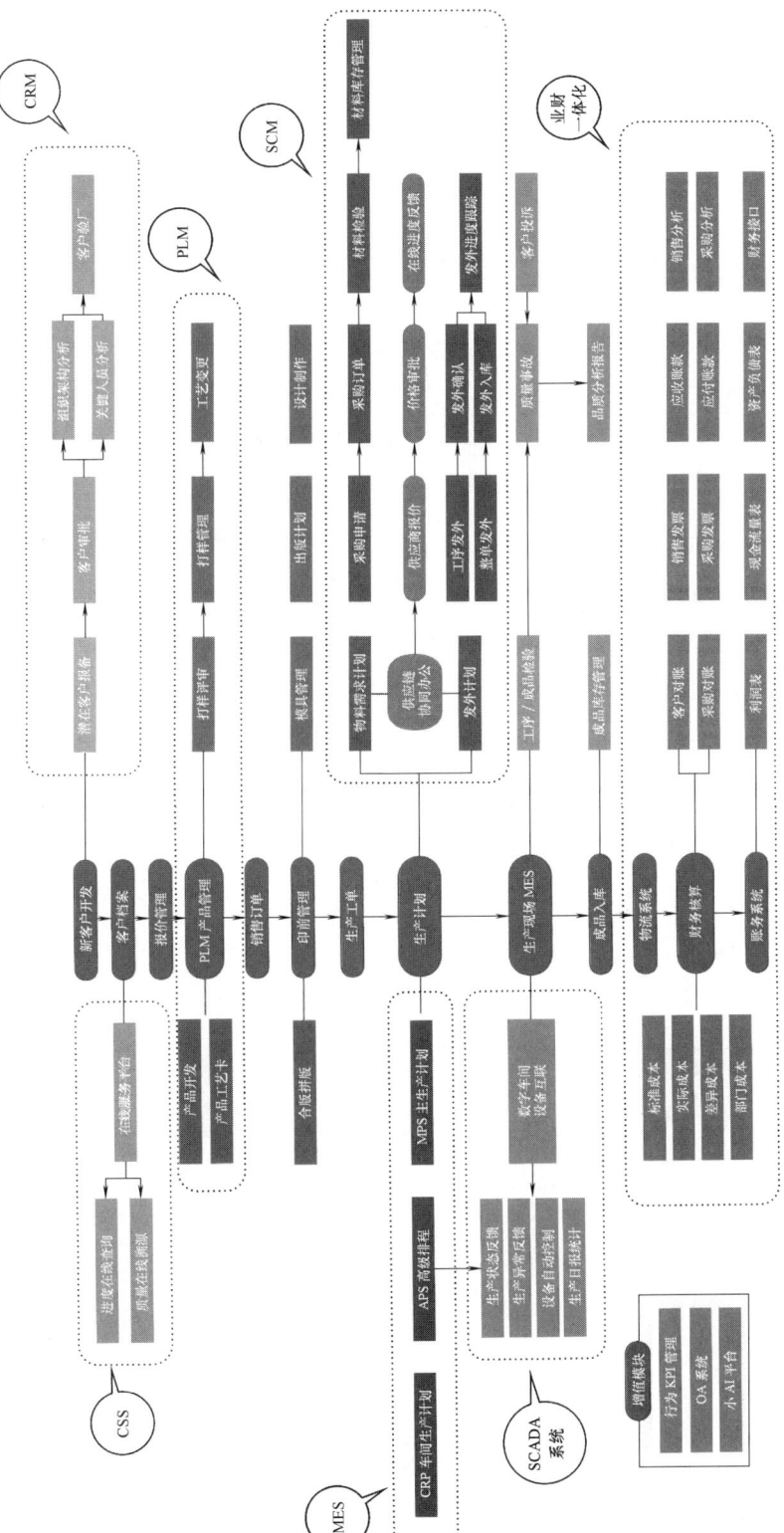

图 8-1 专业版印刷 ERP

三、PLM 系统

所谓产品生命周期管理（PLM），是指从人们对产品的需求开始到产品淘汰报废，对产品全部生命历程进行管理。PLM 是一种先进的企业信息化思想，它让人们思考在激烈的市场竞争中，如何用最有效的方式和手段来为企业增加收入和降低成本。该产品 PLM 系统主要是针对印刷行业新产品研发—印前设计—产品打样—形成物料清单（BOM）四个阶段的管控，有效地管理产品从概念到具体的 BOM 形成这一阶段的人和事，从而缩短产品研发周期、降低成本。

四、电商平台和报价系统

电商平台集企业官网与业务管理功能于一体（图 8-2），包括在线报价、产品展示、促销活动、新闻发布、会员中心、余额管理、进度查看、订单中心等功能。同时支持移动端自助报价下单。

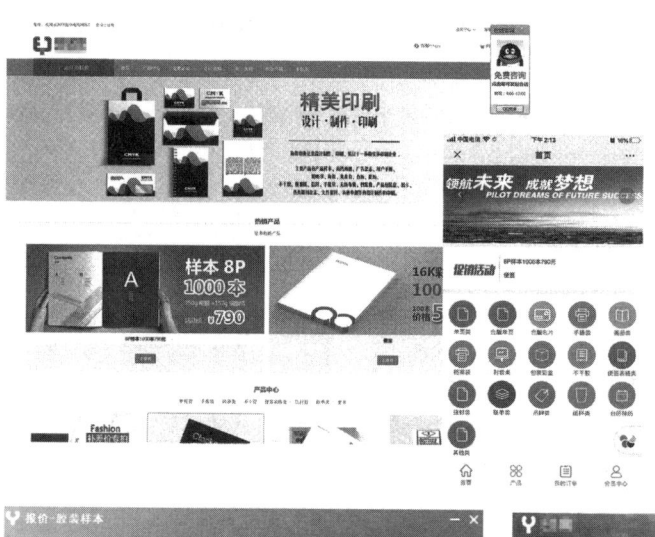

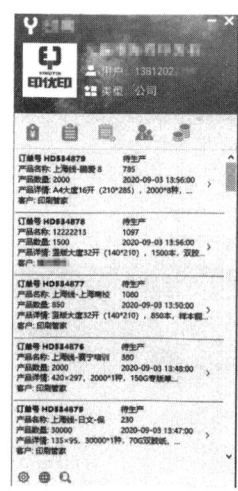
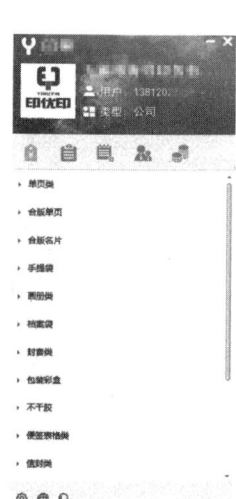

图 8-2　电商平台和报价系统

五、OA 系统和小 AI 平台

OA 系统可以自定义各种审核流程，实现审批电子化，与微信无缝对接，由小 AI 平台自动推送各种管理任务。小 AI 平台还具有保驾护航（经营数据智能推送）、运营支撑（工作任务自动派送）、人文关怀功能（人文关怀智能推送）、客户至上（价值信息自动推送）、智能创新（数据资产自动汇报）等功能。

另外还有智能文件处理系统，可对原始文件（AI、CDR、JPG、TIFF）进行自动处理，并转换为标准的 PDF 文件，过程中自带检查功能，确保转换安全；降低用人成本，杜绝人工错误，可替代定稿人员，为企业省人提效；BI（商业智能）系统，通过大屏把现场隐藏的信息揭示出来，以便任何人都可以及时掌握管理现状和必要的情报，从而能够快速制定并实施应对措施，主要包括多数据源关联、报表设计、多报表运行环境、聚合报表、数据分析等；独立客户端不仅具有在线报价下单、订单查询和在线充值功能，还可以自动接收文件，并预检文件的规范性，大大提高业务人员的工作效率。

第三节 智能印刷工厂的构建

一、技术支撑

智能印刷工厂通过数据中台建立五大应用平台，软件系统采用强大的信息化技术，并引进西门子全集成自动化技术（TIA），为智能印刷提供主要技术支撑。

（一）数据中台

如图 8-3 所示，数据中台是信息化系统与自动化系统的技术支撑框架，包括五大应用平台：轻代码开发平台、BI 自定义开发平台、第三方接口开发平台、产线过程控制系统（PCS）、全集成自动化平台和数据赋能质量提升平台，为企业后期自主研发、系统流程重组提供了技术保障。向上支撑：ERP 和 MES 系统。向下连接：各品牌印刷设备、后道设备、机械手、能耗管理系统等。

（二）信息化技术

软件架构是整个工厂未来信息化建设的基础，如同房子的架构一样重要。系统采用 B/S 模式，用户通过浏览器针对许多分布于网络上的服务器进行访问请求，浏览器的请求通过服务器进行处理，并将处理结果和相应信息返回给浏览器。该模式应用范围广泛，数据处理性能强大，对应用环境的依赖性较小，使用 Java 开发维护便利。该结构已经成为当今软件应用的主流结构模式。

（三）自动化技术

该系统选择西门子全集成自动化（TIA）技术作为智能工厂的技术框架，引进全球成熟的工控技术，以德国工业 4.0 标准为规范，为国内印刷行业智能化提供成熟稳定的解决方案。TIA 是西门子自动化系统技术和产品的核心思想与主导理念，在自动化制造程度较高的汽车行业如宝马、大众、奔驰，以及人们常见的高铁、地铁应用中，均采用 TIA 技术。

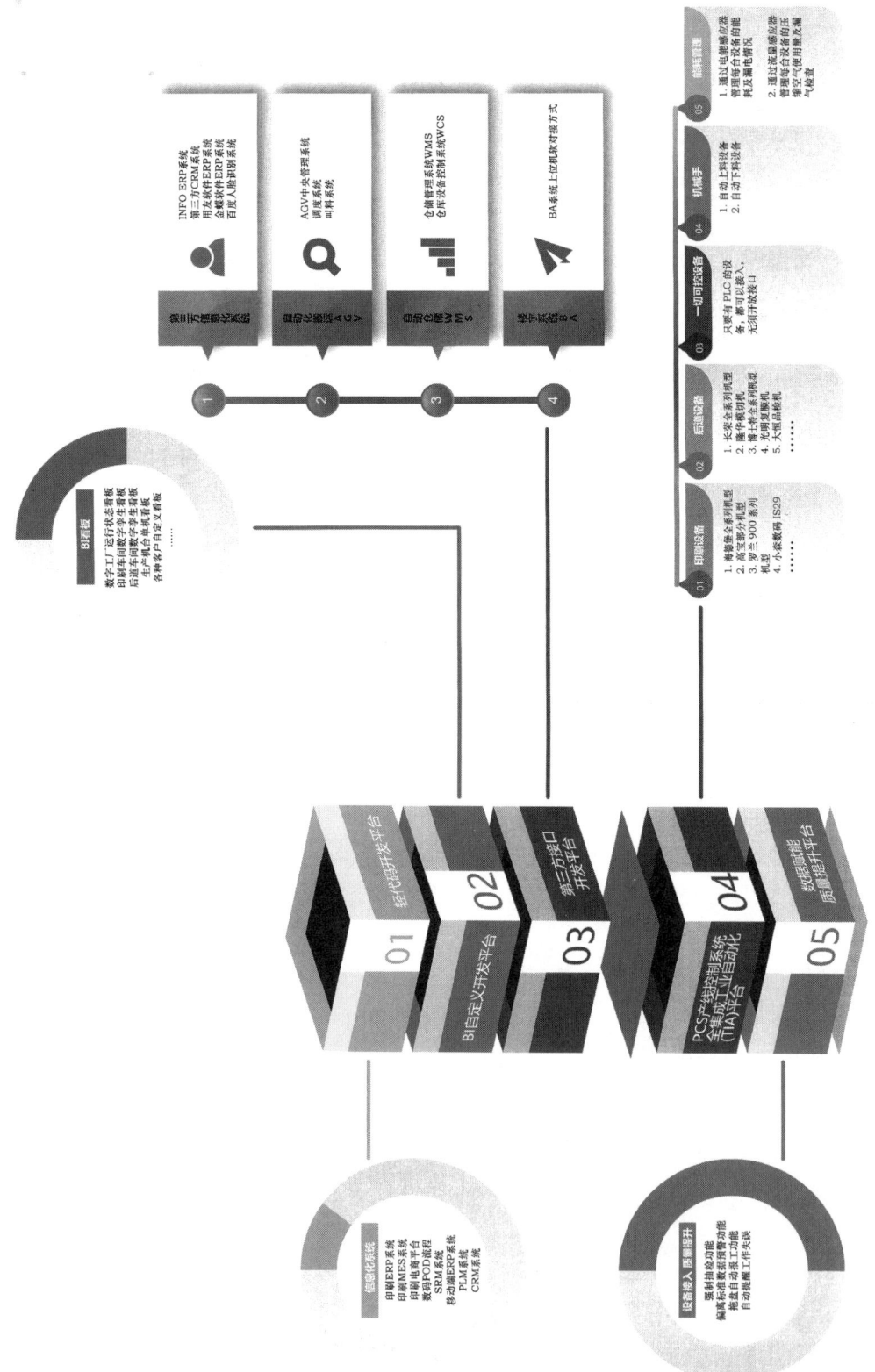

图 8-3 数据中台

二、智能印刷工厂的集成

(一) 打造数字车间

数字车间是智能工厂的具体执行层面,感应器相当于智能工厂的眼睛、鼻子、耳朵,收集生产现场的各种生产参数,发给大脑(MES)决策,以做出正确的判断,数字车间是 MES 运行的基础。该系统自主研发的适用于印刷行业的产线控制系统,能够帮助印企实现生产车间万物互联,打造数字化车间,如图 8-4 所示。

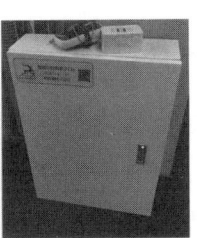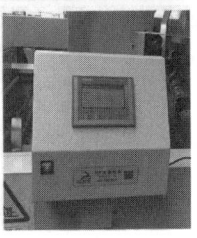

图 8-4 集成系统的印刷数字车间

打造的数字车间,最终可实现:

(1) 软件与生产的协同:实时数据采集与 MES、ERP 实现协同。

(2) 车间设备互联互通:实现智能传感器、控制器、变频器、在线检测设备的高度集成,建立车间级工业互联网,实现设备互联。

(3) 生产过程自动优化:生产环节在线优化、信息深度自感知、精准控制自执行、智慧优化自决策。

(4) 生产过程实时透明:从原材料到成品完成,全过程实现自动化监控,故障自动报警诊断,数据同步传给 ERP,方便系统决策。

(5) 工艺改造全程追溯:集成在线检测系统,实现喷码、印刷、覆膜、糊盒等工序的高效协同作业,大大节省人工。

(6) 车间环境自动管控:针对重点设备、重要参数进行实时监控和报警,针对厂区环境,进行 VOCs、温度、湿度的显示与报警。

(二) 建立智能仓储

自动化智能立体仓储是利用自动化存储设备同计算机管理系统的协作来实现立体仓库的高度合理化、存取自动化及操作简便化。智能立体仓库是智慧工厂的"脚",隶属执行方,当 MES(大脑)传递指令下来时,智能立体仓库会执行取料和进料动作。

(三) 实现人机交互

人机交互(HCI)是指人与计算机之间使用某种对话语言,以一定的交互方式完成确定任务的人与计算机之间的信息交换过程。在印刷行业,无法做到完全的机器换人,但我们可以做到人机交互，即机器人在 MES 系统的统一控制下，融入自动化生产线，成为生产环节的一部分，起到替代人类劳动、串联智能制造生产工艺的作用，从而提高整体的生产绩效。目前，实现自动上下料是人机交互的第一步。

人机交互设备（上下料机器人）是智慧工厂的"手"，隶属执行方，当 MES 传递指令下来，机械手会自动执行上料或下料的动作。

（四）智能物流运营

自动搬运系统是指厂内物流系统，其中，硬件包括 AGV 与有轨制导车辆（RGV），软件包括 AGV 地面控制系统与 AGV 车载控制系统。智能物流可实现工厂信息化、各系统之间的信息互动分享和自动对接，使得整个工厂的物料信息上下贯通，实现企业生产物流和信息流的统一，提高物流配送的准确性、时效性和有效性，提高生产效率，打破和改变原有物流系统中人为操作烦琐无序的规程，降低人工成本。

自动物流是智慧工厂的"脚"，隶属执行方，当 MES 传递指令下来，AGV 就会自动执行跑腿的动作，自动备料，解决机器之间、机器与仓库之间的大物流自动化搬运，替代原有的生产保障人员，让整个工厂看不到有人在拉料、送料。

三、企业业务能力重构

智能印刷工厂的建立可以实现企业业务能力（EBC）的重构。EBC 就像企业的一个数字化基座，帮助企业直面迎战未来的不确定性，实现韧性成长。EBC 可能解决的管理场景有企业执行力整体低下问题、企业中层干部的能力培养问题、优秀工人的经验传承与复制问题、按时交货与品质保证问题、业绩可持续增长问题。EBC 具有数字化运营、关键绩效指标（KPI）时效管理、MES-数字车间、APS、供应链协同平台（SCM）等模式。

EBC 具备在企业每一个价值链和场景中，收集、存储、处理、分析和转换数据的能力，这些能力会为企业带来额外的力量和竞争优势，企业通过 EBC 平台重构五种能力，从而构建和强化数字化业务能力。即联结客户的能力，如电商平台、客户服务平台（CSS）；联结员工的能力，如 OA 办公、小 AI 平台、ERP 信息系统平台；联结伙伴的能力，如 SCM；连接设备的能力，如 MES-数字车间；数据驱动的能力，如行为 KPI 管理。

EBC 的建设目标为提升印刷企业五大核心运营能力，即执行力、快速交付、品质保障、成本控制和业财一体化。其支撑工具分别为：

（1）执行力支撑工具：采用 KPI 时效管理模块。由软件自动安排工作，做到日事日清，操作软件等于 KPI 执行。软件自带各部门 KPI 指标，给出指导建议，监督执行并给出结果。通过量化每个 KPI 的时间，来缩短企业整体管理时效，提高订单的流转效率。

（2）快速交付支撑工具：APS 和 SCM，如图 8-5 所示。从能提升交付效率的几个点开始改善，如开单—排单—执行，用最适合员工使用的方式定义软件使用场景，尽可能减少对操作者的依赖。

（3）品质保障支撑工具：MES-数字车间-安灯系统。做到不依赖老员工经验，还能保证产品质量。数字车间+安灯系统解决老员工经验复制问题，所有偏离生产参数的因素，都会被 MES 及时捕捉并预警，从而保障产品质量。

（4）成本管理支撑工具：成本管理模块。采用生产成本核算颗粒度最细的作业成本法来还原工单的工序作业成本，精确到每个工单的工序，从而为成本改善和控制提供了可

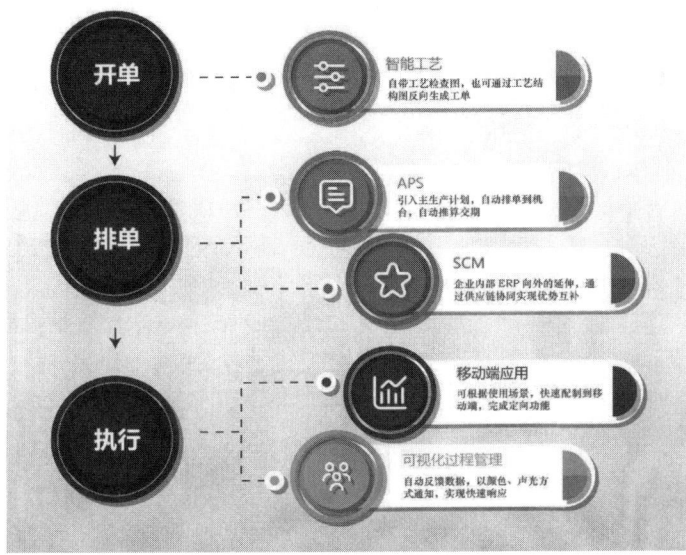

图 8-5　APS 和 SCM

靠有效的决策依据；系统自动根据高新企业的项目立项规则，自动产生研发项目真实成本，形成完整的数据链，可靠、可查、可信，规避企业高新审计、税务、法务风险。

（5）业财一体化支撑工具：第三方接口平台。通过凭证模块，根据不同的业务单据，自动生成财务凭证，然后通过第三方接口平台，推送到不同的财务软件，如用友、金蝶，完成业财一体化布局，减少人工录入凭证的工作量，如果没有启用财务软件，可以使用系统本身的总账系统，在一个体系内完成业财一体化功能。

思 考 题

1. 什么是智能印刷？
2. 印刷企业信息化升级主要包括哪些方面？
3. 数字车间能够实现哪些目标？
4. 企业业务能力的建设如何为印刷企业提升五大核心运营能力？

参 考 文 献

[1] 刘真，邢洁芳，邓术军. 印刷概论[M]. 2版. 北京：印刷工业出版社，2008.
[2] 徐锦林. 印刷工程导论[M]. 北京：化学工业出版社，2006.
[3] 范淑红，李小东，龚修端，等. 印刷概论[M]. 长沙：湖南科学技术出版社，2009.
[4] 亚当斯，多林. 印刷工程导论[M]. 广州：世界图书出版公司，2005.
[5] 刘真，张建青，王晓红. 数字印前原理与技术[M]. 北京：中国轻工业出版社，2010.
[6] 刘真，蒋继旺，金杨，印刷色彩学[M]. 北京：化学工业出版社，2007.
[7] 金杨. 数字化印前处理原理与技术[M]. 2版. 北京：化学工业出版社，2016.
[8] 刘全香. 印刷图文复制原理与工艺[M]. 北京：印刷工业出版社，2008.
[9] 齐福斌. 印刷机新技术与选购指南[M]. 北京：印刷工业出版社，2007.
[10] 苏钟. 现代卷筒纸平版印刷技术[M]. 北京：印刷工业出版社，2007.
[11] 赵秀萍. 特种印刷技术[M]. 北京：化学工业出版社，2006.
[12] 许文才. 包装印刷技术[M]. 北京：中国轻工业出版社，2015.
[13] 邢洁芳，黄蓓青，胡桂春，等. 绿色包装印刷[M]. 北京：科学出版社，2018.
[14] 杨祖彬，戴宏民. 绿色包装印刷工艺及材料[M]. 北京：印刷工业出版社，2009.
[15] 何新快，胡更生，吴璐烨. 软包装材料复合工艺及设备[M]. 北京：印刷工业出版社，2007.
[16] 威廉 L. 休曼. 工业气体污染控制系统[M]. 华译网翻译公司，译. 北京：化学工业出版社，2007.
[17] 王光裕. 有机废水处理的基本设计与计算[M]. 北京：化学工业出版社，2016.
[18] 任南琪，丁杰，陈兆波. 高浓度有机工业废水处理技术[M]. 北京：化学工业出版社，2012.
[19] 张小平. 固体废物污染控制工程[M]. 2版. 北京：化学工业出版社，2010.
[20] 廉师友. 人工智能导论[M]. 北京：清华大学出版社．2020.
[21] 程显毅，任越美，孙丽丽. 人工智能技术及应用[M]. 北京：机械工业出版社，2020.
[22] 王振杰，周萍，王凯，等. 人工智能应用技术[M]. 北京：文化发展出版社，2020.